最新畜産物利用学

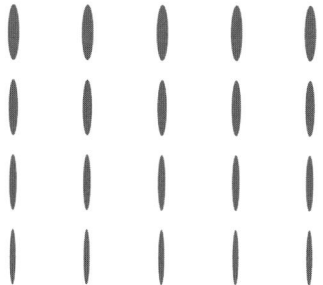

齋藤忠夫　西村敏英　松田　幹
編

朝倉書店

編 集 者

齋藤忠夫	東北大学大学院農学研究科・教授
西村敏英	広島大学大学院生物圏科学研究科・教授
松田　幹	名古屋大学大学院生命農学研究科・教授

執 筆 者

齋藤忠夫	前掲（1. 牛乳のサイエンス編集担当）
玖村朗人	北海道大学大学院農学研究院・助教授
浦島　匡	帯広畜産大学大学院畜産学研究科・教授
大西正男	帯広畜産大学畜産学部・教授
阿久澤良造	日本獣医生命科学大学応用生命科学部・教授
東　徳洋	宇都宮大学農学部・教授
岩附慧二	森永乳業株式会社食品総合研究所・所長
溝田泰達	森永乳業株式会社食品総合研究所・主任研究員
野畠一晃	よつ葉乳業株式会社チーズ研究所・所長
舟橋治幸	雪印乳業株式会社札幌研究所・研究員
市場幹彦	明治乳業株式会社技術開発研究所・研究員
豊田　活	明治乳業株式会社技術開発研究所・課長
加藤　博	社団法人日本アイスクリーム協会・専務理事
戸羽隆宏	弘前大学農学生命科学部・教授
増田哲也	日本大学生物資源科学部・助教授
柳平修一	雪印乳業株式会社食品衛生研究所・所長
向井孝夫	北里大学獣医畜産学部・教授
渡邊　彰	東北農業研究センター畜産草地部・室長
西邑隆徳	北海道大学大学院農学研究院・助教授
山之上稔	神戸大学農学部・助教授
有原圭三	北里大学獣医畜産学部・助教授
西村敏英	前掲（2. 食肉のサイエンス編集担当）
六車三治男	宮崎大学農学部・教授
沼田正寛	伊藤ハム株式会社中央研究所・所長
井手　弘	日本ハム株式会社茨城工場・次長
根岸晴夫	中部大学応用生物学部・教授
黒田南海雄	元キユーピー株式会社研究所・部長
北畠直文	京都大学大学院農学研究科・教授
松田　幹	前掲（3. 卵のサイエンス編集担当）
小川宣子	岐阜女子大学家政学部・教授
八田　一	京都女子大学家政学部・教授

（執筆順）

まえがき

　私達日本人が，乳・肉・卵などの畜産食品を，日常的に楽しみながら食べるようになった歴史は浅い．1950年のわが国の乳・肉・卵の消費量を基準にすると，現在では乳で20倍，食肉で10倍，そして卵では7倍に増加している．国民総生産（GNP）の上昇に伴い，乳・肉・卵の消費量が伸びることは一般的であり，戦後のわが国の復興と経済発展の象徴とも考えられる．しかし，畜産食品は単に栄養価が高いだけでなく，おいしい食品として最も重要な特徴を持っているために，より多く食べたいという要求が経済的余裕により実現された点も見逃せない．

　畜産食品の科学に関する教科書は多くの種類が刊行されているが，朝倉書店からは「改訂新版 畜産物利用学」が1972年に刊行され，1970年代を代表する教科書として非常に長く利用されてきた．近年，乳・肉・卵の食品としての重要性はますます増大し，新規成分の発見や誘導成分の新規機能性の研究そして製造・加工技術研究の進展はめざましいものがある．一方では，乳・肉・卵生産における飼料作物の遺伝子組換え問題や生産物の示す食物アレルギーの問題，そして牛海綿状脳症（BSE）や鳥インフルエンザなどの諸問題も出現し，これまでの教科書内容では不足する多くの側面が出てきた．

　このような動向をふまえ，以上の諸点を盛り込んだ新しい畜産物利用学の教科書を刊行することは意義あることと考え，本書の出版を計画した．執筆者の大半を50歳前後の若手，かつ，本分野の研究や産業を将来担う新進気鋭の研究者と技術者でまとめ，強力な執筆陣を組んだ．書名も「最新畜産物利用学」として，日本が世界に誇る乳・肉・卵の基礎および応用科学の研究成果を集約した．この方面の科学を学ぼうとする大学生，技術者および研究者に十分利用していただけると考えている．さらに，本書を教科書として利用し，時々刻々加わる新知見を

加えていただければ，講義内容もさらに充実したものになることが期待される．

　本書の完成には，著者以外の多くの方々から資料や情報の提供などのご協力をいただいた．また，本書の企画から編集および出版にわたり，朝倉書店編集部の方々には終始大変にお世話になった．編集者および執筆者を代表して，心よりお礼を申し述べたい．

　2006年2月

編集者代表　齋藤忠夫

目 次

1. 牛乳のサイエンス ……………………………………………………………1
   1.1 乳の生産と消費 ……………………………………(齋藤忠夫)…1
      a. 世界の乳生産と消費傾向 ……………………………………1
      b. 世界の乳製品の生産と消費動向 ……………………………3
      c. わが国の乳生産と消費の特徴 ………………………………6
   1.2 牛乳成分組成とその変動要因 ………………………(玖村朗人)…8
      a. 牛乳の成分組成 ………………………………………………8
      b. 乳牛の泌乳期間と各泌乳段階に伴う成分の変化 …………8
      c. 搾乳時期による成分変化 ……………………………………10
      d. 飼料による成分変化 …………………………………………11
      e. 季節による成分変化 …………………………………………11
      f. 乳房炎による影響 ……………………………………………11
   1.3 牛乳成分のサイエンス ………………………………………………12
      a. 糖　　質 ……………………………………(浦島　匡)…12
      b. 脂　　質 …………………………………(大西正男)…18
      c. タンパク質 ………………………………(阿久澤良造)…23
      d. ミネラル ………………………………………………………29
      e. ビタミン ………………………………………………………30
   1.4 牛乳成分の生合成 ……………………………………(東　徳洋)…30
      a. 乳タンパク質の生合成 ………………………………………31
      b. 乳脂肪の生合成 ………………………………………………34
      c. 糖質の生合成 …………………………………………………36
   1.5 牛乳とホエーの加工技術 …………………………………………39
      a. 牛乳・加工乳・乳飲料 …………………(岩附慧二・溝田泰達)…39
      b. ホエー（乳清） ……………………………(野畠一晃)…45

c．クリームとバター ……………………………………(舟橋治幸)…48
　　　d．練乳と粉乳 …………………………………(市場幹彦・豊田　活)…50
　　　e．アイスクリーム ………………………………………(加藤　博)…52
　1.6　乳酸菌発酵食品の製造と生理機能 …………………………………55
　　　a．乳業用乳酸菌の種類と特徴 …………………………(戸羽隆宏)…55
　　　b．発　酵　乳 ………………………………………………………61
　　　c．チ　ー　ズ ……………………………………………(野畠一晃)…66
　1.7　牛乳検査法とHACCP ……………………………………………69
　　　a．理化学検査 ……………………………………………(増田哲也)…69
　　　b．微生物検査法（生物学的試験法） ……………………………72
　　　c．食品衛生と総合衛生管理製造過程（HACCPシステム）承認制度
　　　　 ……………………………………………………………(柳平修一)…75
　1.8　牛乳からの機能性成分と利用 ………………………………………79
　　　a．機能性ペプチド ………………………………………(齋藤忠夫)…79
　　　b．機能性オリゴ糖 …………………………………………………84
　　　c．機能性ヨーグルト ……………………………………(向井孝夫)…89
　　　d．機能性育児用調製粉乳（育児用粉ミルク） ……………………92
　文　　献 ………………………………………………………………………95

2．食肉のサイエンス …………………………………………………………99
　2.1　食肉の生産と消費 ……………………………………(渡邊　彰)…99
　　　a．世界の食肉生産量 ………………………………………………99
　　　b．日本国内の食肉生産量と輸入量 ………………………………100
　　　c．と畜処理工程と流通過程 ………………………………………100
　2.2　食肉の構造 ……………………………………………(西邑隆徳)…102
　　　a．骨格筋の構造 ……………………………………………………102
　　　b．心筋・平滑筋の構造 ……………………………………………107
　2.3　食肉成分のサイエンス ………………………………(山之上稔)…110
　　　a．食肉成分と栄養 …………………………………………………110
　　　b．水　　分 …………………………………………………………112
　　　c．タンパク質 ………………………………………………………112
　　　d．脂　　質 …………………………………………………………117

	e. 糖　　　質	119
	f. ミネラル	119
	g. ビタミン	121
	h. 可溶性非タンパク態窒素化合物	121
2.4	食肉の保健的機能性 …………………………………(有原圭三)…	122
	a. ヒスチジン関連ジペプチド	122
	b. L-カルニチン	123
	c. 共役リノール酸	123
	d. 食肉タンパク質由来のペプチド	123
	e. 食肉の抗疲労効果	123
	f. 食肉摂取による至福感	124
	g. 食肉の機能性研究の展望	124
2.5	筋肉から食肉への変換 ……………………………(西村敏英)…	124
	a. 筋収縮と死後硬直	124
	b. 筋肉の死後変化における異常肉の発生	126
	c. 食肉の軟化と熟成	127
	d. 食肉の味と熟成	127
	e. 食肉の香りと熟成	130
2.6	食肉の加工特性 ……………………………………(六車三治男)…	131
	a. 保　水　性	131
	b. 結　着　性	134
	c. 肉色とその固定	137
2.7	食肉の加工技術と食肉製品	142
	a. 食肉の基本的な加工技術と原理 …………………(沼田正寛)…	142
	b. 食肉製品の種類 ……………………………………(井手　弘)…	144
2.8	食肉・食肉製品の安全性 …………………………(根岸晴夫)…	149
	a. 食品衛生行政の動向とリスク管理の仕組み	149
	b. 微生物に対する安全性	151
	c. 添加物の安全性	153
文　　献		155

3. 卵のサイエンス ……………………………………………………158
3.1 卵の生産と消費 …………………………………（黒田南海雄）…158
  a. 生産動向 ……………………………………………………158
  b. 消費動向 ……………………………………………………159
3.2 卵の成分のサイエンス（機能と構造）……………（北畠直文）…160
  a. 卵　　白 ……………………………………………………160
  b. 卵　　黄 ……………………………………………………166
  c. その他（卵殻，卵殻膜）……………………………………168
3.3 卵の形成と卵成分の生合成 ………………………（松田　幹）…169
  a. 卵　　黄 ……………………………………………………169
  b. 卵白および卵殻 ……………………………………………173
3.4 卵の品質と貯蔵 …………………………………（小川宣子）…174
  a. 鮮度判定 ……………………………………………………174
  b. 微生物汚染 …………………………………………………177
  c. 卵の貯蔵技術 ………………………………………………179
3.5 卵の加工適性と加工卵 …………………………（黒田南海雄）…180
  a. 卵の物性 ……………………………………………………180
  b. 卵の加工技術 ………………………………………………184
3.6 卵の機能成分と利用 ………………………………（八田　一）…186
  a. 卵黄抗体（IgY）……………………………………………187
  b. シアル酸 ……………………………………………………190
  c. ペプチド ……………………………………………………190
  d. リン脂質（卵黄レシチン）…………………………………191
  e. 栄養強化卵 …………………………………………………192
文　　献 …………………………………………………………195

4. 最近の畜産物利用分野での諸問題 ……………………………198
4.1 遺伝子組換え作物と家畜飼料の問題 ……………（齋藤忠夫）…198
4.2 食物アレルギーとアレルゲン食品の表示問題 ……（松田　幹）…201
  a. 畜産物によるアレルギー ……………………………………201
  b. アレルギー物質を含む食品の表示 …………………………202
4.3 機能性食品と特定保健用食品 ……………………（齋藤忠夫）…203

4.4 牛海綿状脳症（BSE）・口蹄疫と食肉の問題 …………(西村敏英)…206
　a. 牛海綿状脳症 ………………………………………………………206
　b. 口　蹄　疫 ………………………………………………………207
4.5 鳥インフルエンザと鶏卵・鶏肉の安全性 ……………(松田　幹)…207

索　　引 …………………………………………………………………209

1. 牛乳のサイエンス

1.1 乳の生産と消費

a. 世界の乳生産と消費傾向

　世界の生乳生産量や消費量などの国際データは，財団法人日本乳業技術協会内の国際酪農連盟日本国内委員会（JIDF）より発行される「世界の酪農情況」が参考になる．

　世界の生乳生産量の推移を，図1.1に示す．生産される乳の大部分は「牛乳」であり，2004年では5億1400万tと推定され，乳全体の約84％を占める．この11年間の生産量は漸増傾向であり，増加率は平均1.5％である．世界的にみて生乳生産が増加傾向にあるのは，中国を中心とする東南アジア，メキシコやブラジルなどのラテンアメリカであり，乳・乳製品の新興市場の国々に集中している．

　世界の主要国における生乳生産量の比較を，表1.1に示す．1998年からの6年間で，世界では約3600万tが増加した．最も牛乳生産量が多い国はアメリカ

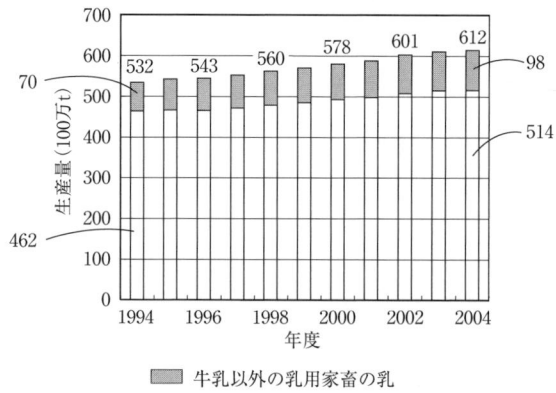

図 1.1 世界の生乳生産量の推移（JIDF 資料「世界の酪農情況 2004」より抜粋）

であり，7725 万 t と世界の牛乳の約 15% を生産している．ヨーロッパにおける EU 25 カ国全体での生乳生産量は，約 1 億 4400 万 t である．最も特徴的なのは中国であり，その生乳生産量は 1998 年の 662 万 t から 2003 年には 1746 万 t と 3 倍に急増し，世界第 7 位の生産国に浮上した．

世界の「水牛乳」の生産量は約 7500 万 t であり，世界の総牛乳生産量の約 15% にも達する．スイギュウはインド亜大陸に集中しており，そのうち 90% はインドとパキスタンに存在するが，エジプト，イタリアおよびルーマニアでも飼育される．世界第 2 位の牛乳生産国であるインド（3650 万 t）では，水牛乳を加えると 8438 万 t になり，統計上はインドが世界で最も乳を生産する国家かもしれない．宗教上の理由でウシをと殺しないためにウシの頭数が非常に多く，その結果牛乳生産量も高い．2003 年の日本の生乳生産量は 840 万 t で，1998 年の 857 万 t から漸減傾向である．日本の世界全体に対する生乳生産の比率は，約 1.6% である．

また，世界では「山羊乳」が約 1200 万 t および「羊乳」が約 810 万 t 生産されている．これらの乳は，主としてヨーロッパで生産され，ほとんどすべてがチーズなどに利用されている．最近では，牛乳アレルギー患者への代替乳として人気が高い．また，ラクダ，ヤクおよびウマなど「その他の家畜乳」は，世界全体で約 130 万 t 生産される．それらの大半はアジアで生産されているが，正確な記録に乏しく，実際の生産量はこの数値よりもはるかに高い．

1.1 乳の生産と消費

表 1.1 世界の主要国における生乳生産量（2003年）と飲用乳消費量の比較（2002年）

生産国	生産量 (万 t)	消費国	一人当たり年間消費量 (kg)
アメリカ	7725	フィンランド	177.9
インド	3650	アイスランド	175.3
ロシア	3330	スウェーデン	150.6
ドイツ	2853	アイルランド	148.0
フランス	2459	デンマーク	135.7
ブラジル	2300	スペイン	129.2
中国	1746	ノルウェー	121.3
イギリス	1502	オランダ	120.5
ニュージーランド	1450	ポルトガル	113.6
ウクライナ	1366	イギリス	111.4
ポーランド	1189	クロアチア	102.0
イタリア	1110	スイス	100.3
オランダ	1108	オーストラリア	99.7
オーストラリア	1040	ニュージーランド	97.0
トルコ	850	日本	35.9
日本	840	中国	3.2
アルゼンチン	798	EU 15 カ国	96.0
EU 15 カ国	12242		
EU 25 カ国	14422		
世界計	51270		

(JIDF 資料「世界の酪農情況 2004」より抜粋)

一方，2002年の世界の主要国における飲用乳消費量では，フィンランド，アイスランドおよびスウェーデンが上位3国である（表1.1参照）．日本の牛乳消費量は年間一人当たり35.9 kgであり，第1位のフィンランドの約20%にすぎない．

b. 世界の乳製品の生産と消費動向

2004年の世界のチーズの生産量は，1570万 tであり，北米が470万 t，EU 25カ国を含む西欧が790万 tである．年間2%程度，生産量は増加している．世界で生産される乳の40%以上は，チーズ製造に向けられる．2002年の世界の主要国におけるチーズの生産量と消費量を，表1.2に示す．国別では，アメリカが圧倒的に多く（約390万 t），EU 15カ国の生産量も多い（約660万 t）．日本のチーズ生産量は，約12万3000 tと低く，第1位のアメリカの約3%にすぎない．

世界のチーズ消費量では，ギリシャ，フランス，アイスランドが上位3国である．日本のチーズ消費量は，年間一人当たり1.8 kgであり，EU 諸国の18.7 kg

1. 牛乳のサイエンス

表1.2 世界の主要国におけるチーズ生産量と消費量の比較（2002年）

生産国	生産量(万 t)	消費国	一人当たり年間消費量(kg)
アメリカ	387.7	ギリシャ	27.5
ブラジル	47.0	フランス	25.9
ポーランド	45.3	アイスランド	22.3
アルゼンチン	37.3	イタリア	21.8
オーストラリア	36.8	ドイツ	21.7
カナダ	33.5	スイス	18.3
ロシア	30.9	オーストリア	17.8
ニュージーランド	27.0	スウェーデン	17.6
スイス	16.0	フィンランド	16.5
チェコ	14.0	キプロス	16.3
ウクライナ	12.9	アメリカ	15.3
メキシコ	12.6	オランダ	14.7
日本	12.3	アルゼンチン	9.6
中国	0.8	ロシア	5.5
EU 15 カ国	661.2	日本	1.8
EU 25 カ国	748.4	EU 15 カ国	18.7

(JIDF 資料「世界の酪農情況 2004」より抜粋)

表1.3 世界の主要国におけるバター生産量と消費量の比較（2002年）

生産国	生産量(万 t)	消費国	一人当たり年間消費量(kg)
アメリカ	61.5	フランス	8.1
ニュージーランド	35.8	ドイツ	6.5
ロシア	22.9	ニュージーランド	6.3
ポーランド	15.4	フィンランド	5.9
オーストラリア	14.9	スイス	5.5
ウクライナ	13.1	オーストリア	4.9
日本	8.3	スウェーデン	4.7
カナダ	7.9	ノルウェー	4.6
ブラジル	7.0	チェコ	4.5
チェコ	6.6	ポーランド	4.1
スイス	4.2	アイスランド	3.8
アルゼンチン	3.9	イギリス	3.6
インド	3.7	ロシア	2.8
中国	2.5	アメリカ	2.0
EU 15 カ国	187.0	日本	0.7
EU 25 カ国	215.5	EU 15 カ国	4.4

(JIDF 資料「世界の酪農情況 2004」より抜粋)

表 1.4 世界の主要国における乳飲料およびヨーグルトを含む発酵乳製品の消費量の比較 (2002 年)

国 名	一人当たり年間消費量 (kg)	国 名	一人当たり年間消費量 (kg)
アメリカ	85.7	イスラエル	23.4
オランダ	42.8	オーストリア	21.2
デンマーク	40.7	フランス	21.1
フィンランド	40.5	ノルウェー	20.0
アイスランド	35.2	メキシコ	3.2
スウェーデン	34.8	中国	0.4
ドイツ	27.0	EU 15 カ国	17.8
スイス	23.7		

(JIDF 資料「世界の酪農情況 2004」より抜粋)

に比べると 1/10 以下と少ない．また，日本は 20.4 万 t のチーズを海外より輸入し (2002 年)，これは年間一人当たりに換算すると 1.7 kg となるので，国産チーズの消費量に占める割合はきわめて少ない．

2002 年の世界の主要国におけるバターの生産量と個人消費量を，表 1.3 に示す．世界のバター生産量では，アメリカ，ニュージーランドおよびロシアが上位 3 国である．一方，バターの消費量では，フランス，ドイツおよびニュージーランドが上位 3 国である．バターの生産量や消費量は，生乳生産量と必ずしも一致していない場合があり注意が必要である．世界一の生乳生産国であるアメリカはバターの生産量も第 1 位であるが，消費量は非常に少なく年間一人当たり 2.0 kg にすぎない．同様に，生乳生産の上位国であるインドや中国ではバター生産量が低く，消費量は統計上不明である．日本のバター生産量は約 8 万 3000 t であり，統計上は世界で 7 位の上位生産国となるが，一人当たりの消費量は 0.7 kg と少ない．

世界の発酵乳市場は複雑であり，ヨーグルトや乳酸菌飲料に加えて日本独特の酸乳飲料なども含まれ，統計的な生産量が把握しづらい．世界の発酵乳製品の消費量の比較を，表 1.4 に示す．世界の乳飲料およびヨーグルトを含めた発酵乳消費量では，アメリカ，デンマーク，オランダが上位 3 国である．

また，ヨーグルトのみの消費量は，日本は 7.6 kg であり，最も多いオランダ (22.6 kg) の 1/3 程度と低い．

表1.5 世界の主要国における生産者乳価の比較 (2003年)

国名	単位通貨	乳100 kg当たりの生産者乳価	米ドル換算 (US$)
日本	JPY (円)	8320	71.86
アイスランド	IKR (クローネ)	41.71	54.46
スイス	CHF (フラン)	75.54	53.72
ノルウェー	NOK (クローネ)	354	48.90
クロアチア	HRK (クーナ)	285	42.99
カナダ	USD (米ドル)	59.73	42.71
イタリア	EUR (ユーロ)	33.70	38.12
フィンランド	EUR (ユーロ)	32.50	36.76
デンマーク	DKK (クローネ)	238	36.23
スウェーデン	SEK (クローネ)	286	35.45
スペイン	EUR (ユーロ)	30.15	34.11
フランス	EUR (ユーロ)	28.70	32.47
ドイツ	EUR (ユーロ)	28.49	32.23
アメリカ	USD (米ドル)	27.67	27.67
中国 (都市部)	CNY (元)	220	25.11
インド	INR (ルピー)	894	19.43
中国 (地方)	CNY (元)	155	16.97
ロシア	USD (米ドル)	15.00	15.00
EU 15カ国	EUR (ユーロ)	28.60	32.35

注): EU諸国の乳価は脂肪3.7%の全乳当たり. l 当たりの乳価は換算係数 0.971を乗じてkg当たりの乳価に換算してある.

(JIDF資料「世界の酪農情況2004」より抜粋)

c. わが国の乳生産と消費の特徴

2004年には, わが国では169万頭の乳用牛が飼育されていた. 酪農家の戸数は2万8800戸であり年々減少傾向にあるが, 一戸当たりの飼養頭数は18.1頭 (1980年) から58.7頭へと増加している. 小規模の酪農経営が減少し, 大規模酪農家が出現していることがうかがえる. 乳牛の約85%は実際に搾乳されており, 2003年には約830万tの生乳が生産されている. そのうち, 52.5%が飲用乳として, 残りは加工乳として乳製品などの形態で消費されている. 日本の場合は, 生乳のほとんどが乳業工場へ出荷され, 処理されている. わが国の生産者乳価が高いことは有名であるが, 他国との比較を表1.5に示す. 日本の乳価は乳100 kg当たり71.86米ドル (8320円) であり, アメリカの約2.6倍と世界で一番高い. 日本の乳価の決定される要因は複雑であり, 脂肪率や乳成分含量および体細胞数などを加味した乳価の決定機構, 輸入に頼る粗飼料や濃厚飼料の問題や酪農家規模と後継者問題および家畜排泄物の管理や適正化など, 乳価の低減化に

表1.6 総売上高による世界の乳業上位20社（Rabobank International, 2004）

	会社名	国　名	酪農部門の売上高 (10億US＄)	過去の順位 1998年	2003年
1	ネスレ	スイス	17.3	1	1
2	ディーン・フーズ	アメリカ	7.1	21	2
3	ダノン	フランス	7.0	4	6
4	デイリー・ファーマーズ・オブ・アメリカ	アメリカ	6.9	3	3
5	フォンテラ	ニュージーランド	6.9	—	4
6	アルラ・フーズ	デンマーク/スウェーデン	6.2	—	5
7	ラクティリス	フランス	6.1	6	9
8	ユニリーバ	オランダ/アメリカ	5.9	15	10
9	クラフト・フーズ	アメリカ	5.6	2	8
10	パーラマット	イタリア	5.1	13	7
11	フリーズランド・コベルコ	オランダ	5.0	5	11
12	ボングラン	フランス	4.5	9	13
13	明治乳業	日本	4.3	10	12
14	カンピナ	オランダ	4.1	8	15
15	森永乳業	日本	3.9	—	—
16	フナマ・ミルヒユニオン	ドイツ	3.0	—	18
17	ランド・オレイク	アメリカ	3.0	20	16
17	ノルトミルヒ	ドイツ	2.5	—	20
18	ソディアール	フランス	2.4	14	17
19	サプト	カナダ	2.4	—	—
20	シュライバ・フーズ	アメリカ	2.4	—	19

（JIDF資料「世界の酪農情況2004」より抜粋）

は総合的に対応していく必要がある．

　日本は牛乳を直接飲料として消費する形態が主であるが，発酵乳を中心とする乳製品の消費も伸びている．とくに，機能性ヨーグルトなどの発酵乳は，2001年に日本独自に創設された「特定保健用食品制度」の中で認可販売される新製品が続々と登場している．また，2003年にはナチュラルチーズを19.4万t輸入し，脱脂粉乳も4.3万t輸入している．わが国は輸入したナチュラルチーズを二次加工したプロセスチーズを製造して消費する特徴がある．また，発酵乳でも日本独特の酸乳飲料などの製造と消費があり，特徴的である．

　2004年にオランダのラボバンク・インターナショナル社が公表した「総売上高による世界の乳業上位20社」のデータを示す（表1.6）．日本には乳業会社が中小合わせて約700社あるといわれているが，日本の乳業2社が2004年度からランクインしているのは特筆され，わが国の乳業会社も世界的に活躍してい

とがうかがえる． 〔齋藤忠夫〕

1.2 牛乳成分組成とその変動要因

a. 牛乳の成分組成

乳はすべての哺乳動物において，出生後一定期間における正常な発育に不可欠な栄養成分を含む食品であるが，その成分組成は動物種により著しく異なっている．

世界各地では多くの品種の乳牛が飼育されているが，表1.7に示すように，わが国で飼育されている乳牛（190万頭）はその泌乳量の多さ（産乳力）などの点からホルスタイン種がほとんどである．一部の地域では，ジャージー種などが飼育され，飲用乳や乳製品として販売されている．異なる品種間の乳成分組成を比較すると，脂質とタンパク質含量に大きな違いが認められ，一方，糖質とミネラルのような低分子物質は，乳腺や乳児の消化管における浸透圧維持に深くかかわっているので，大差は認められない．ホルスタイン乳は飲用乳に，ジャージー乳などはチーズ製造用に向いている．

b. 乳牛の泌乳期間と各泌乳段階に伴う成分の変化

図1.2には，乳牛の誕生から哺乳，育成，繁殖から分娩・泌乳開始にいたる一連の流れとその後の供用形態例を示す．新生メス仔牛が哺乳・育成期を経て繁殖適齢期に達するには，14～20週間を要する．授精によって妊娠が成立すると約280日間の妊娠期間を経て分娩し，泌乳を開始する．自然な状態では，ウシの泌乳期間は約60日程度であるが，人為的に搾乳刺激を継続することにより泌乳期間を約300日間にまで延長することができる．

表1.7 ウシの品種による乳成分組成（％）と飼育頭数

品種	全固形分	脂肪	タンパク質	乳糖	ミネラル	日本における飼育頭数（千頭）*
ホルスタイン	12.0	3.8	3.1	4.4	0.7	1754.4
ジャージー	14.3	5.5	3.7	4.4	0.7	9.9
ガンジー	13.6	4.6	3.5	4.8	0.7	0.1
エアシャー	12.6	4.0	3.3	4.6	0.7	<0.1
ブラウンスイス	12.5	3.8	3.2	4.8	0.7	0.4
黒毛和種(肉用種)	12.0	2.7	4.1	4.5	0.7	649.6

* 2000年におけるわが国の雌牛の飼育頭数． （伊藤ら，1998，農水省資料）

1.2 牛乳成分組成とその変動要因

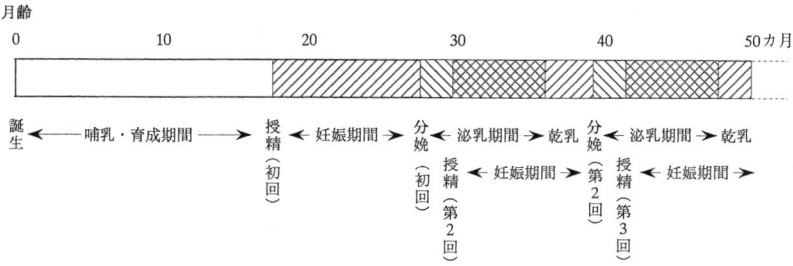

図1.2 乳牛の育成と繁殖・泌乳サイクル（ホルスタイン種乳牛の例）

泌乳開始から約2カ月後に次産を目指した授精が行われる．これにより妊娠が成立した乳牛は，体内に胎児を宿しながら泌乳を行うことになる．泌乳期を終えた乳牛は，約60日間の乾乳期を経て引き続く分娩に備える．

性成熟に達した乳牛は，このような分娩・泌乳～受精～泌乳終了（乾乳の開始）～分娩のサイクルを繰り返すことになる．乳牛の供用年数を産次のうえからみると1999年の全国平均で2.8産であり，年々短縮化される傾向にある．

乳量は泌乳期間の経過とともに増加し，4～8週目にピークを迎えた後，徐々に減少していくパターンが一般的である．泌乳期間中の産乳量は平均約8500 kgであるが，初産における乳量は産歴を得たそれよりも少ない．

乳の成分組成は，泌乳期により大きく変化する．分娩直後に分泌される初乳（colostrum）は，脂肪と免疫グロブリンを多量に含む黄色い外観と高い粘稠性を有する液体である．一方，泌乳期終了間近の乳は末期乳（late lactation milk）とよばれ，その間の泌乳期の乳が「常乳（matured milk）」である．初乳から常乳に移行するまでを移行乳（transitional milk）とよぶこともある．初乳の出荷は禁止されており，常乳のみが取引き，利用，販売の対象となる．「乳及び乳製品の成分規格等に関する省令」（乳等省令）では，分娩後5日以内の乳は成分組成が著しく常乳と異なり血液なども混じることがあり，出荷できないものと定められている．

初乳の成分としてはタンパク質，とくに免疫グロブリンG（IgG）が多く，6％前後の含量を占めるが，搾乳回数を重ねるごとに減少する．新生仔牛の場合，腸管から体内に直接免疫グロブリンを吸収できるのは生後1～2日以内に限られるとされ，初乳の迅速な給餌は新生仔牛の免疫力を確保するために重要である．また初乳では糖質が常乳に比べて少ない分，ミネラル含量が高い（表1.8）．初乳特有の乳黄色はビタミンAやカロチノイドに由来する．初乳のpHは

表1.8 初乳から常乳への変化（乳成分とpH）

牛乳試料	全固形分 (%)	脂肪 (%)	タンパク質 (%)	カゼイン (%)	ホエータンパク質 (%)	乳糖 (%)	ミネラル (%)	pH
分娩後第1回	21.1	3.5	13.1	5.8	7.3	2.9	1.1	6.2
第2回	19.4	5.5	9.2	4.8	4.5	3.5	1.0	6.2
第3回	16.3	5.6	6.0	3.7	2.2	4.1	0.9	6.3
第4回	15.6	5.4	5.0	3.4	1.6	4.3	0.9	6.3
第5回	14.7	5.0	4.6	3.3	1.3	4.4	0.8	6.4
第6回	14.5	5.0	4.4	3.3	1.1	4.5	0.9	6.3
第7回	14.6	5.1	4.3	3.3	1.1	4.6	0.9	6.3
第8回	14.4	4.9	4.2	3.3	0.9	4.6	0.8	6.4
第9回	14.2	4.7	4.2	3.2	0.9	4.6	0.8	6.4
第10回	14.2	4.9	4.2	3.2	0.9	4.7	0.8	6.4
6日目	14.0	4.6	4.1	3.1	0.9	4.8	0.8	6.5
7日目	13.9	4.6	4.0	3.1	0.9	4.8	0.8	6.5
8日目	13.9	4.6	3.9	3.0	0.9	4.8	0.8	6.5
9日目	13.6	4.4	3.9	3.0	0.8	4.8	0.8	6.5
10日目	13.6	4.4	3.8	3.0	0.8	4.8	0.8	6.5

6.2〜6.3であり，常乳のそれ（pH 6.5〜6.7）よりも低い．このことは乳タンパク質，とくにカゼインが新生仔牛の第四胃に存在するキモシンとよばれる消化酵素の作用を受け，凝固するうえでより適したpH条件といえる．一方，末期乳は乳量が減少し，常乳よりもわずかに脂質，タンパク質含量が増加する傾向を示す．

c．搾乳時期による成分変化

搾乳は朝と夕の1日2回行われることが多い．朝乳のほうが夕乳に比べて乳量が多いが，これは朝乳のほうがその前の搾乳時刻との間隔が長いため，乳房内により多量の乳が蓄積していたためである．成分上では朝乳のほうが低脂肪率となる傾向がある．また朝夕ともに搾乳開始直後の脂肪率は低く，搾乳の経過に伴い脂肪率は上昇する（図1.3(A)）．これは搾乳を停止している間に乳房内に蓄積した乳中の乳脂肪が均一に分布せず，脂肪球として浮上した状態で貯乳されており，搾乳の経過とともに浮上していた脂肪画分が徐々に下降することにより乳脂肪含量が増加するからである．タンパク質成分においては，搾乳過程における変動は少ない（図1.3(B)）．

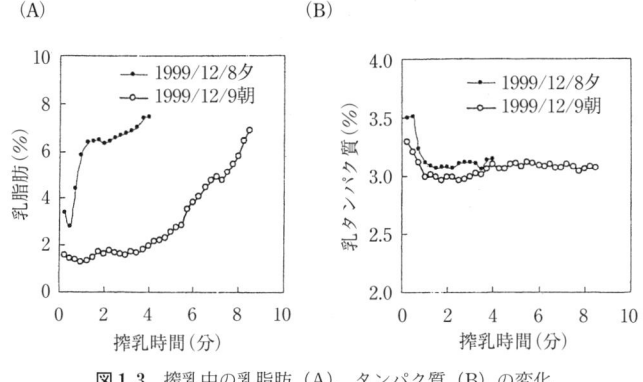

図 1.3 搾乳中の乳脂肪 (A), タンパク質 (B) の変化

d. 飼料による成分変化

反芻家畜の第一胃内の微生物発酵によって生じる酢酸や酪酸は，乳脂肪の合成に必須の原材料となる．したがって，乳牛の飼料中の粗飼料が不足し濃厚飼料が過給されると，第一胃内におけるプロピオン酸量の増加と酢酸や酪酸量の低下をまねき，乳脂肪率の低下が起こる．一方で適量の濃厚飼料の給与はエネルギー量を高めるため，乳量の増加につながる．したがって，粗飼料と濃厚飼料の配合割合は，乳量と乳成分を高濃度で確保するうえで重要な因子となる．

e. 季節による成分変化

乳成分の季節的な変動を図 1.4 に示す．乳糖量は年間を通してほとんど変化しないが，脂質とタンパク質は夏期に低くなる．この原因は高温多湿な日本の気候において，夏期は乳牛の至適飼育環境温度を上回る時期となるため，乳牛の採食量が低下し，エネルギー摂取の不足をまねく．その結果として乳固形分が減少するのであり，病気ではない．

f. 乳房炎による影響

乳房炎 (mastitis) は乳牛の疾病の中でも代表的なもので，微生物の乳房内への侵入と増殖により炎症を起こすことが原因である．乳房炎の原因菌として *Staphylococcus aureus* (黄色ブドウ球菌) や *Streptococcus agalactiae* などが知られている．乳房炎によって乳量は激減し，治療のために抗生物質などの投与を余儀なくされるので，酪農家の経済的な損失は大きいものとなる．その症状の程度や

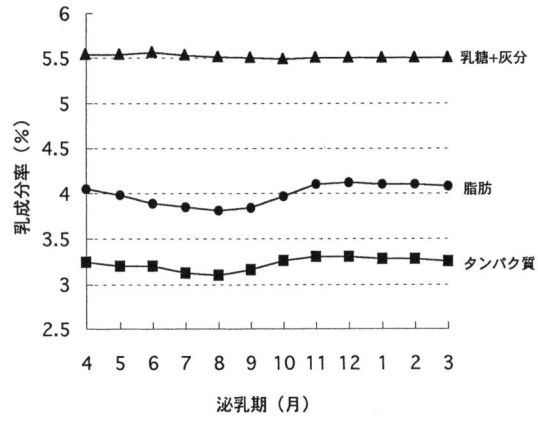

図1.4 季節による乳成分の変動（北海道酪農検定検査協会，2000）

個体の罹患のしやすさなどを乳牛の廃棄理由とする場合も少なくない．

乳房炎乳を成分のうえからみると，炎症によって乳腺細胞の機能が低下し，乳糖合成および細胞のNaイオン排出とKイオンの取込みが円滑に行われなくなるため，浸透圧の異常が生じて血液からの塩素の流入が引き起こされる．したがって，乳房炎乳においては乳糖やカリウム，カルシウム含量が低下し，ナトリウム，塩素含量やカタラーゼ活性，白血球などの体細胞数が増加する．また，乳房炎によってミネラルのバランスが崩れるとpHがアルカリ側（pH 6.8〜7.0）に傾く．

乳中の高い体細胞数値が乳房炎罹患の可能性を示唆することはよく知られており，50万/ml以上となると乳房炎の疑いが高まる．ただし，乳牛は産歴を重ねるにつれて潜在的に乳中の体細胞数値は高くなる傾向があるので，そのような乳牛を対象とした場合，最終的な判定には注意を要する．また，最近ではこの体細胞数値が高い乳牛は，早期淘汰の対象にもなるので，改善が望まれる．

〔玖村朗人〕

1.3 牛乳成分のサイエンス

a. 糖　質

牛乳に含まれる糖質の99.8％は乳糖（ラクトース）であり，約4.4％含まれている．また人乳中には約7％の乳糖が含まれている．一方，牛乳（とくに初

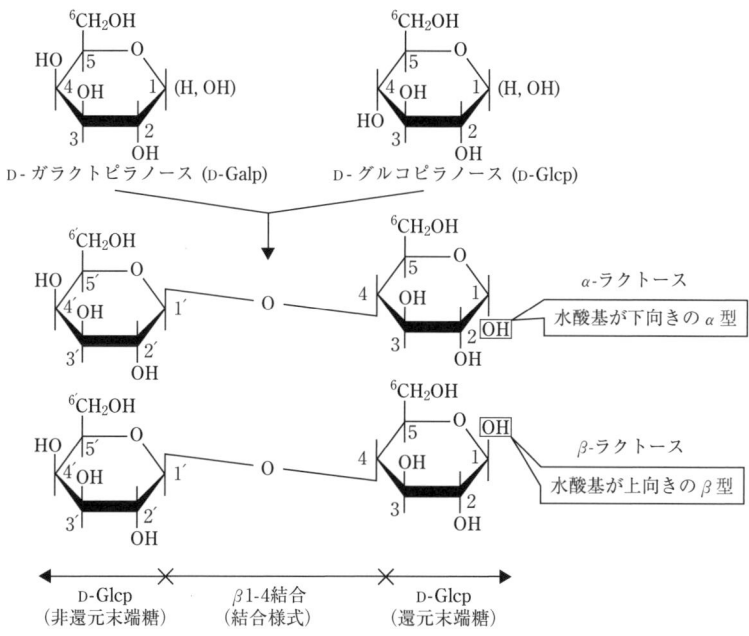

図1.5 ラクトース［Galp（β1-4）Glcp］の化学構造（Haworth の表示法による）
ピラノースは六員環を示す.

乳）や人乳中には，多種類の乳糖以外の遊離のミルクオリゴ糖（MO）や，微量の遊離グルコースやガラクトース，またタンパク質や脂質に結合した糖質が含まれる.

1）乳糖の化学構造，形態，物理的性質

乳糖（ラクトース）は，D-グルコース（Glc）とD-ガラクトース（Gal）が，β1-4 結合してできた二糖類である（図1.5）. その化学的な名称は，4-O-β-D-ガラクトピラノシル-D-グルコピラノースである. 乳糖の水溶液では，還元末端のグルコースの1位の炭素に結合する水酸基の向きにより，α型とβ型の2種の異性体（アノマー）が生じる.

乳中での乳糖は，α-アノマーとβ-アノマーが平衡状態で存在するが，結晶化させた場合には，いずれかの異性体単独で結晶化する. 乳糖の結晶形態としては，α-乳糖1水和物，不安定型α-無水物，安定型α-無水物，β-乳糖無水物およびα・β混合型結晶がある.

α-乳糖またはβ-乳糖のそれぞれを水に溶かした直後には，それぞれの旋光度

を示すが,その後 α 型から β 型へ,また β 型から α 型へと旋光度が変化し平衡状態となる(変旋光).20℃で平衡に達したときの旋光度は,$[\alpha]_D=55.3$ であり,α 型が 37.3% および β 型が 62.7% の存在比となっている.

2) 乳糖の消化性

牛乳を摂取した場合,乳糖は胃ではほとんど変化を受けずに小腸に達し,小腸粘膜上皮細胞微絨毛に存在するラクターゼ(β-ガラクトシダーゼ)によって,グルコースとガラクトースに分解されたのちに腸管上皮細胞より吸収される.もし,ラクターゼ活性が低下,あるいは欠損している場合には,乳糖の消化および吸収不良が原因となり不快症状が引き起こされる場合があり,「乳糖不耐症」または低ラクターゼ症とよばれる.乳糖不耐症による腹部膨張,腹鳴,鼓腸および下痢にいたる理由は,乳糖が小腸で分解・吸収されずに大腸に移行することによる.そのために,腸内の浸透圧が高まり,多量の水分が腸内に入り込む.また,乳糖は腸内細菌により,二酸化炭素,水および短鎖有機酸に分解される.その結果,発生したガスが膨張を引き起こし,有機酸は腸管を刺激し,腸内の水溶物とともに下痢が引き起こされる.

乳糖不耐症の診断方法は,乳糖摂取後の呼気中の水素濃度の測定と血糖値測定の 2 種類がある.前者は,呼気中の水素濃度の増加が乳糖摂取後 2 時間において 20 ppm 以上あれば乳糖不耐症と診断され,後者は絶食後,50 g の乳糖を水 400 ml に溶解して投与し,2 時間後の静脈血中のグルコース濃度が 20〜25 mg/dl 以下であれば同症とされる.この方法に基づくと,北部ヨーロッパ系白人の乳糖不耐症の割合は 10% 以下であるが,アフリカ系黒人は 65〜100%,ラテンアメリカ人は 45〜94%,アジア系は 17〜100%,南部ヨーロッパ人は 30%,日本人は 75〜100% が乳糖不耐症とされる.しかし,日常的に乳を摂取している人では,乳糖分解性の菌の多い腸内フローラとなっており,不快症状の出ない場合が多い.

3) 乳糖の生理的役割

乳糖は,1 g 当たり 4 kcal のエネルギーを生ずるため,牛乳中の全カロリーの約 30%,人乳の約 50% が同糖によるものである.乳糖は乳児にとって重要なエネルギー源となっているが,二糖であることが乳児小腸における低浸透圧の維持にもかかわる.また,消化速度が遅いために,急激に血糖値が上昇せず,糖尿病患者の食摂にはすぐれている.

乳糖はカロリー源としてばかりでなく,種々の生理的な役割を有している.第

1に，乳児腸管においてビフィズス菌（*Bifidobacterium*）などの有用細菌との共生に有利な条件を作り出す．乳中の多量の乳糖は，ビフィズス菌などが優勢な腸内フローラを形成するのに利用され，同菌などによる酸生成の結果，多くの潜在的な病原性細菌の腸内増殖が抑制される．

第2に，乳糖に含まれるガラクトースは，乳児の脳の発達や髄鞘形成に利用される．ガラクトースは吸収されると，肝臓でグルコースに変換されてエネルギー源として使われるが，一部のガラクトースは脳に運ばれて髄鞘形成に要求されるガングリオシドなどの糖脂質中の糖鎖材料として利用されることが推定される．

第3に，乳糖は腸管からのカルシウムやマグネシウム，鉄の吸収を促進する効果を示す．これは，乳糖が腸内細菌に利用されて有機酸が生成してpHが低下し，カルシウムの腸管内でのイオン化が促進されるためであるとか，乳糖自体がカルシウムと直接キレートを作るためであるなどの説がある．

4） 牛乳中の乳糖以外の糖質（ウシミルクオリゴ糖）

牛乳中には，乳糖以外にも微量の糖質が遊離状態で含まれる．D-グルコースの量は，分娩後15日以降の乳ではホルスタイン種，ジャージー種とも618mg/l，D-ガラクトースの量は，ホルスタイン種で34.2mg/l，ジャージー種では46.8mg/lと算出されている．また，N-アセチルグルコサミンも牛乳中に11.2mg/l含まれる．

乳糖以外のミルクオリゴ糖類は，常乳中では微量，また初乳では少量含まれる．ウシ初乳中に存在する9種の中性オリゴ糖および11種の酸性オリゴ糖の化学構造を示す（表1.9）．ウシ初乳には，9炭糖でカルボキシル基を含むシアル酸（N-アセチルノイラミン酸）を結合するオリゴ糖が存在する．3′-N-アセチルノイラミニルラクトースは，分娩直後の24, 48, 72また96時間後の乳において，それぞれ，853, 282, 176, 98 mg/l，また6′-N-アセチルノイラミニルラクトースは，117, 60, 63, 43 mg/l，また6′-N-アセチルノイラミニルラクトサミンは，140, 61, 43, 20 mg/l含まれており，これらのオリゴ糖は，分娩後1日以降に激減する．酸性オリゴ糖は常乳ではほとんど含まれず，シアリルオリゴ糖中のシアル酸量は14 mg/lである．これはヒト常乳に含まれるシアリルオリゴ糖のシアル酸量の1/10以下と少ない．

5） 人乳中の乳糖以外の糖質（ヒトミルクオリゴ糖）

ヒト常乳中には，乳糖のほかに270 mg/lの遊離D-グルコースや2.7 g/l（分娩後7日～12日）の遊離D-ガラクトースが含まれる．また，遊離オリゴ糖も含

表1.9 牛乳に見出されるミルクオリゴ糖

中性ミルクオリゴ糖	GalNAc（β1-4）Glc	（N-アセチルガラクトサミニルグルコース）
	Gal（β1-4）GlcNAc	（N-アセチルラクトサミン）
	Gal（β1-4）[Fuc（α1-3）] GlcNAc	（フコシル-N-アセチルラクトサミン）
	GalNAc（α1-3）Gal（β1-4）Glc	（α-3′-N-アセチルガラクトサミニルラクトース）
	Gal（α1-3）Gal（β1-4）Glc	（α-3′-ガラクトシルラクトース）
	Gal（β1-3）Gal（β1-4）Glc	（β-3′-ガラクトシルラクトース）
	Gal（β1-4）Gal（β1-4）Glc	（β-4′-ガラクトシルラクトース）
	Gal（β1-6）Gal（β1-4）Glc	（β-6′-ガラクトシルラクトース）
	Gal（β1-3）[Gal（β1-4）GlcNAcl（β1-6）] Gal（β1-4）Glc	（ラクト-N-ノボペンタオース1）
酸性ミルクオリゴ糖	Neu5Ac（α2-3）Gal	（3-N-アセチルノイラミニルガラクトース）
	Neu5Ac（α2-3）Gal（β1-4）Glc	（3′-N-アセチルノイラミニルラクトース）
	Neu5Ac（α2-6）Gal（β1-4）Glc	（6′-N-アセチルノイラミニルラクトース）
	Neu5Gc（α2-3）Gal（β1-4）Glc	（3′-N-グリコリルノイラミニルラクトース）
	Neu5Gc（α2-6）Gal（β1-4）Glc	（6′-N-グリコリルノイラミニルラクトース）
	Neu5Ac（α2-6）Gal（β1-4）GlcNAc	（6′-N-アセチルノイラミニル-N-アセチルラクトサミン）
	Neu5Gc（α2-6）Gal（β1-4）GlcNAc	（6′-N-グリコリルノイラミニル-N-アセチルラクトサミン）
	Neu5Ac（α2-3）Gal（1-3）Gal（1-4）Glc	
	Neu5Ac（α2-8）Neu5Ac（α2-3）Gal（β1-4）Glc	（ジ-N-アセチルノイラミニルラクトース）
	Neu5Ac（α2-6）Gal（β1-4）GlcNAc-1-PO$_4$	（6′-N-アセチルノイラミニルラクトース1-O-リン酸）
	Neu5Ac（α2-6）Gal（β1-4）GlcNAc-6 PO$_4$	（6′-N-アセチルノイラミニルラクトース6-O-リン酸）

Glc：D-グルコース，Gal：D-ガラクトース，GlcNAc：N-アセチルグルコサミン，GalNAc：N-アセチルガラクトサミン，Fuc：L-フコース，Neu5Ac：N-アセチルノイラミン酸，Neu5Gc：N-グリコリルノイラミン酸

まれ，その含量は分娩後4日目の乳では21 g/l，常乳では12〜14 g/lと算出されており，糖質の約20％を占めている．これは，人乳中では乳糖や脂質に次いで3番目に多い固形成分である．

ヒトミルクオリゴ糖は，現在までに90種類以上が確認されている．これらは若干の例外を除いて乳糖を基本骨格としており，その構造上の特徴から，12種類のグループに大別されている（表1.10）．これらをコア骨格として，フコースやN-アセチルノイラミン酸の付加位置の違いによって多種類のミルクオリゴ糖群が作られる．これらの存在は，個乳においても均一ではなく，母親のルイス式血液型やABO式血液型の違いを反映して変動する．

オリゴ糖に結合したシアル酸含量は，分娩後0〜2，2〜4，4〜6，6〜8および10〜28週で，各々1140，710，350，260および135 mg/lである．

各々のヒト中性ならびに酸性ミルクオリゴ糖含量も，泌乳時期によって変動する．例えば，酸性オリゴ糖のうち主要な成分である6′-N-アセチルノイラミニルラクトースは分娩後6〜10日の夏季乳で780 mg/l，冬期乳で760 mg/l含ま

表1.10 ヒトミルクオリゴ糖の化学構造に基づく分類(基本オリゴ糖の構造を示す)

	基本オリゴ糖
① ラクトース系列	Gal(β1-4) Glc
② ラクト-N-テトラオース系列	Gal(β1-3) GlcNAc(β1-3) Gal(β1-4) Glc
③ ラクト-N-ネオテトラオース系列	Gal(β1-4) GlcNAc(β1-3) Gal(β1-4) Glc
④ ラクト-N-ヘキサオース系列	Gal(β1-3) GlcNAc(β1-3) 〔Gal(β1-4) GlcNAc(β1-6)〕Gal(β1-4) Glc
⑤ ラクト-N-ネオヘキサオース系列	Gal(β1-4) GlcNAc(β1-3) 〔Gal(β1-4) GlcNAc(β1-6)〕Gal(β1-4) Glc
⑥ パララクト-N-ヘキサオース系列	Gal(β1-3) GlcNAc(β1-3) Gal(β1-4) GlcNAc(β1-3) Gal(β1-4) Glc
⑦ パララクト-N-ネオヘキサオース系列	Gal(β1-4) GlcNAc(β1-3) Gal(β1-4) GlcNAc(β1-3) Gal(β1-4) Glc
⑧ ラクト-N-オクタオース系列	Gal(β1-3) GlcNAc(β1-3) 〔Gal(β1-4) GlcNAc(β1-3) Gal(β1-4) GlcNAc(β1-6)〕Gal(β1-4) Glc
⑨ ラクト-N-ネオオクタオース系列	Gal(β1-4) GlcNAc(β1-3) 〔Gal(β1-4) GlcNAc(β1-3) Gal(β1-4) GlcNAc(β1-6)〕Gal(β1-4) Glc
⑩ イソラクト-N-オクタオース系列	Gal(β1-3) GlcNAc(β1-3) 〔Gal(β1-3) GlcNAc(β1-3) Gal(β1-4) GlcNAc(β1-6)〕Gal(β1-4) Glc
⑪ パララクト-N-オクタオース系列	Gal(β1-3) GlcNAc(β1-3) Gal(β1-4) GlcNAc(β1-3) Gal(β1-4) GlcNAc(β1-3) Gal(β1-4) Glc
⑫ ラクト-N-デカオース系列	Gal(β1-3) GlcNAc(β1-3) {Gal(β1-3) GlcNAc(β1-3) 〔Gal(β1-4) GlcNAc(β1-6)〕Gal(β1-4) GlcNAc(β1-6)} Gal(β1-4) Glc

Glc:D-グルコース, Gal:D-ガラクトース, GlcNAc:N-アセチルグルコサミン

れるが,泌乳期を経るとともに減少し,分娩後241～482日では夏季乳130mg/l,冬期乳で100 mg/l となる.一方,3′-N-アセチルノイラミニルラクトース含量は,全泌乳期を通して100～170 mg/l とほぼ一定の値を示す.また,個々のオリゴ糖含量には人種による違いもあり,複雑である.

6) ミルクオリゴ糖の生理的役割

ミルクオリゴ糖には,乳児腸管内においてビフィズス菌(*Bifidobacterium*)の増殖を促進するはたらきが知られている.大部分のミルクオリゴ糖は,小腸内で消化,吸収されずに大腸まで到達し,ビフィズス菌のエネルギー源となる「プレバイオティクス」としての機能が予想される.各種のヒトミルクオリゴ糖のうち,ラクト-N-テトラオース[Gal(β1-3) GlcNAc(β1-3) Gal(β1-4) Glc]などラクト-N-ビオースⅠ単位[Gal(β1-3) GlcNAc]を含む糖をビフィズス菌増殖促進因子とする仮説も提出されている.

また,これらのミルクオリゴ糖の生理機能の一つとして,ヒトやウシなどの腸

管の細胞表層に病原性細菌やウイルスが付着するのを阻止する感染防御的なはたらきが考えられる。例えばヒトミルクオリゴ糖中に多く含まれる 2′-フコシルラクトース［Fuc（α 1-2）Gal（β 1-4）Glc］には，*Campylobacter jejuni* による乳児下痢症を抑制する効果がある。同様に，人乳中のラクト-*N*-ネオテトラオースは *Streptococcus pneumoniae*，3′-*N*-アセチルノイラミニルラクトースは *Helicobacter pylori*，およびフコシルオリゴ糖の一部は腸管病原性大腸菌の感染を阻害する。また，ウシ初乳やヒツジ初乳に含まれる 3′-*N*-グリコリルノイラミニルラクトースには，*Escherichia coli* K 99 に対する上皮細胞への付着阻止効果が示されている。またインフルエンザウイルスやロタウイルスは，細胞表層のシアル酸をレセプターとして感染するが，人乳やウシ初乳に含まれるシアリルラクトースなどのシアル酸含有オリゴ糖には，これらのウイルスへの感染防御因子としての機能が予想される。

さらに，ミルクオリゴ糖には病原性細菌の産生した毒素への中和作用が示されている。例えばシアリルラクトースはコレラトキシン，牛乳中に存在する Gal（α 1-3）Gal（β 1-4）Glc は *Clostrium difficile* の産生するトキシン A，ヒトフコシルオリゴ糖の一部には，大腸菌の産生する耐熱性エンテロトキシンに対する中和作用が認められている。

一方，シアリルオリゴ糖のシアル酸や，人乳などに含まれる硫酸化ミルクオリゴ糖の硫酸基は，乳児によって吸収され，シアル酸や硫酸基の合成能が未熟で，中枢神経系の器官形成と機能発達が急速な新生児にとって，網膜や脳神経成分の重要な合成素材となることが推定される。〔浦島　匡〕

b. 脂　　質

脂質成分は，アシル脂質とプレニル脂質に大別される。アシル脂質は，グリセロ脂質とスフィンゴ脂質に区分され，乳脂質では，トリアシルグリセロール（トリグリセリド）とスフィンゴミエリンがそれぞれ代表的な成分である。また，プレニル脂質とはイソプレンから生合成される脂質群であり，コレステロールやトコフェロールなどが含まれる。表 1.11 には，ホルスタイン種の牛乳脂質の分類と組成を示した。

1）脂質の含量と存在形態

ホルスタイン種の牛乳中には，約 3.3〜4.7％の脂質が含まれる。乳脂肪の主成分（98.3％）は，グリセロ脂質に分類されるトリアシルグリセロールである。

1.3 牛乳成分のサイエンス

表 1.11 牛乳脂質の分類と組成

種 類	存在量（％）	含有量（全乳 100 g 当たり）
1.アシル脂質		
グリセロ脂質		
中性脂肪		
トリアシルグリセロール	98.3	3.24〜3.27 g
ジアシルグリセロール	0.3	0.001〜0.002 g
モノアシルグリセロール	< 0.1	0.53〜1.27 mg
遊離脂肪酸	0.1	3.34〜14.7 mg
リン脂質		
ホスファチジルコリン（レシチン）	0.3	⎫
ホスファチジルエタノールアミン（ケファリン）	0.3	⎬ 26.7〜33.4 mg
その他のグリセロリン脂質	0.1	⎭
スフィンゴ脂質		
スフィンゴミエリン	0.2	⎫
中性糖脂質	0.1	⎬ 2.0 mg
酸性糖脂質（ガングリオシド）	< 0.1	⎭
2.プレニル脂質		
ステロール脂質		
遊離コレステロール	0.3	⎫ 4.35〜13.69 mg
アシルステロール	< 0.1	⎭
その他		
トコフェロール類	< 0.1	0.08 mg
カロチノイド	< 0.1	0.0233〜0.031 mg

(McBean and Speckmann, 1988)

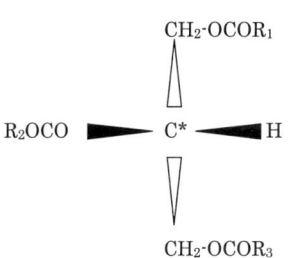

図 1.6　トリアシルグリセロールの一般式
図は Fisher の投影法による．第二級水酸基が左側に位置する炭素を C-2，上位の炭素を C-1，下位の炭素を C-3 とする．図は，グリセロール分子の 3 つの水酸基のすべてに，脂肪酸がエステル結合しているトリアシルグリセロールの場合を示す．脂肪酸の結合位置は，sn (stereo-specifically numbered) を用いて sn-1, sn-2 および sn-3 と示す．

　トリアシルグリセロールは，構造的にはグリセロールの 3 カ所の水酸基に 3 分子の脂肪酸がそれぞれエステル結合したトリエステル化合物である（図 1.6）．トリアシルグリセロールの 95％ 以上は，脂肪球として水中油滴型エマルジョン（O/W）の形で乳漿中に分散して存在しており，残りの 5％ は球状のリポタンパク質として存在する．脂肪球は，トリアシルグリセロールと微量のステロールからなるコアの脂質と，それをおおう脂肪球皮膜から構成されている．脂肪球は，

カゼインミセルとともに牛乳が白色であることに寄与している．牛乳中のリン脂質などの複合脂質（全脂質の1％程度）は，主として脂肪球皮膜を構築する成分として存在する．

2） 構成脂肪酸の特徴

牛乳からは，実に400種類を超える脂肪酸が，トリアシルグリセロールに結合した状態で確認されている．しかし，主な脂肪酸は，パルミチン酸（16：0），オレイン酸（18：1），ミリスチン酸（14：0）およびステアリン酸（18：0）であり，多価不飽和脂肪酸はわずかである（表1.12）．牛乳脂質では，人乳などに比較して不飽和脂肪酸量が少ない．これは，ヒトなどの単胃動物では食事の脂質内容に影響されるのに対し，ウシは反芻動物であるため，飼料中の不飽和脂肪酸が第1胃内でのルーメン微生物の発酵により水素添加を受けるためである．また，牛乳脂肪には，酪酸（4：0）やカプロン酸（6：0）などの低級脂肪酸が比較的多く含まれることが，ほかの脂肪にはみられない最大の特徴である．リパーゼ作用で乳脂肪が分解されると，これらの揮発性の低級脂肪酸が遊離して酸化され，「酸化臭（ランシッドフレーバー）」の原因となる．一方，乳酸菌などのリパーゼ作用で遊離した低級脂肪酸は，さらに複雑な反応によりチーズなどの独特な風味生成の原因ともなる．その他の微量成分としては，奇数脂肪酸，分枝酸，トランス不飽和酸およびヒドロキシ酸を含む多数の脂肪酸が存在している．牛乳脂肪から製造したバターはトランス型の脂肪酸（トランス酸）をわずかに含むが，パーム油などの水素添加で製造したマーガリンには多量のトランス酸が存在する．近年，トランス酸の過剰摂取と動脈硬化や心臓病との関連性が指摘され，研究が進んでいる．

牛乳中の機能性脂肪酸としては，共役リノール酸（CLA：conjugated linoleic acid）が知られている．これは，飼料由来のリノール酸（18：2）がルーメン中でステアリン酸（18：0）に生物的に水素添加される過程で生じる中間体である．数種の異性体が存在するが，生理作用を示すものは9-シス，11-トランス型である（図2.14 d参照）．CLAには抗発がん，脂質代謝改善，動脈硬化抑制作用などが知られており，魚油中の機能性脂肪酸と比べて少量で高い効果が期待できる．

3） グリセロ脂質

i） 組成と構成脂肪酸 中性脂質としてのトリアシルグリセロールは，全脂質の98％以上を占めるが，微量にはジアシルグリセロールやモノアシルグリ

1.3 牛乳成分のサイエンス

表1.12 トリアシルグリセロールに結合する脂肪酸組成の比較（重量%）

脂肪酸	略 号	牛 乳[a]	牛 脂[b]	大豆油[c]	パーム核油[d]
酪 酸	4:0	2.6〜4.1			
カプロン酸	6:0	2.2〜2.8			0〜0.8
カプリル酸	8:0	1.2〜1.5			2.4〜6.2
カプリン酸	10:0	2.4〜3.1	<0.1		2.6〜5.0
	10:1	0.4〜0.6			
ラウリン酸	12:0	2.9〜3.7	0.1〜0.2		41〜55
	12:1	0.2〜0.3			
ミリスチン酸	14:0	9.7〜11.2	3.5〜5.3	0.5	14〜18
	14:1	1.2〜1.8	<0.1		
	15:0	1.1〜1.5	1.1〜1.9		
パルミチン酸	16:0	26.2〜29.2	28.4〜33.9	7〜12	6.5〜10
パルミトレイン酸	16:1	1.4〜2.9	2.5〜4.4	<0.5	
	17:0	0.6〜0.7	0.3〜1.0		
	17:1	0.3〜0.5			
ステアリン酸	18:0	8.4〜9.7	14.4〜26.8	2〜5.5	1.3〜3.0
オレイン酸	18:1	20.2〜22.9	33.8〜42.8	20〜50	12〜19
リノール酸	18:2	2.1〜3.0	0.8〜2.8	35〜60	1.0〜3.5
リノレン酸	18:3	0.7〜0.9	0.4〜1.0	2〜13	0〜1.0
	20:0	0〜0.2		<1.0	
	20:1	0.2〜0.3			
その他		4.5（平均）	<0.1〜0.6	0.5〜1.0	

[a] ホルスタイン種（松崎ら，1998）
[b] 国産（秋山・井山，2001）
[c] Pride, 1980
[d] Gunstone, 1994

セロールも存在する．複合脂質としては，ホスファチジルコリン（レシチン），ホスファチジルエタノールアミン（ケファリン），ホスファチジルイノシトールなどのリン脂質が存在する（表1.11）．牛乳中のリン脂質の約65%は，脂肪球膜に存在する．リン脂質の主な構成脂肪酸は，パルミチン酸（16：0，約32%），オレイン酸（18：1，約30%）およびリノール酸（18：2，約9%）であり，不飽和度はレシチンよりもケファリンで高い．また，激しい撹拌や均質化処理などでは，脂肪球皮膜がはがれ，乳脂肪が遊離する．この際，リポプロテインリパーゼの作用を受けると，脂肪酸が遊離して自動酸化を受けるために，酸化臭（ランシッドフレーバー）の原因となる．リン脂質は，トリアシルグリセロールと比較すると10：0以下の低級脂肪酸をほとんど含まず，奇数脂肪酸や多価不飽和脂肪酸含量が高いなどの特徴がある．

ii) トリアシルグリセロールの分子種と脂肪酸分布 トリアシルグリセロールの分子種(脂肪酸の組合せ)は,グリセロール残基の水酸基に結合する脂肪酸の分布性(sn-1, sn-2およびsn-3)に反映され,多くのバリエーションを生じる可能性を持つ.理論的には,主要な10種の脂肪酸の組合せだけでも10^3=1000種の存在が考えられるが,実際には全体の1%である23種前後ときわめて少なく,明らかに一定の誘導合成の傾向が認められる.代表的なトリアシルグリセロール種は,2分子の16:0と1分子の14:0の結合したもの,18:1, 16:0および14:0の各1分子が結合したもの,さらに2分子の18:1と1分子の16:0が結合したもので,それぞれ全体の2〜3%を占めている.その他のトリアシルグリセロールも,すべて14:0, 16:0および18:1を2分子以上含む.また,4:0や6:0の低級脂肪酸はほぼすべてがsn-3結合しているが,主要な16:0はその90%が等しい割合でsn-1とsn-2に結合し,18:1はその70%がsn-1とsn-3に結合している.このように,結合する脂肪酸の分布性になぜ一定の傾向があるかの理由は,大変に興味深い点であるが,いまだ未解明である.

4) スフィンゴ脂質

i) 種類,含量および機能性 牛乳スフィンゴ脂質は,スフィンゴミエリンのほかに,代謝上の前駆体であるセラミド,中性糖脂質のモノグリコシルセラミド(セレブロシドなど)とジグリコシルセラミド(ラクトシルセラミドなど)および酸性糖脂質(ガングリオシドなど)が含まれる.牛乳中には,シアル酸を含む8種類のガングリオシドが知られている.主要な糖脂質には,ラクトシルセラミド,GD3(ラクトシルセラミドにシアル酸が2分子結合したもの)およびセレブロシドで,それぞれ牛乳100g当たり約12,7および6mg含まれる.

スフィンゴ脂質の代謝産物(スフィンゴイド塩基やセラミド)はアポトーシス誘導活性を示すことから,スフィンゴミエリンは機能性脂質として注目されている.また,食餌性スフィンゴ脂質は,腸内細菌により加水分解されて大腸がんの増殖抑制作用を示したり,一部は腸管内で消化吸収されて生理機能を発現する可能性が示されている.一方,糖脂質にはコレラ毒素中和活性,病原性大腸菌からの感染予防などの生体防御因子としての役割も示唆されている.

ii) 脂肪酸とスフィンゴイド塩基の組成 牛乳スフィンゴ脂質の主な脂肪酸は,16:0(6〜18%),ベヘン酸(22:0, 18〜28%),トリコサン酸(23:0, 20〜34%)およびリグノセリン酸(24:0, 12〜25%)である.また,微量の2-ヒドロキシ脂肪酸も存在し,その主成分は炭素数22と23である.

牛乳スフィンゴ脂質のスフィンゴイド塩基（スフィンゴシン塩基）は，多種多様であり，炭素数14から20までの直鎖型，イソ-分岐型およびアンティイソ-分岐型の約20種類からなる．主要なスフィンゴイド塩基は，どのスフィンゴ脂質でも4-トランス-スフィンゲニン（スフィンゴシン）とそのC16の同族体である．

5） プレニル脂質

乳脂肪に含まれるステロールの95%はコレステロールで，遊離型とエステル型が約10：1の比率で存在する．総コレステロール量は，13 mg/100 gである．トコフェロール類（ビタミンE，95%はα-トコフェロール）とカロチノイド類は平均でそれぞれ100 μgと58 μg/100 g（ビタミンAを含む）の濃度で含まれている．脂溶性のビタミンDやKも牛乳には含まれる．

牛乳の飲用時にコレステロールを気にする場合があるが，日本人における摂取量ではあまり問題となることはない． 〔大 西 正 男〕

c． タンパク質

牛乳中のタンパク質は約3.0%含まれており，pH 4.6で沈殿するカゼインと上清のホエー中に含まれるホエータンパク質に大別される．牛乳タンパク質は多くの食品や工業製品などにも有効利用され，牛乳の重要な成分の一つである．乳タンパク質の種類と特性を以下に示す．

1） カゼイン

カゼインは牛乳タンパク質の約80%を占める主成分であり，脱脂乳をpH 4.6（20℃）にした際に等電点沈殿する一群のリンタンパク質と定義される．カゼインは尿素存在下で電気泳動を行うと，移動度の速い順にα_{s1}-，α_{s2}-，β-およびκ-カゼインに分離される（図1.7）．これらのカゼイン成分はサブミセル（平均直径10～15 nm）を形成し，リン酸カルシウムとともに「カゼインミセル」とよばれる球形のマクロ会合体としての粒子（平均直径150 nm）を形成している．平均的な大きさのカゼインミセルでは，1000個のサブミセルから形成されている（図1.11参照）．カゼインは，無極性アミノ酸を35～45%含有し，とくにプロリンを多く含むために，α-ヘリックスやβ-シート構造のない「アトランダム構造」をとる．

i） α_{s1}-カゼイン α_{s1}-カゼインは，pH 7.0，4℃，0.04 M CaCl$_2$で沈殿するα_s-カゼインが，さらに電気泳動によって分離する6成分中の主要成分であ

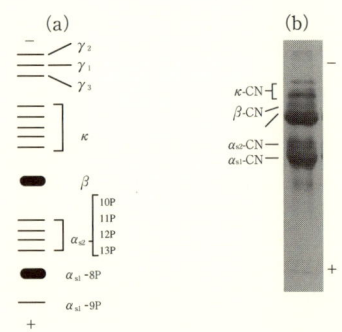

図1.7 (a)カゼインのポリアクリルアミド電気泳動模式図（Swaisgood, 1975）と(b)電気泳動図 泳動条件：5 M 尿素を含むトリス-ヒドロキシメチルアミン緩衝液（pH 8.9）．

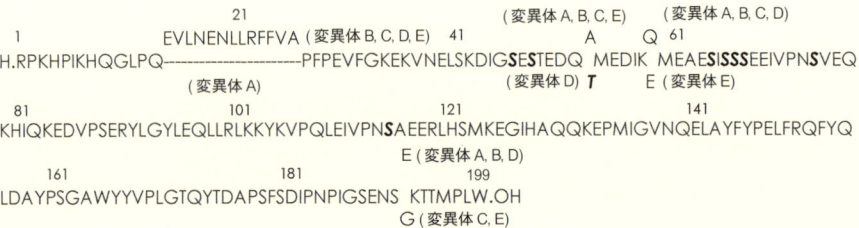

図1.8 α_{s1}-カゼインの一次構造（Swaisgood, 1992）
太字のS, Tにリン酸基が結合している．

る（図1.8）．α_{s1}-カゼインは全カゼインの37%を占め，アミノ酸残基199残基からなり，分子量約2万4000である．アミノ酸配列の部分的に異なる5つの遺伝的変異体（A, B, C, D, E）が存在し，Bが主要成分である．α_{s1}-カゼインは8～9残基のセリンにリン酸基が導入されており，高いカルシウム感受性を示す．α_{s1}-カゼインは，N-末端の41～80番目までに親水性アミノ酸が多く，すべてのリン酸基が存在する．この領域の両側は疎水性アミノ酸に富む疎水領域であり，「両親媒性構造（amphiphilic structure）」をしている．α_{s1}-カゼインを構成するアミノ酸の特徴は，リジンを14残基含むがシステインは存在しないことである．

　ii）**α_{s2}-カゼイン**　α_{s2}-カゼインは，全カゼインの約10%を占め，アミノ酸207残基で，リン酸基を10～13個結合し，分子量約2万5000である．4種の遺伝的変異体（A, B, C, D）が存在し，Aが主要成分である．α_{s2}-カゼインの平均疎水性は，ほかのカゼインと比較し低い．構成アミノ酸はシステインを2残基有し，リジンはほかのカゼイン中最も多い24残基を含む．

　iii）**β-カゼイン**　β-カゼインは，全カゼインの35%を占め，アミノ酸

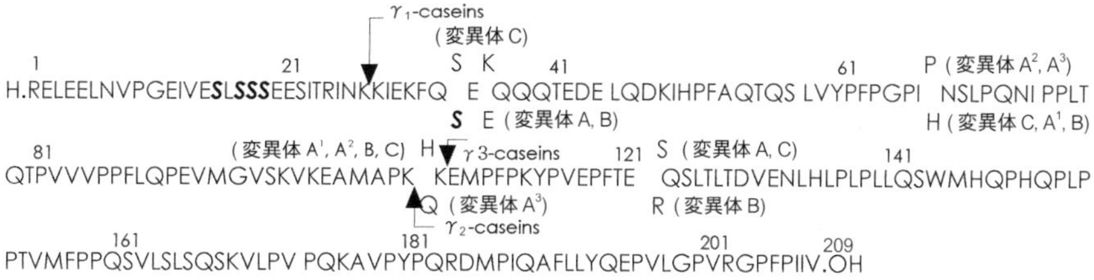

```
                    γ₁-caseins
                   (変異体 C)
  1              21      ↓   S  K   41                    61      P (変異体 A², A³)
H.RELEELNVPGEIVESLSSSEESITRINKKIEKFQ  E  QQQTEDE LQDKIHPFAQTQS LVYPFPGPI  NSLPQNI PPLT
                             S  E (変異体 A, B)                        H (変異体 C, A¹, B)
        81       (変異体 A¹, A², B, C) H↓γ3-caseins   121 S (変異体 A, C)       141
QTPVVVPPFLQPEVMGVSKVKEAMAPK  KEMPFPKYPVEPFTE   QSLTLTDVENLHLPLPLLQSWMHQPHQPLP
                             Q (変異体 A³)           R (変異体 B)
                             γ₂-caseins
     161                  181                          201    209
PTVMFPPQSVLSLSQSKVLPV PQKAVPYPQRDMPIQAFLLYQEPVLGPVRGPFPIIV.OH
```

図 1.9 β-カゼインの一次構造(Swaisgood, 1992)
太字の S にリン酸基が結合,矢印はプラスミンによる加水分解個所.

209 残基で,リン酸基を5個結合し,分子量は約2万4000である(図1.9). 8種の遺伝的変異体(A^1, A^2, A^3, B, C, D, E)のうち,A^2 が主要成分である.N-末端から15〜19番目までの4セリン残基がリン酸化されており,クラスターを形成してカルシウム吸収を高めることが示されている(カゼインホスホペプチド,CPP).構成アミノ酸は,プロリンを35残基と多く含み,バリンやロイシンの疎水性アミノ酸も多い.平均疎水性は他のカゼインより高く,温度上昇とともに可逆的な会合体を形成する.

γ-カゼイン類はβ-カゼインが内因性プロテアーゼ(プラスミン)によって分解されて生じた二次的な副成物であり,分解位置によって γ_1-(29〜209), γ_2-(106〜209)および γ_3-カゼイン(108〜209)が生じる.

iv) κ-カゼイン κ-カゼインは,全カゼインの約12%を占め,アミノ酸169残基で,リン酸基を1個(まれに2または3個)結合し,分子量は約1万9000である(図1.10).2種の遺伝的変異体(A, B)が存在する.カゼイン成分中,糖を結合している唯一の糖タンパク質であり,電気泳動によって複数のバンドとして検出されるのは,糖含量の違いによる.κ-カゼインは,チーズ製造上,最も重要である凝乳反応の基質であり,レンネット中の主成分キモシンによって,Phe(F)$_{105}$-Met(M)$_{106}$ のペプチド結合が限定的な加水分解を受け,疎水性に富むN-末端側(1〜105)のポリペプチド(パラ-κ-カゼイン)と親水性のカゼイノグリコペプチド(106〜169, CGP)に分解される.CGPには,ガラクトース(Gal),N-アセチルガラクトサミン(GalNAc)およびN-アセチルノイラミン酸(NeuAc, シアル酸)の3種の糖が,単糖から四糖として131, 133,および135残基目のスレオニン(T)にO-グリコシド結合している.初乳κ-カゼインでは,さらにN-アセチルグルコサミン(GlcNAc)も加わり,より複雑な糖鎖構造をとる.初乳期と常乳期でκ-カゼイン結合糖鎖の分子種が異なる理

```
           1                    21                  41                    61
PyroEEQNQEQPIRCEKDERFFSDKIAKYIPIQYVLSRYPSYGLNYYQQKPVALINNQFLPYPYYAKPAAVRSPAQIL
          81                  101    ▼          121              I  (変異体B)   A
QWQVLSNTVPAKSCQAQPTTMARHPHPHLSFMAIPPKKNQDKTEIPTINTIASGQP*TSTPT* EAVESTVATLE *S*PEV
         161         169                                       T  (変異体A)     D
IQSPPEINTVQVTSTAV.OH
```

図 1.10 κ-カゼインの一次構造（Swaisgood, 1992）
矢印はキモシンの切断部位（F 105-M 106）．太字の T に糖鎖，S にリン酸基が結合している．

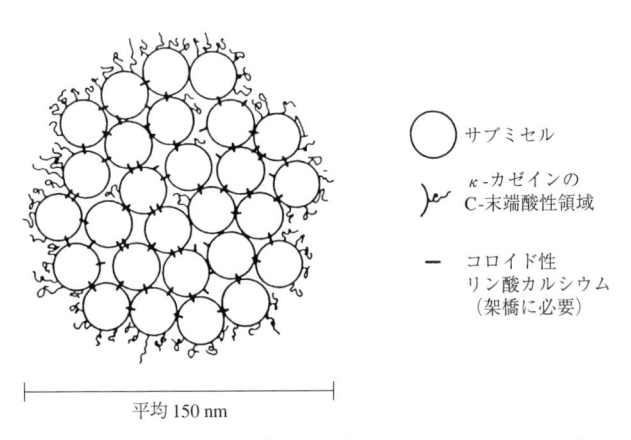

図 1.11 カゼインミセルの模式構造（Walstra and Jenness, 1984）

由は不明である．

2) カゼインミセル

8〜10 nm 径のサブミセルが相互作用により巨大な複合体である安定なコロイド粒子を形成し，カゼインミセルとして懸濁状態で存在している．カゼインミセルの大きさは均一ではなく直径 20〜600 nm（平均 150 nm）の球状である．カゼインミセルの内部は α_s-，β-カゼインを主体とするサブミセルが存在し，その外側を κ-カゼインを含むサブミセルが配置している（図 1.11）．サブミセル間は，リン酸カルシウムの架橋によりミセル全体が形成されていると考えられている．ミセル表面に存在する κ-カゼインのうち，とくに，C-末端側の親水性領域（CGP 部分）がミセル表面に突き出しているヘアリーモデルがよく知られている．また，この部分のリン酸基と糖鎖の負電荷と親水性がミセルどうしの反発力となり，安定化に寄与している．

```
1        10         20         30         40         50         60
LIVTQTMKGLDIQKVAGTWYSLAMAASDISLLDAQSAPLRVYVEELKPTPEGDLEILLQK-
61        70         80         90         100        110        120
WEN●ECAQKKIIAEKTKIPAVFKIDALNENKVLVLDTDYKKYLLFCMENSAEPEQSL■CQ-
121       130        140        150        160
CLVRTPEVDDEALEKFDKALKALPMHIRLSFNPTQLEEQCHL
```

図 1.12 牛乳 β-ラクトグロブリンの一次構造（アミノ酸配列）

下線のシステイン残基の C^{66} と C^{160} との間，および，C^{106} と C^{119} の間は，ジスルフィド結合で架橋．C^{121} には遊離のチオールが存在．●：N（変異体A）またはQ（変異体B），■：V（変異体A）またはA（変異体B）．

3） ホエータンパク質

ホエー（乳清）タンパク質は，脱脂乳に酸を添加することで pH 4.6（20℃）に保持した際に得られる可溶性画分（ホエー，乳清）に含まれるタンパク質の総称である．全乳タンパク質の約20％を占め，分岐鎖アミノ酸（V, L, I）に富む生理活性タンパク質を多く含む．

i） β-ラクトグロブリン β-ラクトグロブリン（β-Lg）は全タンパク質の約12％を占め，ホエータンパク質では約50％を占める主要タンパク質成分である．アミノ酸162残基からなり，分子量は約1万8000である．4種の遺伝的変異体（A, B, C, D）が存在し，AおよびBが主要変異体である．構成アミノ酸は，システイン5残基を含み，そのうち4つはS-S結合をして存在するが，1つはSH基（チオール）として遊離で存在する．SH基は反応性が高く，κ-カゼインとの会合や加熱臭に関与する．β-ラクトグロブリンは，会合にpH依存性があり，pH 5.5～7.5 では2量体で存在するが，pH 3.5～5.2 になると8量体を形成し，1分子当たり1個のレチノール（ビタミンA）を強く結合する運搬体（キャリアー）である．また，人乳に存在しないタンパク質であり，アレルギーの原因となる場合がある．

ii） α-ラクトアルブミン α-ラクトアルブミン（α-La）は全ホエータンパク質の約20％を占め，アミノ酸123残基からなり，分子量約1万4000のタンパク質である．1個のカルシウムを強く結合する金属タンパク質に分類される．システインの8残基はすべてS-S結合しており構造が強固であり，熱安定性の原因と考えられる．卵白リゾチームとS-S結合の位置をも含めて一次構造に約30％の相同性が示されている．乳腺細胞中での乳糖の生合成に不可欠のB-タンパク質である．

iii） 血清アルブミン 血清アルブミン（BSA）は肝臓で合成され血液から

```
  1        10        20         30        40         50        60
EQLTKCEVFRELKDLKGYGGVSLPEWVCTTFHTSGYDTQAIVQNNDSTEYGLFQINNKIW-
 61        70        80         90       100        110       120
CKDDQNPHSSNICNISCDKFLDDDLTDDIMCVKKILDKVGINYWLAHKALCSEKLDQWLC-
       123
EKL
```

図 1.13 牛乳 α-ラクトアルブミン（α-La）の一次構造（アミノ酸配列）
下線のシステイン残基の C^6 と C^{120} との間，C^{28} と C^{111} との間，および C^{73} と C^{91} との間は，ジスルフィド結合で架橋．

牛乳中に移行したもので，ホエータンパク質の約 5% を占め，582 のアミノ酸残基からなり，分子量は約 6 万 6000 のタンパク質である．分子内に 17 個の S–S 結合と 1 個の遊離 SH 基が存在する．

iv）免疫グロブリン　牛乳中にはサブクラスを含めて 5 種類の免疫グロブリン（Ig：immunoglobulin）：IgA，IgG_1，IgG_2，IgE および IgM が存在し，IgG_1 が最も多く含まれ，とくに初乳中に多い．

v）プロテオースペプトン　プロテオースペプトン（PP）はホエータンパク質の約 18～25% を占める．電気泳動より 3 成分（ピーク番号 3，5 および 8）が検出される．成分 3 は，糖質を約 17% 含む不均一な糖タンパク質であり，脂肪球皮膜由来と考えられている．この主要タンパク質を，ラクトフォリンとよぶ．成分 5 は，β-カゼインのフラグメント（1～105）および（1～107），成分 8 は β-カゼインのフラグメント（29～105），（29～107）および（1～28）であり，プラスミンにより分解されて生じたペプチド断片である．

vi）ラクトフェリン　ラクトフェリン（Lf）は乳腺細胞で合成され，ウシ常乳には 20～200 mg/1 kg，初乳には約 1 g/1 kg 含まれる．分子量約 80 kDa の糖タンパク質であり，N-末端から 338 番目まで（N-ローブ）とそれ以降（C-ローブ）にそれぞれ鉄 1 原子を結合し，抗菌作用や細胞増殖促進など多様な生理機能が知られている．

4）微量タンパク質

その他，牛乳中には約 60 種以上の酵素，細胞生長因子，ミルクムチン，ビタミン結合タンパク質，脂肪球皮膜タンパク質（MFGM），オステオポンチンなどが存在し，微量であるが生理活性を示すものが多い．

表1.13 牛乳中の主要ミネラル含量と存在状態

元素名	濃度 (mg/l)	可溶性 (%)	存在状態	コロイド性 (%)
ナトリウム	500	92	イオン性	8
カリウム	1450	92	イオン性	8
塩素	1200	100	イオン性	-
リン	750	43	10% Ca, Mg に結合 51% H_2PO^- 1% HPO_4^{2-}	57
カルシウム	1200	34	35% Ca^{2+} 55%クエン酸塩に結合 10%リン酸塩に結合	66
マグネシウム	130	67	Ca と類似	33

(Fox and McSweeney, 1998 を一部改変)

d．ミネラル

　ミネラルは，牛乳中に約 0.7% 含まれる微量成分である．生体の正常な発育や生命維持に重要な役割をしている元素を含む塩類が多い．ミネラル含量は，乳牛の品種や個体差，泌乳期，飼料，季節および微生物の作用によって変動する．泌乳期による影響は一般に大きく，Ca，Mg，P，Na および Cl などは初乳と末期乳で高くなり，K は逆の傾向を示す（表1.13）．

　ミネラルは可溶性成分としてホエー中に，または，コロイド性成分としてカゼインや脂肪球に結合して存在する．主要ミネラルの K，Na の約92%，塩素は100% がイオン状に解離している．Ca は，約60% がカゼインミセルと結合したコロイド状態であり，また約30% が塩であり，残りは解離している．カゼインに結合する Ca は，セリンに共有結合しているリン酸基やアスパラギン酸，グルタミン酸の遊離のカルボキシル基に結合している．その他の不溶性の Ca は，カゼインサブミセルを架橋するリン酸カルシウム（$CaHPO_4$，$Ca_3(PO_4)_2$，$Ca_4H(PO_4)_3$，$Ca_5OH(PO_4)_3$）としての存在が考えられる．Mg は約67% が可溶性に存在し，そのうち15% がイオン性である．Ca および Mg ともに存在形態の平衡関係は保たれているが，温度，pH，凍結，塩類の添加や希釈によって移動する．

　Ca の欠乏は，骨粗鬆症，動脈硬化症および高血圧の発症などに関連する．牛乳中には，ビタミン D, 乳糖，カゼインホスホペプチド（CPP），リジン，アルギニンなどの吸収を促進する多くの因子がある．一方，牛乳にはフィチン酸，シュウ酸塩および食物繊維などの阻害因子は存在しない．このことは，牛乳および

表1.14 牛乳中の主要ビタミン含量

ビタミン名	含量 (μg/100 ml)
脂溶性ビタミン	
A_1（レチノール）	30〜37
カロチン	12〜21
D（コレカルシフェロール）	0.08
E（トコフェロール）	100〜110
K（フィロキノン）	3
水溶性ビタミン	
B_1（チアミン）	40〜42
B_2（リボフラビン）	150〜172
B_6（ピリドキシン）	48
B_{12}（コバラミン）	0.45
ナイアシン	92〜100
葉酸	5.3〜11.5
パントテン酸	360
イニシトール	4100〜16000
C（アスコルビン酸）	1800〜2000
ビオチン	3.6
コリン	4300〜17000

（足立・伊藤，1987を一部改変）

乳製品のカルシウム吸収率は約60％と高く，魚や野菜からのカルシウムよりは吸収性が高いことにも関係する．

e．ビタミン

ビタミンは，ヒトの体内で合成できないために，微量要求される成分である．牛乳には既知のビタミンのすべてが含まれている（表1.14）．主な脂溶性ビタミンはA，D，E，Kであり，水溶性はB群およびCである．最も含量の多いのはビタミンAであり，A_1およびA_2の2種がある．牛乳中には主にビタミンA_1のレチノールが存在する．乳脂肪の淡黄色は，ビタミンAの前駆体であるプロビタミンAとしての活性を持ち，飼料の影響を受けやすい．ビタミンB_2（リボフラビン）は65〜95％が遊離型で存在し，ホエーの黄緑色の原因となっている．リボフラビンは酸素，熱，酸に安定であるが，光（145〜455 nm）に対して不安定であり，ルミクロームに分解される． 〔阿久澤良造〕

1.4　牛乳成分の生合成

乳タンパク質，乳脂肪および乳糖などの主要な成分の生合成は，乳腺組織中の

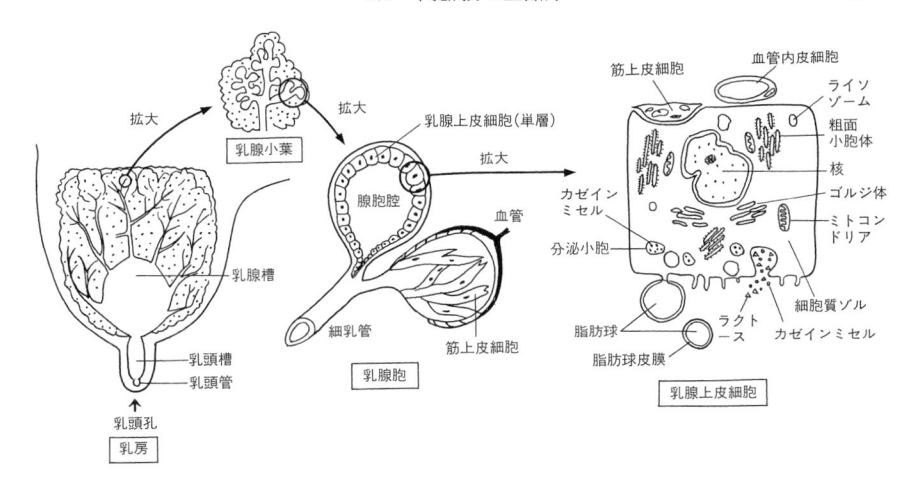

図 1.14 乳房における乳成分合成の場（齋藤，1998）

乳腺上皮細胞で行われる．ウシ乳房組織とその中での乳腺胞部位の拡大図および実際の乳成分の生合成の場である乳腺上皮細胞の模式図を図 1.14 に示した．

　乳腺の発達，催乳〜泌乳期を経て退縮にいたるまで，その過程は一連のホルモン管理のもと，乳タンパク質だけでなくハウスキーピング遺伝子の活性化に伴って進行する．妊娠末期から分娩にかけて，乳腺上皮細胞は非分泌状態から分泌状態へと変化する．分娩にさきだち，プロゲステロンの血中濃度が減少する．これにより催乳の抑制から開放され，血中エストロゲン濃度がピークに達すると，脳下垂体前葉から催乳ホルモンであるプロラクチンの分泌が促進される．分娩時には副腎皮質からのグルココルチコイドあるいは成長ホルモンなどの血中濃度が最高となる．これらのホルモン制御により，分泌上皮細胞間のタイトジャンクションは閉ざされ，血液からの代謝基質の吸収が増し，乳の分泌が始まる（図 1.15）．ホルモン条件が整っていても，乳腺から乳の除去（授乳・搾乳）がなければ，プロラクチン分泌刺激が得られず，乳合成は持続できない．

a．乳タンパク質の生合成

　プロラクチンがレセプターと結合すると転写因子 STAT 5 a (signal transducers and activators of transcription) が非受容体型チロシンキナーゼ JAK (janus kinase) によりリン酸化，活性化され，細胞分化や乳タンパク質に関する遺伝子が発現する．乳タンパク質の生合成速度は主に関連する mRNA の濃度

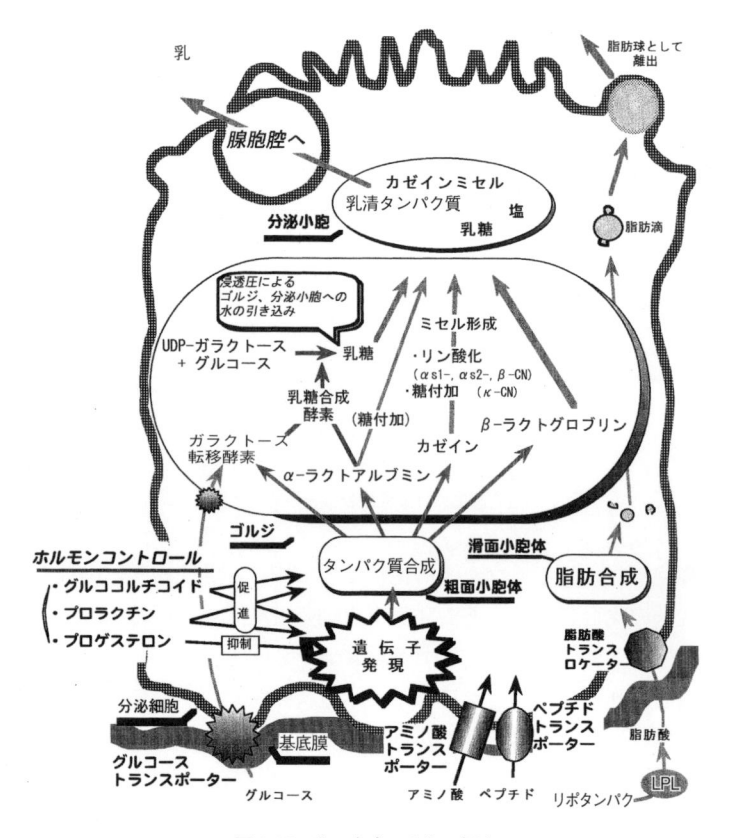

図1.15 乳の合成～分泌の概略

に依存するが，その転写速度や安定性は妊娠後期から泌乳中期にかけて着実に増加する．

これまでに30以上の乳タンパク質遺伝子が知られており，種内，種間のタンパク質およびその遺伝子構造解析から，①α_{s1}-，α_{s2}-カゼイン（CN）には内部相同性が認められ，遺伝子内部で重複が起きている，②カルシウム感受性CNにみられるリン酸化部位の偏在，シグナルペプチドの高い相同性は，これらが共通の起源であることを示唆する，③α-ラクトアルブミン（α-La）とリゾチームの相同性は高く，β-ラクトグロブリンはリポカリンファミリーの一員である，④乳タンパク質遺伝子の読取り枠（ORF：open reading frame）は進化がはやい，などがわかってきた．Ca-感受性CNのORFに隣接する5′，3′の非翻訳領

1.4 牛乳成分の生合成

```
                     -150                                              -100
αs1-CN RAT   ACTTTACTCAGAATTTCCCAGAAGAAGGAATTGGACAGAA ATTAATTTCCTATTTGCAACAAT
αs1-CN COW   ACTCTCCTTAGAATTTCTTGGGAGA GGAACTGAACAGAACATTGATTTCCTATGTGAGAGAAT
αs2-CN RAT   GAACTCCCTAGAATCTGTGGAACAAAATCCAGAGAGACAA    TTTCTAATGATATTGCT
β-CN RAT     ATGTCCCCCAGAATTTCTTGGGAAAGAAAA TAGAAAGAA    ACCATTTCTAATCATGTGAAC
β-CN MOUSE   ATGTCACCCTAGAATTTCTTGGGAAAGACAA TAGAAAGAA    ACCATTTCTAATCACGTAGAC
β-CN RABBIT  ATGCTCCCCAGAATTTCTGGGGAAAGATAA TGAGTAGAA    ATCATTTTCTAATCATATGGAC
β-CN COW     ATGCTCCCCAGAATTTTTGGGGACAGAAAAATAGGAAGAA    TTCATTTTCTAATCATGCAGAT
β-CN SHEEP   ATGCTCCCCAGAATTTCTGGGGACAGAAGAATAGGAAGAA    TTCATTTCCTAATCATGCAGAT

α-La RAT    GAGGTGGGGAGGGTGGCAGGATGGAGGGAAGTTGGCAGGCT CGGCGTTTCTATCTTGGCAGAAACTT
α-La COW    AGGAAAAGTGGGGTGAAATTACTGAAGGAAGCT         CAATGTTTCTTTGTTGGTTTTACTGG
α-La GOAT   AGGAAAAGTGGGGTGAAATTACTGAAGGAAGCTAGCAGGCT CAATGTTTCTTTGTTGGTTTTACTGG
α-La MAN    AGGAAAAGTAGGGTG AATTATGGAAGGAAGCTGGCAGGCT CAGCGTTTCTGTCTTGGCATGACCAG
α-La G.P*   AGGAAAAGTAGGATGAAATTATGGAAGGAAGCTGCCAAGTTTCAGTCTA TCTTGGCATGACTAA
```

図1.16 カルシウム感受性カゼイン遺伝子に共通な塩基配列（ボックスで囲った部分）ならびにこれらのカゼイン（CN）と α-ラクトアルブミン（α-La）遺伝子に共通なコンセンサス配列（いわゆるミルクボックス，下線の部分）

細字の塩基は転写開始の150, 100塩基上流の位置を示す．G.P*：guinea pig（Mepham, et al., 1992）．

域の保存性の高さは，この領域が翻訳速度や安定性の維持に必要な，変化を受けない構造であることを示唆する．また，これらの遺伝子の転写開始ユニットの100塩基上流には，α-La にも共通してみられるコンセンサス配列（ミルクボックス）の存在が指摘されている．ただし，その相同性は低く，すべての乳タンパク質が共有しているわけではない（図1.16）．

mRNA の開始コドンが開始前複合体に認識されると，タンパク質へと翻訳される段階に入る．リボソームから出てきたポリペプチドは小胞体やゴルジ体で加水分解や糖付加，リン酸化などの翻訳後修飾を受ける．この過程でタンパク質はさまざまな細胞内小器官に運ばれる．その際，親水性領域も含むタンパク質が，脂質二重膜を直接通過するのか，タンパク質で構成される孔を通過するのかは不明であるが，分子シャペロン様介助因子により，タンパク質はゆるく折り畳まれた状態で運ばれる．タンパク質には，特定の場所に運ばれるためのコンセンサス配列は認められないが，それぞれに特徴はみられる．例えば小胞体に運ばれるのに必要なシグナルペプチドでは，N-末端側に陽電荷を持つアミノ酸が疎水領域の上流に位置し，負電荷アミノ酸は含まれない．Ca-感受性 CN の場合，切断部位の上流8残基めはいずれもシステインである．

乳牛は1日に約35 l 泌乳する．それに見合うタンパク質合成のためには，1 kg 以上のアミノ酸が必要となる．アミノ酸の取込みは，それぞれに特異な運

搬機構により，分泌上皮の基底側細胞膜を通して行われる．例えば，中性必須アミノ酸の取込みに重要なのは Na^+ 非依存性の輸送系 L で，その基質特異性は広い．最も豊富に存在するグルタミン酸は乳腺基底側細胞膜にある酸性アミノ酸輸送系 X_{AG}^- 様システムを利用している．塩基性アミノ酸であるアルギニンは Na^+ 非依存的輸送系 Y^+ によりタンパク質合成に必要な量以上に取り込まれ，取込みの少ないほかのアミノ酸の前駆体として用いられる．この系は中性アミノ酸とも競合する．

ウシ乳腺 γ-グルタミルトランスペプチダーゼは赤血球由来のグルタチオンを水解し，遊離されたアミノ酸を細胞内に取り込む．また，乳腺頂端膜に存在する特異なペプチドトランスポーターは，タンパク質分解物を分泌細胞に戻すスカベンジャーとしての機能が考えられる．大部分のアミノ酸は血漿あるいは細胞に由来し，あるものはペプチドの細胞内加水分解により，あるものは細胞内合成により得られる．

b．乳脂肪の生合成

泌乳中の乳腺上皮細胞のトリアシルグリセロール（TAG，トリグリセリド）合成活性は非常に高く，分娩に伴う血漿プロゲステロンの減少，プロラクチンの増加が脂肪合成酵素誘導の引き金となる．乳腺上皮細胞で TAG にエステル結合される脂肪酸は血漿脂質由来か，あるいは前駆体からの de novo 合成による．反芻動物では，短～中鎖脂肪酸が de novo 合成の主要産物であり，血漿脂質が長鎖の 1 価不飽和脂肪酸の主原料となる（表1.15）．

血漿脂肪酸プールから乳腺上皮細胞に供給される脂肪酸は，主に脂肪組織の貯蔵 TAG（de novo 合成された脂肪酸よりなる）がリポリシスを受けて生じたも

表1.15 ウシ乳腺における de novo 合成脂肪酸の乳脂肪に占める炭素数別脂肪酸の割合

脂肪酸	de novo 合成脂肪酸の割合（％）
C 4～C 10	100
C 12	80～90
C 14	30～40
C 16	20～30
C 18	0

注）牛乳脂肪酸の半分は de novo 合成脂肪酸，残りは血中の VLDL やキロミクロンに由来する．

のである．de novo 合成の主要な前駆体は，単胃動物ではグルコースであるのに対し，反芻動物では酢酸が利用される．また，腸管から生じたキロミクロンや超低密度リポタンパク質（VLDL），あるいは肝臓で生じた VLDL を構成する TAG に富むリポタンパク質も脂肪酸供給源となる．反芻動物では飼い葉に含まれる脂肪酸は少なく，また，ルーメンで代謝されるため腸管のキロミクロンや VLDL の寄与は少ない．リポタンパク質の TAG は乳腺の毛細血管床に存在するリポプロテインリパーゼ（LPL）で加水分解され，遊離した脂肪酸が乳腺上皮細胞に取り込まれる．LPL には立体特異性があり TAG の sn-1 位に多く存在するパルミチン酸，ステアリン酸，オレイン酸などの遊離が必然的に多くなる．

　脂肪酸は，血中ではアルブミンと結合することで可溶化されており，この脂肪酸を利用するには，細胞は高親和性取込み機構を備えている必要がある．その候補の一つは，分子量約 1 万 4000 の FABP（fatty acid binding protein）．もう一つは分子量約 8 万 8000 の FAT（fatty acid translocator）で，CD 36 あるいは PAS-4 ともよばれる．乳腺の FABP は心臓型と一致し，泌乳開始とともに劇的に増える．長鎖の脂肪酸（16：0，18：0，18：1）と結合するが，短〜中鎖脂肪酸とは結合しない．膜貫通糖タンパク質である FAT は基底細胞表面に位置する長鎖脂肪酸トランスポーターと考えられている．CD 36 ノックアウトマウスでは，脂肪酸の心筋や脂肪細胞への取込みが減少し（50〜80％），ジアシルグリセロール（DAG）から TAG への変換が阻害され，DAG の蓄積がみられる．FABP と CD 36 とは細胞質領域で結合している．両者の発現は，細胞の分化状態と密接に関係しており，泌乳期に最高に達し，退縮期には減少する．また，両者には類似の二次構造を形成すると予測される相同領域がみられ，そこで荷電した脂肪酸頭部と結合するものと考えられる．

　脂肪酸の de novo 合成は，アセチル CoA をプライマーとしてマロニル CoA が次々に縮合することにより進行し，これには ACC（acetyl CoA carboxylase）と 7 種の酵素複合体である FAS（fatty acid synthase）が関与する．ACC はアセチル CoA のアセチル基に CO_2 を結合させ，マロニル CoA 合成反応を触媒する，脂肪酸生合成の律速酵素である．1 サイクルごとに飽和アシルが 2 C 単位で伸長され，主産物はパルミチン酸（$C_{16:0}$）である．反芻動物では，C 6〜10 に特異性を示す中鎖アシルチオエステラーゼが FAS に含まれていること，さらに，アシル-CoA 結合性タンパク質による中鎖脂肪酸の除去に伴いアシル鎖延長阻止が促されることから，C 6〜10 の脂肪酸合成の割合が高くなる．また，FAS は

脂肪球皮膜（MFGM）の構成タンパク質や，細胞質基質のGTP-結合タンパク質とリポタンパク質複合体を形成する．

TAG合成は，滑面小胞体の細胞質側表面で，一連のエステラーゼの作用により進行する．最後の反応を触媒するDGAT（Acyl-CoA：diacylglycerol acyl transferase）のノックアウトマウスでは，血中TAGレベル，脂肪組織の形態は正常であるにもかかわらず，乳腺ではTAG合成のみならず，乳タンパク質合成もみられず，泌乳にいたらない．

乳中の脂肪酸の主成分であるオレイン酸（$C_{18:1}$）はステアリン酸（$C_{18:0}$）から乳腺，脂肪組織のSCD（strearoyl-CoA desaturase）により変換される，$C18$は食餌脂肪か脂肪組織のリポリシスに由来する．SCD活性は分娩直後に上昇し，プロラクチンで発現が誘導される．

滑面小胞体のTAG合成酵素に富む特異な膜内で合成されたTAGは油滴となり，小胞体膜に包まれた脂肪体を形成し，出芽するようにして細胞質に離出される（直径0.15〜$0.5\mu m$）．これらの脂肪小滴は融合して脂肪滴（直径1〜$4\mu m$）となる．脂肪滴をおおう膜には，極性脂質のガングリオシドのほか，ADRP（adipose differentiation related protein）などが結合している．ADRPは脂肪滴の形成だけでなく，乳汁へと分泌される際には，細胞膜に結合したブチロフィリン-キサンチンオキシダーゼ複合受容体にリガンドとしてはたらき，脂肪滴が細胞膜由来の二重膜，MFGMにおおわれた脂肪球の形成に関与する（図1.17）．

c．糖質の生合成

分娩時のホルモン環境の変化に伴い，α-ラクトアルブミン（α-La）の合成が誘導される．α-Laはゴルジ体で「β-1，4-ガラクトース転移酵素（GT）」と出会い乳糖合成酵素複合体を形成する．乳糖は膜非透過性のためゴルジ体や分泌小胞の浸透圧を高め，そこに血液と等張を保つよう水が流入する．これにより乳汁の分泌が可能となり，同時にほかの乳成分の合成が盛んになる．乳糖はほとんどの種の乳の主要な糖質であり乳特有の成分で，自然界にはほかに認められない．

乳糖はウリジンヌクレオチド経路で，ゴルジ胞内で生合成される（図1.18）．乳糖合成には2つのグルコースが関与する．1つはUDP-グルコースを経てUDP-ガラクトースに変換され，GTの基質となる．もう一つはそのまま乳糖合成に使われる．グルコースは，乳腺上皮細胞特有のグルコーストランスポーター

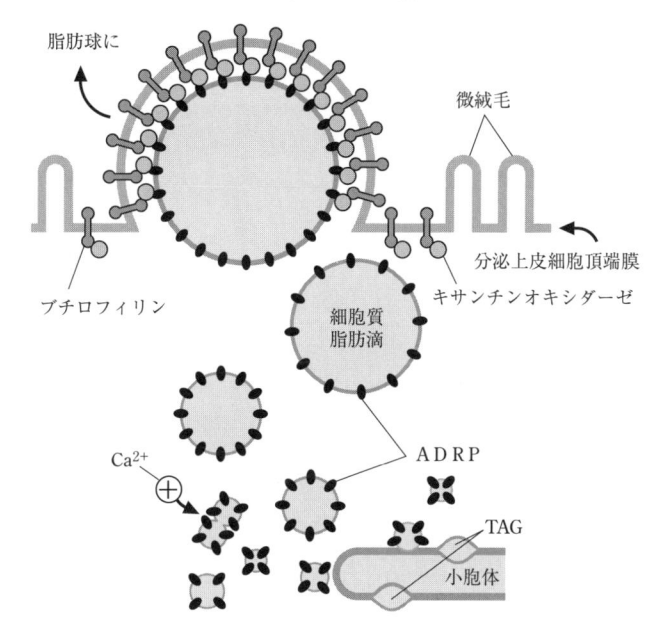

図 1.17 乳脂肪球の形成と分泌（Murphy and Vance, 1999 を改変）
小胞体で形成された脂肪滴は融合成長し，ADRP を介して頂端細胞膜のブチロフィリン-キサンチンオキシダーゼ複合受容体と結合し，細胞膜におおわれ，脂肪球となって，乳腺胞腔へと離出する（TAG：トリアシルグリセロール）．

によりゴルジ胞内に運搬される．UDP-ガラクトースは能動輸送でゴルジ胞に運ばれる．乳糖合成の副産物である UDP は，すみやかに UMP と無機リン酸に水解され，ゴルジ体外に排出される．産物である乳糖は合成反応を阻害しない．

乳糖合成酵素は A-タンパク質の GT および B-タンパク質の α-La で構成される．GT は分子量 3 万 5000～6 万の糖タンパク質で，α-La が共存しなければ，糖タンパク質の糖鎖末端 N-アセチルグルコサミン（GlcNAC）残基に，$\beta 1 \to 4$ 結合でガラクトースを転移する．GT は α-La により基質特異性が変更される，ほかに類のない酵素である．ほとんどの組織に発現しており，いずれもゴルジ体の内膜にのみ存在する．乳腺では分泌小胞が乳腺細胞の頂端膜と融合する際，α-La は管腔に放出されるが，GT は大部分が頂端膜に結合し留まる．MFGM に GT 活性がみられるのはそのためである．

一方の α-La は乳腺でのみ発現する分子量 1 万 4000 のタンパク質で，それ自体には酵素活性はない．粗面小胞体で合成され，ゴルジ体へ移行，そこで GT

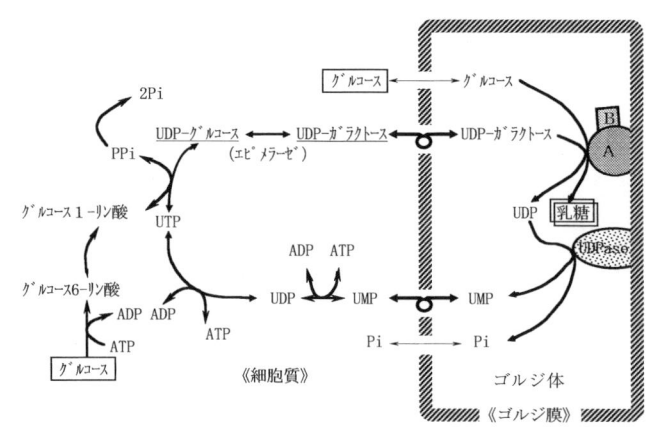

図1.18 乳糖合成関連ウリジンヌクレオチド経路（Kuhn and White, 1977 を改変）
A：ガラクトース転移酵素，B：α-ラクトアルブミン（α-La），UDPase：ヌクレオシドジホスファターゼ．UDP-グルコースはゴルジ体や分泌小胞へは輸送されない．もしこれがゴルジ体に運ばれると強力な乳糖合成阻害剤となる．乳糖合成の副産物 UDP も，蓄積すると UDP-ガラクトースと競合し乳糖合成の阻害作用を示す．

と乳糖合成酵素複合体を形成し，GT の基質特異性を GlcNAC からグルコースへ変換することにより乳糖合成が開始される．同時に，GT の UDP-ガラクトース親和性は高まる．また，これらの基質は GT の α-La との親和性を増す．このように乳糖合成は相互依存的に進行する．α-La ノックアウトマウスの乳腺には乳糖を含まない濃厚な分泌物が溜まり，乳汁分泌にはいたらず，授乳できない．

泌乳ラット乳腺上皮細胞の基底側面には GLUT 1（glucose transporter 1）様の，基質飽和型グルコーストランスポーターが存在する．同様のトランスポーターはウシ乳腺にも mRNA およびタンパク質レベルで確認されているが，ほかのシステムの存在も否定できない．インスリン感受性 GLUT 4 はラット乳腺の脂肪細胞には存在するがウシ乳腺には検出されていない．ラット乳腺にみられる Na^+ 依存型 SGLT 1（sodium-dependent glucose transporter 1）の mRNA の発現はウシ乳腺にも認められるが，その発現箇所や機能的重要性については不明である．乳腺上皮細胞の頂端膜側にもトランスポーターがある．頂端側には GLUT 1 は検出されないので，このシステム以外のものと考えられる．細胞質内に運ばれたグルコースは，乳糖合成のためにはゴルジ膜を通らなければならな

い．これには細孔が関与しているともいわれているが，GLUT 1 様タンパク質がゴルジ膜にも存在する．

グルコースの取込みは乳腺の発達段階により異なる．乳糖合成とグルコース取込みは分娩時に急激に増加し，退縮時には急激に減少する．授乳を断つと GLUT 1 の mRNA およびタンパク質発現量はともにすみやかに低下する．

溶液中のグルコースは α-:β-アノマー比＝1:2で存在する．乳腺のグルコーストランスポーターが赤血球や膵臓 β 細胞と同様 β-アノマー特異的かどうかは不明であるが，乳糖合成酵素の特異性は β-アノマーにある． 〔東　德洋〕

1.5　牛乳とホエーの加工技術

a．牛乳・加工乳・乳飲料

牛乳，加工乳，乳飲料などは飲用乳といわれ，食品衛生法の「乳及び乳製品の成分規格等に関する省令（乳等省令）」で成分規格ならびに製造および保存の方法の基準や使用可能な容器包装の規格基準が，また，飲用乳の表示に関する公正競争規約で表示に関する事項が規定されている．

牛乳は生乳だけを原料とし，加工乳は使用を許可された乳（生乳，牛乳など）および乳製品（脱脂粉乳，クリーム，バターなど）を，また，乳飲料は乳および乳製品のほかにビタミン，ミネラル，コーヒー，果汁，糖類，安定剤，乳化剤，香料などを適宜使用したものをいう．

1）牛乳・加工乳・乳飲料の製造工程

牛乳・加工乳・乳飲料の製造工程を図 1.19 に示す．主要工程の概略は次の通りである．

i）受　乳　適切に飼育された健康な乳牛より衛生的に搾乳された，風味などの乳質が正常な生乳を受け入れる．生乳の乳質は飲用乳の品質に大きく影響するためにきわめて重要であり，受乳時に乳温，外観，風味，セジメントテスト，アルコールテスト，比重，酸度，乳脂肪分，無脂乳固形分，細菌数，抗菌性物質を検査し，ろ過，冷却後，貯乳する．

ii）仕込・調乳　加工乳は定められた乳および乳製品を，また，乳飲料は乳および乳製品のほかに糖類などの各種原料を至適条件で溶解，混合，ろ過して調乳し，各製品の規格に適合しているか検査を行う．この際，原料の溶解条件（温度，濃度）および混合順序が重要となる．

iii）清浄化　受乳時および原料溶解後の各ろ過工程で除去できない微細な

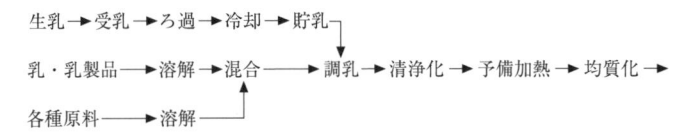

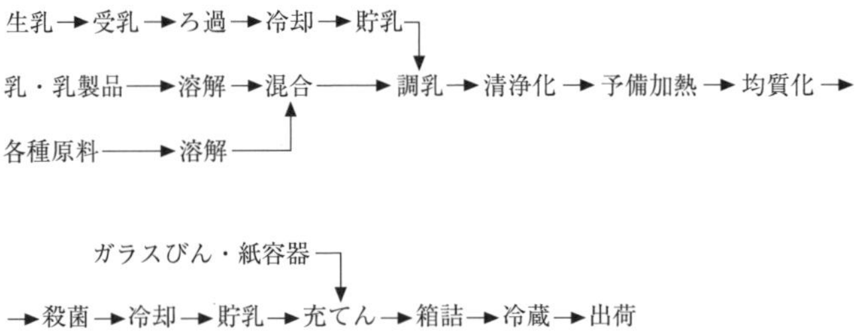

```
生乳 → 受乳 → ろ過 → 冷却 → 貯乳
                                    ↓
乳・乳製品 ── 溶解 → 混合 → 調乳 → 清浄化 → 予備加熱 → 均質化 →
                        ↑
各種原料 ──── 溶解

          ガラスびん・紙容器
                 ↓
→ 殺菌 → 冷却 → 貯乳 → 充てん → 箱詰 → 冷蔵 → 出荷
```

図1.19　牛乳・加工乳・乳飲料の製造工程

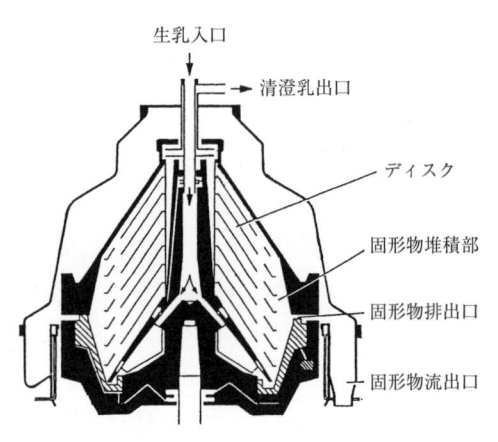

図1.20　クラリファイヤーのボール構造

異物，塵埃や生乳中の白血球，細胞をクラリファイヤー（図1.20）で除去する．生乳あるいは調乳液が高速回転するボールの中へ送られ，上昇孔より流入して分離板の間隙を上昇する．この間に微細な固形物は遠心作用により分離され固形物堆積部に蓄積し，一定間隔で自動的に排出される．

iv）均質化　脂肪球浮上によるクリームライン形成防止と牛乳の消化吸収改善の目的により均質機で均質化する．均質効率向上のため60〜85℃に予備加熱後，10〜25 MPaの圧力で狭隘な均質バルブの隙間を通過することにより，その剪断力で1〜15 μmの生乳中の脂肪球がほぼ1 μm以下に微細化される．無菌（アセプティック）製品や直接加熱法の殺菌機の場合には，アセプティック仕様の均質機で殺菌後に後均質を行う．

v）殺　菌　人の健康に害を与える病原性微生物を死滅させ衛生学的な安全性を確保するとともに，一般細菌の殺菌や酵素の失活により保存性をよくし商

品価値を高めることを目的に殺菌を行う．牛乳の殺菌方法は乳等省令により「保持式により摂氏 63 度で 30 分間加熱殺菌するか，又はこれと同等以上の殺菌効果を有する方法で加熱殺菌すること」と規定されている．これは牛乳中の結核菌（*Mycobacterium tuberculosis*）が 61.7℃ で 30 分加熱すると死滅するデータに基づいている．具体的には，「63℃ で 30 分間加熱保持殺菌する低温保持殺菌法（LTLT 法：low temperature long time pasteurization）」，「72～75℃ の間で連続的に 15 秒間加熱殺菌する高温短時間殺菌法（HTST 法：high temperature short time pasteurization）」，「120～150℃ の間で連続的に 1～3 秒間加熱殺菌する超高温瞬間殺菌法（UHT 法：ultra high temperature heating process）」が主な方法である．わが国で牛乳の殺菌が義務付けられたのは 1933 年のことであり，それ以来バッチ式殺菌法の LTLT 法が用いられた．1952 年には処理効率の向上や風味改善のため HTST 法が，また，1957 年には保存性をさらに向上させる目的で UHT 法が導入された．1985 年には UHT 法と無菌充てん機の組合せによる常温保存可能品（long life milk：LL 牛乳）も認可された．

一般に，温度が 10℃ 上がるごとに化学反応速度は 2～3 倍になるのに対して，微生物の破壊速度は 8～10 倍になる．したがって，加熱温度をより高く，加熱時間をより短くすれば，風味や外観，栄養価などの品質をほとんど損なわずにより高い滅菌効果を得ることができる．この原理から，LTLT 法より HTST 法，さらに UHT 法による高温短時間での加熱処理を行うことが望ましいとされ，現在，UHT 法は牛乳の殺菌方法の主流になっている．

UHT 殺菌機は間接加熱法と直接加熱法があり，間接加熱法は加熱媒体の蒸気あるいは温湯が牛乳と直接接触せず，伝熱壁を隔てて加熱冷却されるものであり，プレート式，チューブラ式，かきとり式がある．直接加熱法は，高圧の飽和水蒸気を牛乳に噴射して瞬間的に加熱する．間接加熱法であるプレート式 UHT 殺菌機の工程を図 1.21 に，直接加熱法であるスチームインフュージョン式殺菌機の工程を図 1.22 に，また，各 UHT 殺菌機の温度-時間曲線を図 1.23 に示す．直接加熱法は間接加熱法に比較して瞬時に加熱冷却されるが，殺菌後の減圧装置により香気が逸散しやすいので，飲用乳の殺菌には，主に間接加熱法の UHT 殺菌機が使用されている．殺菌装置の選定にあたっては，被殺菌液の性状（粘度，安定性）や製品に求められる特性（風味，品質）のほかに，運転時間，設備コストなどの条件を考慮して決定する．

vi）**冷却・貯乳**　殺菌機に組み込まれた冷却工程によりただちに 5℃ 以下

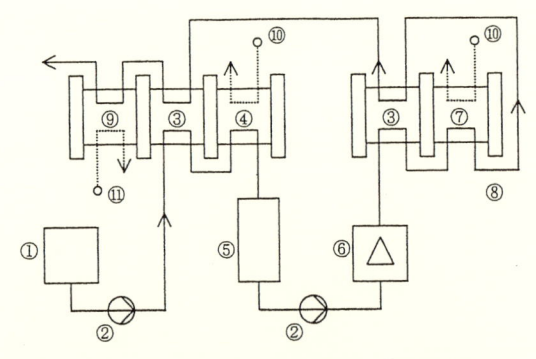

①バランスタンク　②ポンプ　③熱交換部　④予備加熱部
⑤保持タンク　⑥均質機　⑦最終加熱部　⑧保持管
⑨冷却部　⑩加熱媒体　⑪冷却水

図1.21　プレート式UHT殺菌機の工程概略図

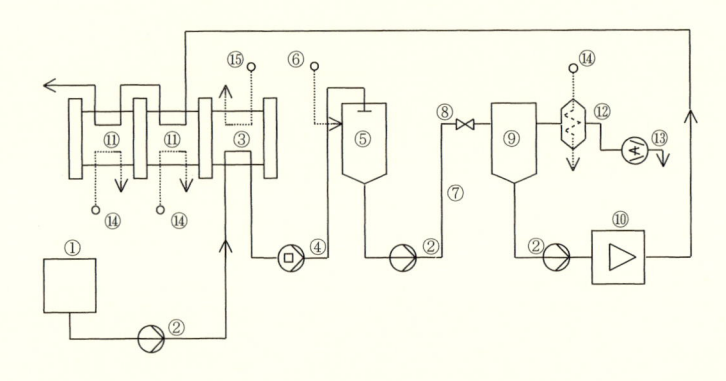

① バランスタンク　② ポンプ　③ 熱交換部　④ 定量ポンプ
⑤ インフュージョンチャンバー　⑥ 蒸気　⑦ 保持管　⑧ 背圧弁
⑨ エキスパンジョンベッセル　⑩ 均質機　⑪ 冷却部　⑫ コンデンサー
⑬ 真空ポンプ　⑭ 冷却水　⑮ 加熱媒体

図1.22　スチームインフュージョン式殺菌機の工程概略図

に冷却され，タンクに貯乳し冷却保持する．充てん前に各製品の特性値に適合しているか検査する．

vii) 充てん　破損びん，きずびん，すれびんを除去したうえで，洗びん機で洗浄・殺菌後，製品を充てんする．その後，紙栓を打栓してポリエチレンフードやシュリンクフードでびん口を封かんしたり，樹脂キャップを打栓する．最近，びんの軽量化も進んでいる．一般市場の飲用乳の容器は紙製のワンウェイ容

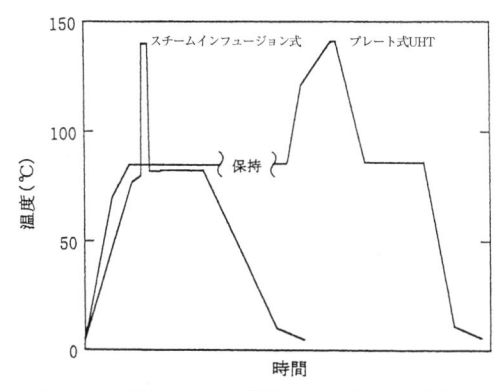

図1.23 2種のUHT殺菌機における温度-時間曲線

器が主流になっている．紙容器は軽量でエネルギーおよび環境面での価値やびん回収，洗びん，びん保管スペースを省けるなどの利点があるが，一方で，容器の変形，漏れ，移り香などの欠点もある．容器を滅菌後，無菌的な環境下で充てんする無菌充てん機とUHT殺菌法の組合せによるLL牛乳などの「ロングライフ製品（常温保存可能品）」が実用化され，また，近年，チルド流通のUHT牛乳の賞味期限延長を目的に，各製造工程での二次汚染を減少した「ESL (extended shelf life) 牛乳」の製造導入が行われている．

2）殺菌牛乳の風味

　殺菌牛乳の風味は生乳の組成や乳質および製造条件，保管条件などが影響している．風味に関係する生乳の組成は主に乳脂肪分および無脂乳固形分であり，これは季節，地域，品種，固体などにより変動する．また，匂いや味に関する乳質では，本来の生乳の風味である正常風味と飼料，酵素，酸化，微生物や搾乳後の管理により影響を受ける異常風味がある．正常風味の生乳を用いても均質および殺菌などの製造条件や製造後の保管温度や日数などの保管条件によっても風味に影響を受ける．一般に，UHT牛乳はミルク感，濃厚感があり飲みなれた自然な風味で，LTLT牛乳およびHTST牛乳はコク味が少なく，匂い，後味にくせが強い傾向にある（図1.24）．UHT牛乳でも間接加熱法の牛乳はミルク感，濃厚感が強く，直接加熱法の牛乳はさっぱり感が強くなる．牛乳を加熱殺菌することにより生成する風味を加熱臭といい，その性質と強さは加熱温度と時間，加熱方式により異なり，殺菌牛乳の風味的特徴は主に加熱臭の性質，すなわち，匂いや味成分の変化やその量が影響している．

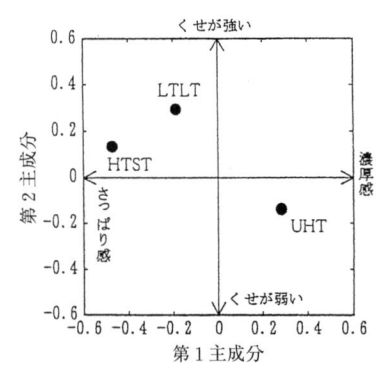

図 1.24 主成分分析による各種殺菌牛乳の官能評価

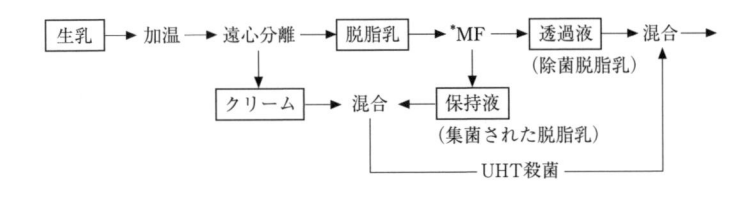

図 1.25 バクトキャッチシステム（精密ろ過除菌法と加熱殺菌を組み合わせた工程．*MF：micro filtration，精密ろ過）

3） 新しい製造方法

最近，より自然に近い風味をめざして，製法にこだわった牛乳が市販されはじめている．この牛乳には，殺菌時の酸素（O_2）による影響を抑えるため，殺菌前に生乳中の溶存酸素を減らす工夫，あるいは殺菌方法として間接加熱法より加熱による影響の少ない直接加熱法（図 1.22 参照）が応用されている．これらの製法で作られた牛乳は，溶存酸素による酸化反応や，加熱によるホエータンパク質の変性および香気成分の変化が抑制されるため，加熱臭などのオフフレーバーの生成が少ないという特徴をもっている．また，これらの牛乳は溶存酸素の減少や，光の影響を考慮した遮光性の紙容器を用いることにより，保存中での風味変化を少なくし賞味期限を長くすることが可能になっている．

このほか，過加熱による風味や成分の変化，減圧による香気の逸散を改良するため，通電加熱法，高圧ホモジナイザーによる瞬時殺菌システム，ハイヒートインフュージョンシステムなどの新しい加熱殺菌法や遠心除菌法，精密ろ過除菌法

などの非加熱殺菌法の利用が検討されている．図 1.25 に精密ろ過膜による除菌と加熱殺菌を組み合わせたシステムの工程を示す．　　　　〔岩附慧二・溝田泰達〕

b．ホエー（乳清）
1）ホエーの成分について

ホエーは，生化学的には乳清とよび，牛乳からチーズやカゼインを製造する際に得られる副産物である．ホエーの主成分は乳糖で，ほかにホエータンパク質や無機質を含んでおり，便宜的にスイート（甘性）ホエーと酸ホエーに分類される．

A：スイートホエー（レンネット凝固による）
熟成型のチーズの製造とレンネットカゼイン製造の際に，カゼインミセルの凝固により得られ，pH が高い（pH 6.0～6.6）．

B：酸ホエー（酸凝固による）
カッテージチーズなどの酸凝固チーズと酸カゼイン製造の際に，カゼインの等電点沈殿による凝固で得られ，pH が低い（pH 4.0～4.6）．

スイートホエーは，酸ホエーよりもミネラル含量が低く，カルシウムとリンの含量が少ない．表 1.16 にホエーおよびホエーを加工した乾燥ホエーの一般化学組成を示す．

2）ホエー成分の分離

ホエーの加工製品には，ホエー粉末，濃縮ホエー，乳糖，ホエーチーズなどがある．ホエーを濃縮，乾燥したホエー粉末は，70％ を超える乳糖と高いミネラル含量から食用（栄養強化食品，アイスクリーム原料，製パンなど）のほかに，家畜の飼料として用いられる．最近では膜技術を応用して，ホエーから乳糖やミネラルを除去し，ホエーをより広く利用するための技術が開発されている．

ホエー粉末については，種々の研究が行われ，その溶解性，貯蔵安定性，遊離

表 1.16　ホエーおよび乾燥ホエーの化学的組成（重量％）

成　分	甘性ホエー	酸ホエー	乾燥甘性ホエー	乾燥酸ホエー
水　分	93.70	93.50	3.5	4.0
タンパク質	0.80	0.75	13.1	12.5
脂　肪	0.50	0.04	0.8	0.6
乳　糖	4.85	4.95	75.0	67.4
ミネラル	0.50	0.80	7.3	11.8
乳　酸	0.05	0.40	0.2	4.2

アミノ酸と可溶性ペプチド含量，アミノ酸組成，ビタミン含量などが報告されている．

例えば乳糖の除去は，ホエーを 50～70% まで濃縮，冷却し乳糖を結晶化させ，結晶乳糖を分離装置で固液分離する．ミネラルは，イオン交換樹脂，イオン交換膜電気透析，逆浸透，および限外ろ過などで除去する．

これらの種々のプロセスを組み合わせて生産されるホエー製品としては，脱塩ホエー粉，部分乳糖除去ホエー粉，ホエータンパク質パウダーがあり，各種加工製品の乳製品原料として用いられる．ホエータンパク質パウダーは，タンパク質濃度の違いにより WPC（whey protein concentrate，濃縮ホエープロテイン）と WPI（whey protein isolate，分離ホエープロテイン）に分類される．WPC 34（タンパク質濃度 34%）などは，タンパク質濃度が脱脂粉乳に近く安価であるため，ヨーグルトなどの組織改良あるいは乳固形分の補助の目的で使用されている．WPI 90 などは，栄養価にすぐれ，起泡性，乳化性，ゲル化能などを有している．WPI は，そのすぐれたゲル化能からハム，ソーセージなどの畜肉製品に多く使用されている．そのほかにも，高い栄養価を利用し，病人食，乳幼児用食品，治療食あるいはスポーツ飲料に使用されている．乳糖とミネラルの除去は，ホエー固形分中のタンパク質含量を高めることになる．

ホエーの中で最も価値の高い成分は，タンパク質である．ホエータンパク質は，牛乳タンパク質の約 20% を占め，牛乳中には約 0.6% 含まれている．ホエータンパク質の成分組成を表 1.17 に示す．ホエータンパク質は，カゼインと比較して含硫アミノ酸や「分枝鎖アミノ酸（BCAA，バリン，ロイシン，イソロイシン）」に富み，必須アミノ酸含量が多く，消化吸収率も高い良質のタンパク質である．ホエー処理技術は，いかに低コストでホエータンパク質をほかのホエーから分離するかに注がれてきた．

3） ホエータンパク質の分離法

ホエータンパク質の分離法を大別すると，

A：加熱凝固と多荷電解質との不溶性複合体形成，エタノール変性などタンパク質の選択的沈殿（化学的方法）

B：限外ろ過（膜）やゲルろ過（担体）などの分子篩（ふるい）による乳糖，ミネラルなどの低分子の分離

C：乳糖の結晶分離とミネラルの除去によるホエータンパク質の選択的濃縮

D：吸着樹脂処理によるホエータンパク質の吸着分離

1.5 牛乳とホエーの加工技術

表1.17 ホエータンパク質の成分（％）

成 分	
β-ラクトグロブリン（β-Lg）	58
α-ラクトアルブミン（α-La）	21
免疫グロブリン（Ig）	10
血清アルブミン（BSA）	5〜8
プロテオースペプトン（pp）	5〜6
その他の成分	
ラクトフェリン	
ラクテリン	
酵素類	

などがある．この中で，分子篩による方法について，以下に述べる．

分子篩（ふるい）：限外ろ過と逆浸透　限外ろ過（UF：ultrafiltration）と逆浸透（RO：reverse osmosis）は，いずれもホエーのろ過を圧力をかけて行う膜技術である．限外ろ過は分子量500以上，逆浸透は分子量500以下を対象としている．低分子の場合，溶質の浸透圧を無視できないために，これにさからって加圧してろ過を行うので逆浸透圧という．ホエーにこれら膜技術を適用すると，乳糖，ミネラル，非タンパク態窒素化合物（NPN）などの低分子成分と高分子のホエータンパク質が分離でき，とくに高分子成分は熱を加えないで濃縮できる．また，水の除去に相の変化を伴わないので，使用エネルギーが少なくてすむ大きな特徴を持っている．しかし，限外ろ過法でホエータンパク質を分離する際の問題点として次のようなものがある．

① 未変性のホエータンパク質を得るためには，全製造工程を通じて殺菌温度を高くできない．したがって，生菌数の少ないホエーを使用しないと，限外ろ過処理前の低温殺菌で残存した耐熱性細菌がタンパク質同様濃縮され，最終製品で検出される．

② 原料ホエー中にわずかに存在するリン脂質も，タンパク質とともに濃縮され製品保存中の風味低下をまねく．したがってホエー中の脂質は極力除去しておく必要がある．

③ 原料ホエー中に凝乳酵素活性が残っている場合がある．したがって，殺菌時のpHと温度を選ばないと限外ろ過処理中にホエータンパク質を分解して粘度を増したり，ゲル化，風味の低下を引き起こす場合がある．

④ 限外ろ過ホエーを濃縮する場合，濃縮倍率が25倍（原料ホエー中の水分が96％除かれた状態）付近になると，急激に粘度が増しタンパク質がゲ

表 1.18　限外ろ過または逆浸透により酸ホエーから得られる濃縮液と透過液の代表的成分組成

成分	限外ろ過(UF)		逆浸透(RO)	
	濃縮液	透過液	濃縮液	透過液
全固形分	12.0	6.1	30.0	0.08
タンパク質	4.9	4.1	18.0	—
乳　糖	5.2	0.09	2.91	0.05
ミネラル	0.9	0.76	3.21	0.04
乳　酸	0.58	0.52	1.90	0.08

ル化する．

両法で全固形分 6.5％ の酸ホエーを処理したときの濃縮液と透過液の代表的な組成を表 1.18 に示す．　　　　　　　　　　　　　　　　〔野 畠 一 晃〕

c．クリームとバター

1）クリーム

クリームは主にバターやアイスクリームなどの原料，調理用，コーヒー用として使用されている．「乳及び乳製品の成分規格等に関する省令」（乳等省令）では，「クリームとは，生乳，牛乳又は特別牛乳から乳脂肪以外の成分を除去したもの」と定義され，「乳脂肪分 18.0％ 以上，酸度（乳酸として）0.20％ 以下，一般細菌数 10 万以下，大腸菌群陰性」と規定されている．乳化安定性を高めるために乳化剤や安定剤を添加したり，乳脂肪以外の油脂を使用する場合，乳等省令上，乳などを主原料とする食品に属するが，一般的にこれをクリームとよぶことが多い．

2）クリーム製造方法

遠心力がはたらいたときの乳脂肪の浮上力を利用し，原料乳を遠心分離機（クリームセパレーター）によりクリームと脱脂乳に分離する．通常，遠心分離効率やクリームと脱脂乳を再混合する標準化により，クリームの脂肪分を調整する．分離したクリームを加熱殺菌して冷却した後，タンクでエージング（熟成）し，容器に充てんする．製品によっては乳化安定性を高めたり，ホイップ性を高めるために加熱殺菌後に均質化を行う．

3）バター

バターはパンに塗るなど食卓で使用される以外に乳飲料，アイスクリーム，および加工油脂の原料，製菓・製パン，調理などに広く使用されている．乳等省令

では「バターとは生乳，牛乳又は特別牛乳から得られた脂肪粒を練圧したもの」，成分については「乳脂肪分80%以上，水分17%以下，大腸菌群陰性」と規定されている．FAO/WHO合同食品規格基準（コーデックス）でのバター規格では，成分については「乳脂肪分80%以上，水分16%以下，無脂乳固形分2%以下」と規定されている．

バターは製造方法の違いから，クリームから製造される「(甘性)バター」と乳酸発酵を行ったクリームから製造され，ジアセチルやアセトインなどの芳香成分を含む「発酵バター」に大別される．乳酸菌スターターを甘性バターに直接練り込むNIZO方式によって製造されるバターも発酵バターに含まれる．また，バターは塩分の添加の有無により，加塩バターと食塩無添加バターに大別される．加塩バターの場合，一般的に1.0%から2.0%の食塩（NaCl）を含んでおり，食塩無添加バターに比べて微生物が発育しにくく保存性がよい．

4） バターの製造方法

バター製造には木製のウッドチャーンや金属製のメタルチャーン（図1.26(a)）を使用するバッチ式バター製造法とクリームをバター製造機（図1.26(b)）に連続供給し，大量にバターを製造する連続式バター製造法がある．連続式バター製造機ではチャーンとは異なり，高速攪拌によりクリームから瞬間的にバター粒子が形成される．

一般的なバターの製造工程（図1.27）では，遠心分離した乳脂肪分30〜45%のクリームを加熱殺菌して冷却した後，乳脂肪の結晶化を促進するためにエージング（熟成）を行う．その後クリームを激しく攪拌することにより，脂肪球皮膜を破壊し，脂肪球どうしを凝集させる．このとき，水中油型エマルジョン（W/O）から油中水型エマルジョン（O/W）に相転換し，バター粒子とバターミルクを生じる．この工程を「チャーニング工程」という．その後，バターミルクを排出し，バター粒子の温度調節やバターミルク除去のために水洗いを行う．バター粒子を十分に「ワーキング（練圧）」し，バターを製造する．バターの種類によっては，ワーキング時に加塩やスターター添加を行う．

バターの展延性を向上させる技術として，乳牛飼料による乳の脂肪酸組成の改良，クリーム加温処理による乳脂肪の結晶化制御，再練圧や窒素封入によるソフト化，乳脂肪を分画して製造する分別バターなどが考案されている．また，最近では，消費者の健康に対する意識の高まりに対応し，コレステロールを除去する技術開発も行われている．

〔舟橋治幸〕

(a) (b)

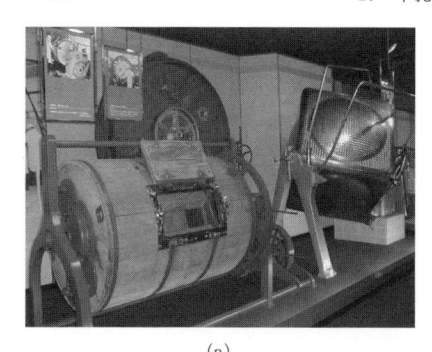

図1.26 ウッドチャーンとメタルチャーン(a)および連続式バター製造機(b)
(写真提供：雪印乳業(株)史料館)

```
                                              発酵バターの場合
                                              乳酸菌スターター添加, 乳酸発酵
                                                      ↓
原料乳 → 分離 → クリーム → 殺菌 → 冷却 → エージング →
           ↓                                  (熟成)
         脱脂乳

→ チャーニング → バターミルク排除 → バター粒子 → 水洗い → ワーキング
                       ↓                        ↑       (練圧)
                     バターミルク          加塩バターの場合
                                              加塩
```

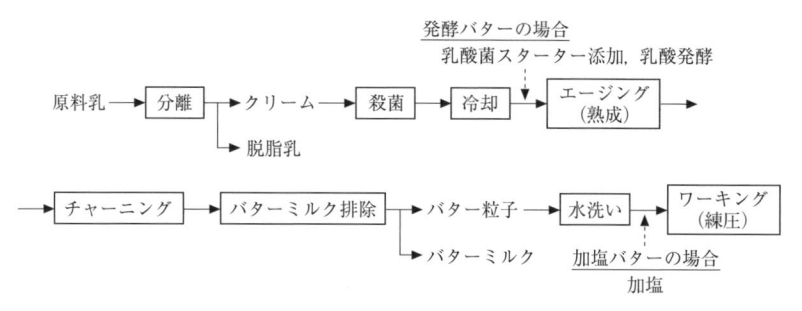

図1.27 バターの製造工程

d. 練乳と粉乳
1) 練　　乳

　練乳には大きく分けて加糖練乳（Sweetened condensed milk）と無糖練乳（Evaporated milk）がある．加糖練乳とは牛乳にショ糖を添加した後，濃縮したもので，多量のショ糖により製品の浸透圧を高め，微生物の増殖を防いで保存性を高めた食品である．一方，無糖練乳とはショ糖を加えることなく濃縮したもので，缶容器に充てんした後，滅菌することにより保存性が保たれている．表1.19に示すように，練乳類の組成は乳等省令により規定されている．

　加糖練乳の製造では，原料乳を標準化（脂肪および固形分含量の調整）した後，ショ糖を牛乳に溶解する．次にHTST法またはUHT法による加熱殺菌処理を行う．この目的は，①殺菌，②タンパク質を適度に変性させ，濃縮時に加熱面の焦付きを防止すること，および③製品保存中の粘度上昇を抑えること，である．その後，真空蒸発缶などにより製品濃度まで濃縮し，冷却する．冷却すると

表 1.19 乳等省令による練乳の組成に関する規格

	加糖練乳	加糖脱脂練乳	無糖練乳	無糖脱脂練乳
乳固形分	28.0% 以上	25.0% 以上	25.0% 以上	18.5% 以上
乳脂肪分	8.0% 以上		7.5% 以上	
糖分（乳糖を含む）	58.0% 以下			
水分	27.0% 以下	29.0% 以下		

練乳中の乳糖は結晶となり析出するが，この結晶が大きすぎると舌触りの悪い砂状の製品となる．そのため，約30℃に急冷して微細な粉末の乳糖を結晶核として添加し（シーディング），望ましくは10μm以下の乳糖結晶を析出させる．最後に充てんおよび封缶を行い製品とする．

無糖練乳の製造では，原料乳を標準化した後，HTST法あるいはUHT法による加熱殺菌処理を行い，後に行う滅菌時の熱安定性を高める．加熱処理の後，真空蒸発缶などにより製品濃度より若干高めに濃縮する．その後均質化を行い，滅菌処理中および製品保存中の脂肪球の凝集，分離を防ぐ．冷却後，脂肪含量の測定により濃度を確認し，缶に充てんしたものをオートクレーブで滅菌し，これを冷却して製品とする．なお，濃縮乳の熱安定性を高めるために，滅菌前に安定剤（リン酸塩あるいはクエン酸塩）を添加することがある．

2）粉　　乳

粉乳は，牛乳などから微生物の成育に必要な水分をほとんど取り除くことによって保存性を高めた食品である．水分を除去すると容積，重量が減るため輸送性も高くなる．

粉乳の製造工程は全粉乳，脱脂粉乳，育児用粉乳に代表される調製粉乳など製品の種類により詳細は異なるが，基本的な工程を図1.28に示す．これは全粉乳製造工程であるが，脱脂粉乳製造の場合は牛乳のかわりに脂肪を取り除いた脱脂乳を，また，調製粉乳製造では組成調整と必要な栄養成分などが添加された調合乳を用いる．

まず，遠心分離機またはフィルターで牛乳中に含まれる微細なゴミなどの異物除去（清澄化）を行った後，殺菌する．殺菌温度と保持時間は製品によって異なる．殺菌機としてはプレート式，チューブ式などの「間接接触型熱交換器」また

牛乳 → 清澄化 → 殺菌 → 濃縮 → (均質化) → 噴霧乾燥 → 篩過 → 充てん

図1.28　粉乳の製造工程

は牛乳中に蒸気を吹き込むスチームインジェクション型加熱器や，逆に蒸気雰囲気中に牛乳を吹き込むスチームインフュージョン型加熱器などの「直接接触型熱交換器」が用いられる．前者では金属の板や管壁を介して蒸気や熱水で牛乳を加熱するが，後者では蒸気と牛乳を直接混合して加熱する．次いで，噴霧乾燥のための予備濃縮として，殺菌乳を蒸発缶で全固形分濃度を 40～60% 程度に濃縮する．ここでは蒸気により牛乳を加熱し，水を蒸発させて濃縮する．この際，熱による成分の変質を防ぐため，蒸発缶内を大気圧より低い圧力に保って，40～70°C 程度の範囲で蒸発操作を行う．脂肪分を含む全粉乳，調製粉乳の製造では濃縮液を均質機に通液し，処理液に高圧を加えて狭窄な間隙を通過させ，液中に分散している脂肪球を微細化して安定化する．次いで，噴霧乾燥機で濃縮乳中の水分をさらに蒸発させて粉体を得る．噴霧乾燥機では加圧ノズルや高速回転板を利用して濃縮液を微細な液滴の霧状にし，これに高温の熱風を接触させて瞬間的に乾燥して粉体化する．熱風温度は 150～160°C 以上であるが，液滴は水の蒸発により低い温度に保たれるため，成分への熱の影響は少ない．噴霧乾燥後，篩（ふるい）で固まり粉などを除去，整粒した後に袋や缶などに充てんする．

〔市場幹彦・豊田　活〕

e．アイスクリーム
1）アイスクリーム類および氷菓

アイスクリーム類は乳等省令では「乳またはこれらを原料として製造した食品を加工し又は主原料としたものを凍結したものであって，乳固形分 3.0% 以上を含むもの（発酵乳を除く）」と定義される．乳固形分とは，牛乳中の水分を除いたもので，乳脂肪分と無脂乳固形分の合計をいう．アイスクリーム類は，アイスクリーム，アイスミルクおよびラクトアイスに分類される．乳固形分 3% 未満の商品は，氷菓として区分されるので，総称としてはアイスクリーム類および氷菓となる．

2）アイスクリームの原料
i）主原料

① 牛乳・乳製品：　牛乳・乳製品に含まれる乳脂肪分は，アイスクリーム特有の風味，しっかりとしたボディ，口当たりのよいなめらかな組織を作るのに欠かせないものである．乳脂肪以外の乳固形分（無脂乳固形分：タンパク質，乳糖，ミネラルなど）は，上品で芳香のあるミルク風味や組織に

なめらかさとコクを与える成分で，オーバーランを保つ効果がある．オーバーランとは，フリージング工程において，ミックス中に空気を送りこんでその容量を増加させることをいい，ミックスの容量に対し増加した分の容量を百分率で表したものをいう（ミックス容量 A，アイスクリームの容積を B とした場合，$100\times(B-A)/A$ で計算する）．これにより，冷凍のままで食べてもやわらかく，なめらかになる．また，冷たさをやわらげる効果もある．

② 乳脂肪以外の脂肪分： 乳脂肪のかわりに使用されるもので，植物油脂がその代表であるが，卵脂肪などの動物性脂肪もある．植物油脂は，風味的には乳脂肪分より劣るが安価であり，乳脂肪では得られない軽い食感が得られるため，アイスミルクやラクトアイスに使用される．

③ 糖分： アイスクリーム類や氷菓のおいしさは，その適度な甘さにあり，甘味度は約 11〜15 が一般的である．また，糖分はアイスクリームの組織を改良するためにも必要である．

ⅱ） 食品添加物

① 乳化剤： 一般的に，グリセリン脂肪酸エステル，ソルビタン脂肪酸エステル，ショ糖脂肪酸エステルおよびレシチンなどが使用される．アイスクリーム類における乳化剤の機能は，脂肪球皮膜をエージング中で安定化させ，フリージング（凍結）中に不安定化させることにある．フリージングにおける冷却と空気の混合工程において，脂肪球皮膜の破壊により発生するこの不安定化（解乳化）とは，脂肪球内部の液状脂肪が押し出され，分散や結合により凝集することである．

② 安定剤： 一般的に天然植物ガム質，カルボキシメチルセルロース（CMC），アルギン酸およびゼラチンなどが使用され，アイスクリーム類の組織をなめらかにし，保形性を改善する．また，温度変化による品質劣化を防ぐなどのはたらきもある．

③ その他： 着香料，着色料，酸味料などがある．

3） アイスクリーム類の製造方法

アイスクリーム類の一般的な製造工程は，図 1.29 に示す．

① 原料の調合： 必要な原料を混合し，70℃ 前後で激しく攪拌しながら混合溶解したものをアイスクリームミックス（ミックス）とよぶ．ミックスはろ過により，不純物や不溶解物を取り除いた後，均質化される．

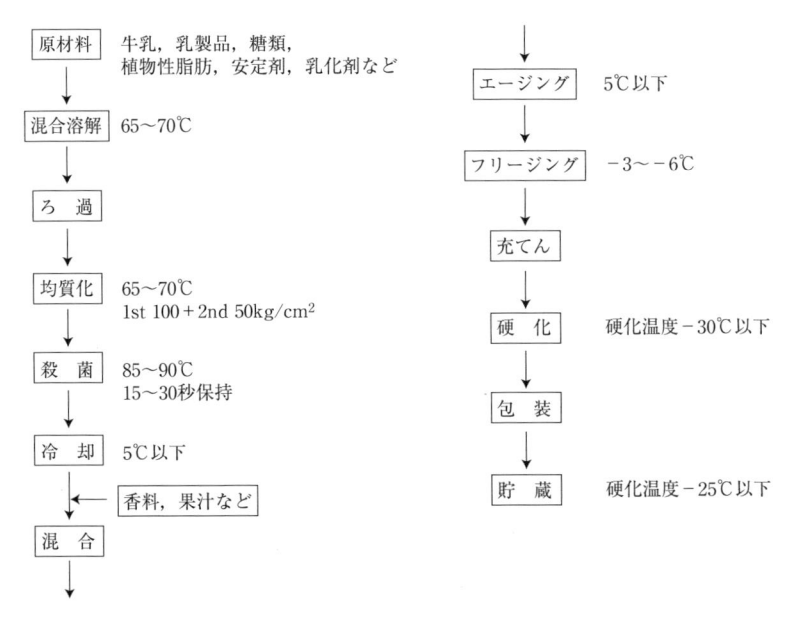

```
原材料    牛乳,乳製品,糖類,
          植物性脂肪,安定剤,乳化剤など
  ↓
混合溶解   65～70℃
  ↓
ろ 過
  ↓
均質化    65～70℃
          1st 100＋2nd 50kg/cm²
  ↓
殺 菌     85～90℃
          15～30秒保持
  ↓
冷 却     5℃以下
  ↓ ← 香料,果汁など
混 合
  ↓

エージング   5℃以下
  ↓
フリージング  −3～−6℃
  ↓
充てん
  ↓
硬 化      硬化温度−30℃以下
  ↓
包 装
  ↓
貯 蔵      硬化温度−25℃以下
```

図 1.29　アイスクリーム製造工程のフローシート

② 均質化： 均質化の目的は脂肪球やその他の粗大な粒子を細かく破砕し,各種の成分を均一に混合することにより泡立ちやすくし,なめらかな組織を作ることなどである．ミックスの最適な均質化とは,エマルジョンがフリーザーの中で適正な凝集状態を作る脂肪球の大きさになっていることである．一般的に,脂肪球の平均粒径は均質前で約 3.6 μm,均質化後では約 0.6 μm である．

③ 殺菌・冷却： 均質化されたミックスは HTST 法による加熱殺菌後,ただちに 0～5℃ に冷却される．

④ エージング： ミックスの起泡性をよくし,オーバーランを向上させ,組織をなめらかにして風味を安定化させるため,一定時間ミックスを冷却保持しておく工程をさす．エージング中の物理的変化として,脂肪の結晶化,乳タンパク質の十分な水和および安定剤の水和などがある．この中で重要なのは脂肪の結晶化である．乳脂肪の場合,3～5℃ で約 80～90％ が,12～15℃ で約 50％ が結晶化した固体脂肪である．液状脂肪が多いと,フリーザー中で脂肪滴の凝集が進行し,しっかりした構造が得られな

くなる。

⑤ フリージング: エージングされたミックスを,フリーザーに送り,急速に冷却して凍結させる工程をさす。この間に空気が混入されて激しい攪拌をすることにより,ミックスは細かい空気の泡を含んだ,細かい氷の結晶と脂肪などの集まりとなる。これによってミックスの容量が増加し,粘度が増して半流動体のソフトクリームとなる。アイスクリームの組織を左右する要因の一つとして,氷結晶の大きさがある。人が舌の上で感知できる氷結晶サイズの閾値は 40〜50 μm である。このサイズの氷結晶が数%存在するだけで,アイスクリームは粗い組織に感じられる。この氷結晶の大きさはフリージング速度に左右される。

⑥ 充てん・包装・凍結・硬化: フリージング終了後,ソフトクリーム状のアイスクリームは各種容器(紙,プラスチック,コーン,モナカなど)に充てんし密封包装後,急速に低温で固化する。この-30〜$-40°C$で完全に凍結される工程を「硬化」といい,この装置を急速凍結(急凍)装置という。カップ類,コーン・モナカ類,バルクなどは充てん,包装されその後硬化されるが,スティック類は金属の型(モールド)に充てんした後硬化し包装される。凍結が不十分なまま放置すると氷の結晶が粗くなるので,連続的に急速に硬化を行い組織を安定化させる。硬化後,製品は$-25°C$の冷凍庫で貯蔵される。

〔加 藤 博〕

1.6 乳酸菌発酵食品の製造と生理機能

a. 乳業用乳酸菌の種類と特徴

1) 乳 酸 菌

乳酸菌とは糖を発酵して多量の乳酸を生成する一群の細菌をさし,分類学的な名称ではない。これらの菌群に共通した性状から,乳酸菌とは,糖から50%以上の乳酸を生成し,カタラーゼを産生せず,非運動性で芽胞を形成しないグラム陽性細菌群と定義できる。現在,乳酸菌には分類学上16の菌属が含まれるが,発酵乳やチーズの製造に用いられる乳酸菌(乳業用乳酸菌)は,*Lactobacillus* (*Lb*.),*Streptococcus* (*Str*.),*Lactococcus* (*Lc*.),*Leuconostoc* (*Ln*.) の 4 属(表1.20)の菌種のみである。

Bifidobacterium (*Bif*.) 属(ビフィズス菌)は,染色体DNA中のグアニン(G)とシトシン(C)の合計量(G+C含量)が 57〜68 モル%であり,グラム

表 1.20　乳業用乳酸菌の主要な菌属

属　名	菌形態	乳酸発酵の型	酸の種類
Lactobacillus	桿菌	ホモ・ヘテロ	乳酸
Streptococcus	球菌	ホモ	乳酸
Lactococcus	球菌	ホモ	乳酸
Leuconostoc	球菌	ヘテロ	乳酸
Bifidobacterium	桿菌（多形性）	ヘテロ	酢酸と乳酸（3:2）

陽性 High G+C グループに属すること（乳酸菌群はグラム陽性菌群の Low G+C グループ（G+C 含量が 53% 以下））や糖の代謝経路が乳酸菌群とは異なることから，乳酸菌に分類されない．しかし，乳酸と酢酸の生成量が重量比では等量となる（モル比では 2:3 の割合）ことや，乳酸桿菌と同様，プロバイオティック機能が期待されることから，ビフィズス菌は広義の乳酸菌に含める場合が多い（プロバイオティック乳酸菌については，1.8 節 c 項を参照されたい）．

　家畜の乳や乳製品から分離される乳酸菌を酪農（系）乳酸菌，動物の腸管（糞便）から分離される乳酸菌を腸管（系）乳酸菌とよぶ．表 1.21 に発酵乳の製造に用いられている乳酸菌種の例を示す．

2）乳酸菌による糖の吸収と代謝

　乳酸菌は菌体増殖のためのエネルギー源として，限られた種類の単糖や二糖を利用する．乳酸菌は乳中のラクトース（二糖）を，細胞膜上のラクトースパーミアーゼあるいは「ホスホエノールピルビン酸依存性ホスホトランスフェラーゼ系（PET-PTS）」を用いて菌体内に取り込む（図 1.30）．*Str. thermophilus*, *Ln. lactis*, *Lb. delbrueckii* subsp. *bulgaricus*, *Lb. helveticus* および *Lb. acidophilus* などは前者の経路を，*Lc. lactis* は後者の経路を利用する．乳酸菌は菌体内に取り込んだラクトースあるいはラクトース 6-リン酸を「β-ガラクトシダーゼ（β-gal, EC 3.2.1.23）」あるいは「ホスホ-β-ガラクトシダーゼ（P-β-gal, EC 3.2.1.85）」により加水分解した後，グルコースを乳酸にまでエムデン・マイヤーホフ・パルナス経路（EMP）で代謝する過程でアデノシン 3-リン酸（ATP）を得ている．加水分解で同時に生じるガラクトースあるいはガラクトース 6-リン酸は，ルロアール経路あるいはタガトース 6-リン酸経路を用いて，乳酸を代謝する系に進む場合もある．乳酸菌にはグルコースから乳酸のみを生成する「ホモ発酵型」（図 1.31）と 6-ホスホグルコン酸-ホスホケトラーゼ経路により乳酸のほかに CO_2 とエタノールを生成するヘテロ発酵型（図 1.32）の菌群が

1.6 乳酸菌発酵食品の製造と生理機能

表1.21 発酵乳とスターター微生物

名 称	原産国(地方)	スターター微生物	
		乳酸菌	乳酸菌以外の微生物
ヨーグルト	中東	○*Lb. delbrueckii* subsp. *bulgaricus*(高) ○*Str. thermophilus*(高) *Lb. delbrueckii* subsp. *lactis*(高) *Lb. helveticus*(高) *Lb. paracasei* subsp. *paracasei*(中) *Lb. gasseri*(高) *Lb. crispatus*(高) *Bif. breve* *Bif. adolescentis* *Bif. longum*	
ケフィール(粒を用いる製造法)	コーカサス地方	○*Lb. kefiranofaciens* ○*Lb. kefirgranum* *Lb. kefiri*(中) *Lb. parakefiri* *Lc. lactis* subsp. *lactis*(中) *Lc. lactis* subsp. *cremoris*(中) *Ln. mesenteroides*(中)	*Torulaspora delbrueckii* *Saccharomyces unisporous* *Saccharomyces cerevisiae* *Kluyveromyces marxianus* *Candida kefyr* *Brettanomyces anomalus*
ケフィール飲料(スターターを用いる製造法)	ロシア,ヨーロッパ	*Lc. lactis* subsp. *lactis*(中) *Lc. lactis* subsp. *cremoris*(中) *Str. thermophilus*(高) *Lb. acidophilus*(高) *Lb. kefiri*(中)	*Candida kefyr* *Saccharomyces cerevisiae*
発酵バターミルク	ヨーロッパ	*Lc. lactis* subsp. *lactis*(中) *Lc. lactis* subsp. *cremoris*(中) *Lc. lactis* subsp. *lactis* biovar. diacetilactis(中) *Ln. mesenteroides* subsp. *cremoris*(中)	
ロングフィル	スウェーデン	*Lc. lactis* subsp. *lactis*(中)の粘質多糖産生株 *Ln. mesenteroides* subsp. *cremoris*(中)	
ヴィーリ	フィンランド	*Lc. lactis* subsp. *lactis*(中) *Lc. lactis* subsp. *cremoris*(中) 上記の菌種の粘質多糖産生株も同時に用いる *Ln. mesenteroides* subsp. *cremoris*(中)	*Geotrichum candidum*

Lb.: *Lactobacillus*, *Lc.*: *Lactococcus*, *Str.*: *Streptococcus*, *Ln.*: *Leuconostoc*, *Bif.*: *Bifidobacterium*
○ 主要な菌種であることを示す.
(中) 中温性スターター(最適培養温度が26°C)
(高) 高温性スターター(最適培養温度が42°C)

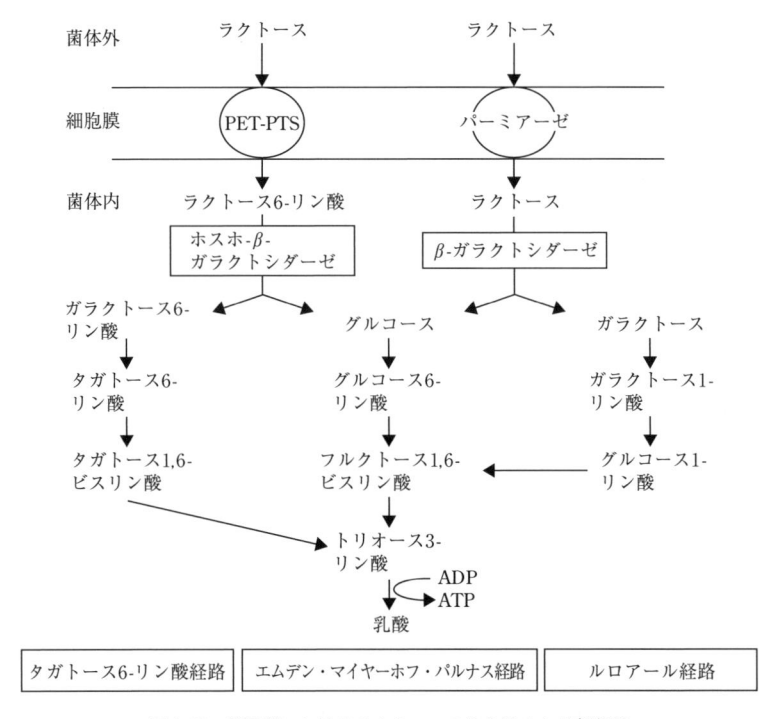

```
菌体外        ラクトース           ラクトース
              ↓                   ↓
細胞膜      (PET-PTS)           (パーミアーゼ)
              ↓                   ↓
菌体内     ラクトース6-リン酸      ラクトース
           ┌──────────┐         ┌──────────┐
           │ホスホ-β- │         │β-ガラクトシダーゼ│
           │ガラクトシダーゼ│    └──────────┘
           └──────────┘
```

図1.30 乳酸菌におけるラクトースの取り込みと分解経路
PET-PTS：ホスホエノールピルビン酸依存性ホスホトランスフェラーゼ系を示す．

ある．ビフィズス菌はヘテロ発酵型であるが，糖はフルクトース6-リン酸経路（ビフィズム経路）により代謝されるため，最終産物は酢酸と乳酸である．

3) 乳酸桿菌

Lactobacillus（ラクトバチルス）属は糖質の代謝経路の違いに基づいて，3グループに分類される（表1.22）．

i) グループI ヨーグルトの製造に広く用いられる *Lb. delbrueckii* subsp. *bulgaricus*（ブルガリア菌，図1.33 a），カルピスやスイスチーズの製造に用いられる *Lb. helveticus*，機能性ヨーグルトの製造に用いられる *Lb. crispatus* や *Lb. gasseri*（図1.33 b）などが含まれる．

ii) グループII *Lb. rhamnosus* や *Lb. casei* が含まれる．両菌種は腸管からも分離されるため，機能性ヨーグルト製造に用いられる．発酵乳製造に用いられている *Lb. casei* 菌株は，国際細菌命名規約に従うと *Lb. paracasei* に分類さ

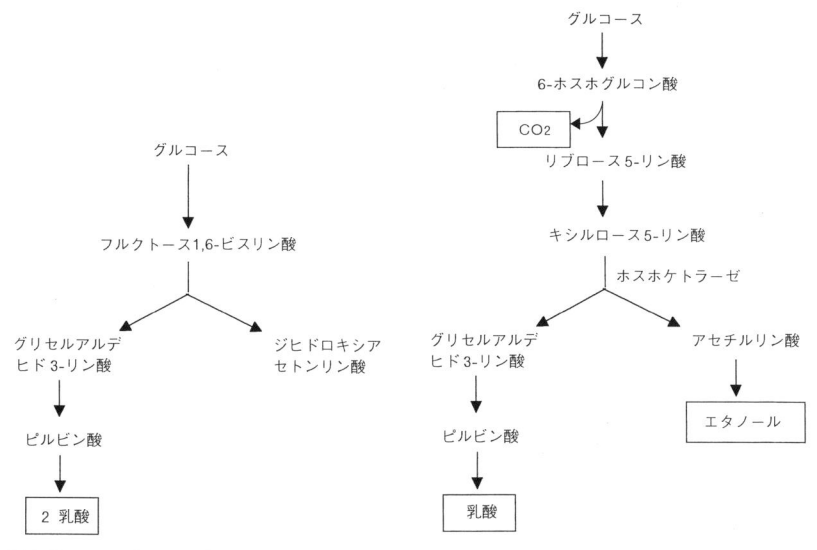

図1.31 エムデン・マイヤーホフ・パルナス経路（ホモ発酵乳酸菌）

図1.32 ホスホグルコン酸-ホスホケトラーゼ経路（ヘテロ発酵乳酸菌）

表1.22 *Lactobacillus* 属の菌種のグループ分け

性　状	グループI 偏性ホモ発酵菌群	グループII 通性ヘテロ発酵菌群	グループIII 偏性ヘテロ発酵菌群
ペントースの発酵	−	+	+
グルコースからのCO_2の生成	−	−	+
グルコン酸からのCO_2の生成	−	+	+
FDPアルドラーゼの存在	+	+	−
ホスホケトラーゼの存在	−	+*	+
15℃での生育	−	+	+
45℃での生育	+	−	−

＊ ペントースにより誘導される．

れる．

iii）グループIII　　*Lb. kefiri* と *Lb. parakefiri* が含まれる．両菌種はケフィールから単離され，発酵乳製造に使用されているが，最近，腸管系乳酸菌の *Lb. reuteri* も機能性ヨーグルトの製造に使われている．

4）乳酸球菌

i）*Streptococcus*（ストレプトコッカス）属　　腸球菌群が *Enterococcus* 属として，酪農系乳酸球菌群が *Lactococcus* 属として独立したため，乳業用乳酸

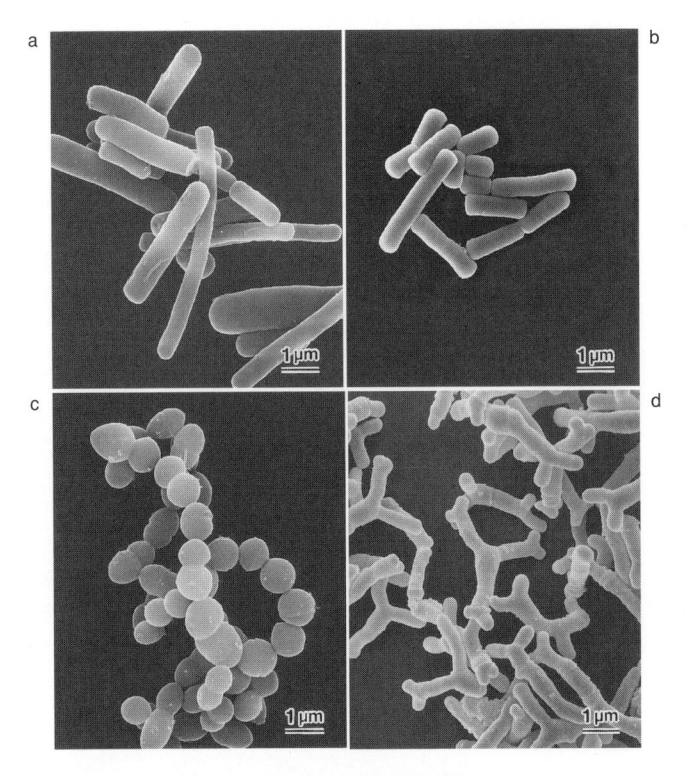

図 1.33 乳酸菌の走査型電子顕微鏡写真
a：*Lb. delbrueckii* subsp. *bulgaricus*, b：*Lb. gasseri*, c：*Str. thermophilus*,
d：*B. longum*（写真は雪印乳業(株)技術研究所：木村利昭博士撮影）

菌でヨーグルトの製造に広く用いられる *Str. thermophilus*（サーモフィラス菌，図 1.33 c）1 菌種のみが存在する．この菌は 37℃ が至適温度であるが，52℃ でも生育できる．

　ⅱ）**Lactococcus（ラクトコッカス）属**　　*Lc. lactis* subsp. *lactis* と *Lc. lactis* subsp. *cremoris* などの中温性ホモ乳酸発酵菌が含まれる．発酵バター，発酵バターミルクやチーズの製造に重要である．クエン酸からジアセチルを生成する *Lc.lactis* subsp. *lactis* biovar. diacetilactis はフレーバー生成に重要である．

　ⅲ）**Leuconostoc（ロイコノストック）属**　　中温性ヘテロ乳酸発酵菌で，乳業用乳酸球菌の中で唯一のヘテロ発酵菌群である．発酵バターや発酵バターミルクの製造に使われている *Ln. mesenteroides* subsp. *cremoris* や *Ln. lactis* はクエン酸からジアセチルを生成する．

5) *Bifidobacterium*（ビフィドバクテリウム）属

腸内の最優勢菌群の一つで，有用菌（善玉菌）の代表であり，ビフィズス菌とよばれる．多形性の桿菌で，菌種名は枝分かれ（Y 字型）を意味する bifid に由来している（図1.33 d）．生育適温が 37〜41°C にある，偏性嫌気性のヘテロ発酵菌である．ビフィズス菌は，腸管から分離直後は培養に高い嫌気度を要求するとともに，栄養要求も厳しいので培養が難しい．ヒト腸管由来の *Bif. bifidum*，*Bif. breve* や *Bif. longum* の中から，牛乳中での増殖性，酸素耐性，耐酸性や嗜好性にすぐれた菌株が選抜され，機能性ヨーグルト製造に用いられている．

b. 発 酵 乳

家畜の乳（牛乳，水牛乳，羊乳，山羊乳，馬乳など）に，乳酸菌（酵母やカビが併用されることもある）のスターターを添加して，培養することで製造される．乳酸菌は乳糖を分解して乳酸を生成して乳の pH を低下させるため，カゼインが等電点沈殿を起こして，発酵乳はゲル化する．世界の発酵乳でよく知られているものは表1.21 に示す通りである．発酵乳には，乳酸菌による乳酸発酵のみを行う酸乳と，酵母によるアルコール（・乳酸）発酵乳がある．わが国では発酵乳と乳酸菌飲料に関して，乳等省令により表1.23 のような規格が定められている．また，表示に関しては業界団体（はっ酵乳，乳酸菌飲料公正取引協議会）により「はっ酵乳，乳酸菌飲料の表示に関する公正競争規約」が定められている．

1) ヨーグルト

国連食糧農業機関・世界保健機関（FAO/WHO）や国際酪農連盟（IDF）の規格では，ヨーグルトの製造には *Lb. delbrueckii* subsp. *bulgaricus*（ブルガリア菌）と *Str. thermophilus*（サーモフィラス菌）の両菌種を乳酸菌スターターとして用いなければならない．これら2菌種間には共生関係が存在し，これらが共存すると単独で培養した場合よりも増殖性と酸生産性が高くなる．最近では，こ

表1.23 乳等省令による発酵乳および乳酸菌飲料の規格

種　類		無脂乳固形分 (%)	乳酸菌または酵母数 (1 ml 当たり)	大腸菌群
発酵乳		8.0 以上	1000 万以上　（>10^7）	陰性
乳酸菌飲料	乳製品	3.0 以上 8.0 未満	1000 万以上*（>10^7）	陰性
	乳等を主要原料とする食品	3.0 未満	100 万以上　（>10^6）	陰性

* 殺菌したものは除く．

表1.24 ヨーグルトの分類

分類基準	名 称	特 徴
製造方法	セットタイプ	発酵乳ベース（ヨーグルトミックス）を市販時の容器に充てん後，発酵させる．静置型あるいは後（あと）発酵タイプともよばれる
	タンク発酵タイプ	タンクで発酵させた後に市販時の容器に充てんする．攪拌型あるいは前（まえ）発酵タイプともよばれる
組 織	プレーン	砂糖や香料などの添加物なしで製造されたもの
	ハード	寒天およびゼラチンを使って固さを増した製品
	ドリンク	カードを砕いた後ホモジナイズして，さらに流動性を増したもの
	ソフト	カードを砕いて流動性を持たせたもの
	フローズン	アイスクリームのように凍結させたもの
添加物	ナチュラル	砂糖や香料などの添加物なしで製造されたもので，プレーンともよばれる
	フレーバード	果汁，バニラ，オレンジなどの香料を添加したもの
	フルーツ	天然果汁や果実片を添加したもの
生理機能	伝統的	酪農乳酸菌のみをスターターとしたもの
	プロバイオティック	腸管系乳酸菌やビフィズス菌を添加して保健機能を期待したもの

れらの2菌種に加え，腸管系乳酸菌種も併用したヨーグルトも多く製造されている（表1.21）．生残性を向上させるため，カプセル内に封入したビフィズス菌をタンク発酵後のヨーグルトに混合している商品例もある．

　ヨーグルトは製造方法，組織，添加物などの相違により種々のタイプに分類できる（表1.24）．ヨーグルトの製造工程は図1.34に示すように，種類により異なる．スターターの調製法には段階的に培養量を増加させていく従来法（図1.35 a, b）と凍結乾燥菌体や凍結濃縮菌体を直接バルクスタータータンクや発酵ベースタンク（図1.35 c）に添加するDVI（direct vat inoculation）法がある．ベースミックスにスターターを添加後，タンク発酵タイプはそのまま，セットタイプでは市販時の容器に充てん後，発酵庫（図1.35 d）に入れ，pHが3.7〜4.3（乳酸酸度として0.8〜1.8％）となるまで，30〜45℃で4〜16時間発酵させる．このとき，乳酸菌数は10^8cfu/ml（cfu：コロニー形成単位といい生菌数を表す単位）以上となり，ヨーグルトの特徴的フレーバー成分であるアセトアルデヒド含量は20〜40 ppm程度となっている．

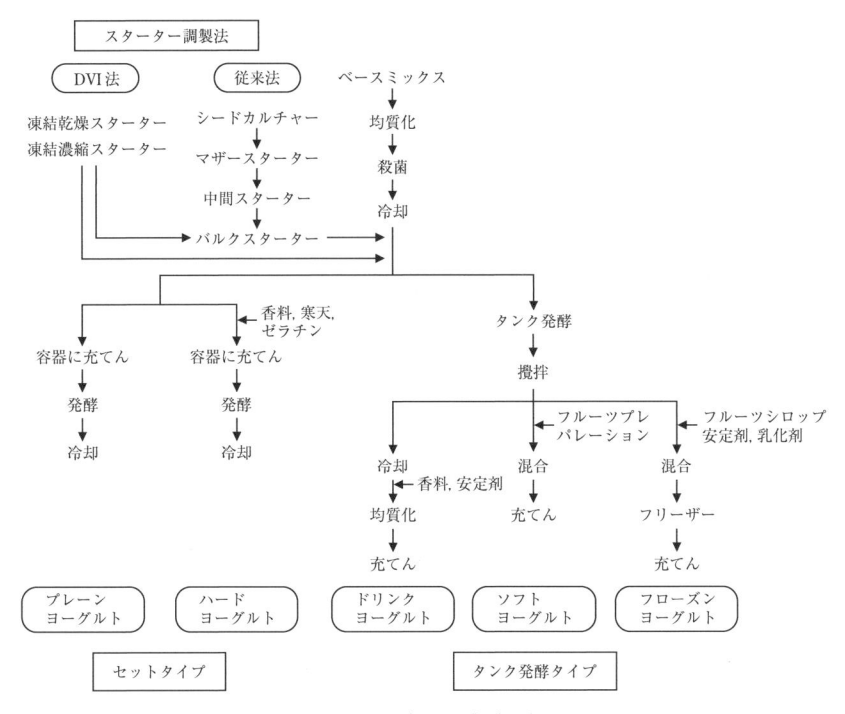

1.6 乳酸菌発酵食品の製造と生理機能

図1.34 ヨーグルトの製造工程

図1.35 ヨーグルトの製造工場
a：シードカルチャー（左）とマザースターター（右），b：バルクスタータータンク，c：発酵ベースタンク，d：発酵庫（写真提供：雪印乳業(株)）.

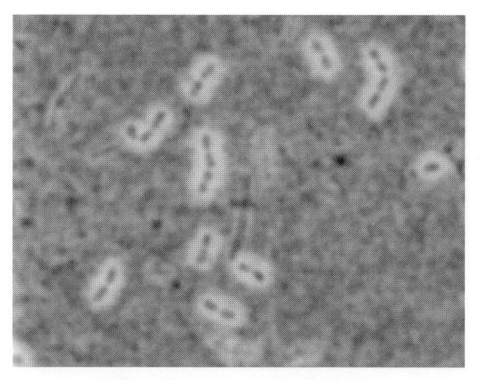

図1.36 ヨーグルト中の莢膜多糖生産菌 Str. thermophilus
菌体周囲にみられる白い部分が多糖を示す．

ヨーグルト製造後の貯蔵中におけるホエー分離を防ぐため，スターターに莢膜性多糖（図1.36）あるいは菌体外多糖（EPS）を産生する粘質性乳酸菌株を用いて製造されているプレーンヨーグルトもある．

2） 発酵バターミルク

日本ではなじみがないが，欧米では消費が多い．脱脂乳に混合乳酸菌スターターを添加し，22°Cで14～16時間，滴定酸度が0.7～0.9％（pH 4.6～4.5）になるまで培養して，製造されている．発酵バターミルクの一種であるロングフィルとヴィーリはともに，莢膜性あるいは菌体外多糖を生産する乳酸菌株で発酵させるので，独特の粘稠な組織を持っている．

3） ケフィール

アルコール・乳酸発酵乳の一種で，山羊乳，羊乳および牛乳にケフィール粒（図1.37 a）を添加して，18～20°Cで12～20時間発酵させる．0.7～1.0％の乳酸と0.5～1.5％のアルコールを含む．ケフィール粒は *Lb. kefiranofaciens*（図1.37 b）が生産する莢膜性多糖が接着の役割をし，乳酸菌や酵母が乳タンパク質に埋め込まれた形態で構成されている．ほかのアルコール・乳酸発酵乳としては，馬乳から製造されるクーミス（中央アジア）やアイラグ（モンゴル）が有名である．

4） 乳酸菌飲料

わが国独特の製品で，脱脂乳を乳酸発酵させてからショ糖，安定剤，香料，色素，果汁などを添加し，均質化した後冷却，容器に充てんして製造される．ヤクルトがよく知られており，乳等省令では乳製品乳酸菌飲料に分類される．また，

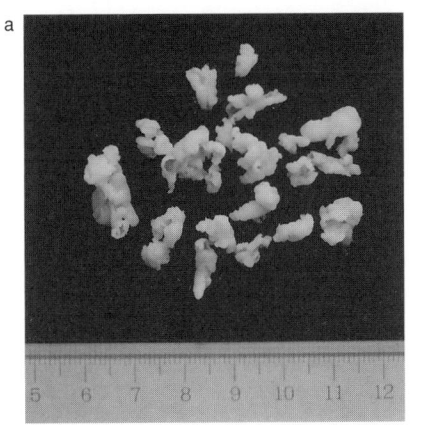

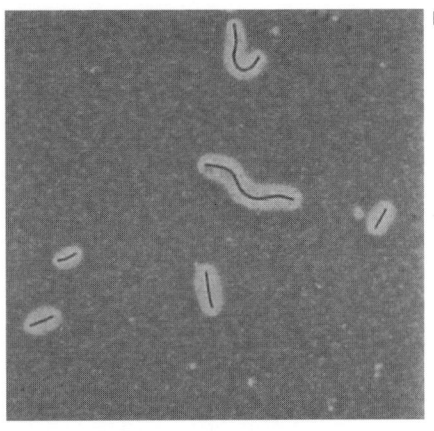

図1.37 ケフィール粒(a)と莢膜多糖生産菌 Lb. *kefiranofaciens* (b)

脱脂乳を乳酸発酵させた後,均質化し,1.0〜1.5倍量のショ糖を加えた後殺菌し,香料を添加したカルピスに代表されるシロップ状の製品もある.本製品は,殺菌乳製品乳酸菌飲料あるいは酸乳飲料とよばれる.

5) 発酵乳の栄養生理機能

発酵前の乳と比較して,発酵乳では乳酸菌や酵母の作用により乳タンパク質が一部分解されたり,ビタミン濃度が減少(葉酸のみは増加)するが,これらの成分変化は栄養的に大きな意味を持たない.しかし,発酵乳は低ラクターゼ症者の乳糖不耐症状を軽減することが臨床的に確認されている.発酵乳の保健機能に関しては1.8節c項を参照されたい.

乳酸には2種類の光学異性体があるが,生成される乳酸の型はスターター乳酸菌種により異なっており,ヨーグルト中の乳酸の25〜60%はD-(−)乳酸である.人体内ではL-(+)乳酸のみが代謝可能なので,WHO(世界保健機関)では「乳児におけるD-(−)乳酸の1日の摂取量を体重1kg当たり100mg以内とすることが望ましい」としている.ヨーグルト製造に用いられるブルガリア菌には,D-(−)乳酸を作るものが多いが,遺伝子改変によりD-(+)乳酸菌の作出に成功している例もあるので,将来的な解決も可能である.

最も重要であるのは,発酵乳に増殖した乳酸菌体の作用である.菌体外の成分(細胞壁,ペプチドグリカン,菌体外多糖,テイコ酸,リポテイコ酸)や菌体内の成分(染色体DNA)が,腸管上皮細胞から取り込まれてから発揮される種々の生理機能については,宿主にプラスの効果が多く,大いに期待されるものであ

る．近年は免疫機能を修飾する作用の高いイムノバイオティクスが注目されている．

〔戸羽隆宏〕

c．チ ー ズ

今日世界で作られているチーズの種類は，200種類以上と考えられ，伝統的な食文化を形成し，例えばフランスではカマンベール，イギリスではチェダーチーズというように各国で独特なチーズが作られ，興味あるチーズ製造技術が確立している．ここでは，チーズ製造技術の基本を述べる．

1） 基本的なチーズ製造工程

熟成チーズの一般的な製造工程を，図1.38に示す．

2） チーズ製造法の基本操作

i） チーズ乳の静置 チーズ乳に塩化カルシウム（$CaCl_2$），乳酸菌スターター，レンネットを添加し，適温で静置し凝固物を形成させる工程である．カッテージチーズなどの非熟成チーズの場合は，乳酸菌を選定した温度で5〜16時間発酵させてカゼインの等電点沈殿による「酸カード」を形成させる．一方，熟成

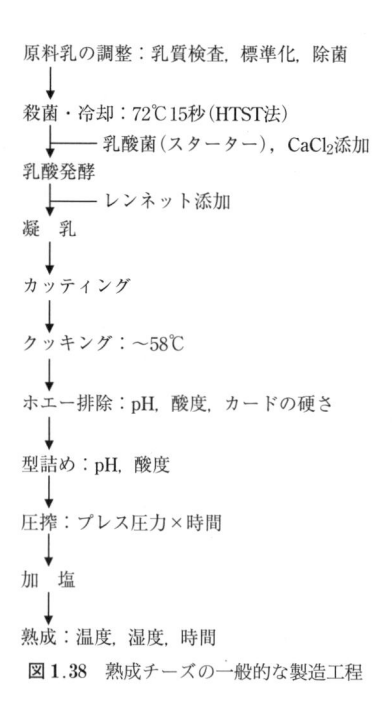

```
原料乳の調整：乳質検査，標準化，除菌
         ↓
殺菌・冷却：72℃15秒（HTST法）
         ↓
         ─ 乳酸菌（スターター），CaCl₂添加
乳酸発酵
         ↓
         ─ レンネット添加
凝 乳
         ↓
カッティング
         ↓
クッキング：〜58℃
         ↓
ホエー排除：pH，酸度，カードの硬さ
         ↓
型詰め：pH，酸度
         ↓
圧搾：プレス圧力×時間
         ↓
加 塩
         ↓
熟成：温度，湿度，時間
```

図1.38 熟成チーズの一般的な製造工程

型チーズの場合はスターターとレンネットを加え，30〜32℃で20〜60分短時間発酵させて「レンネットカード」を形成させる．原料乳の殺菌は低温殺菌かHTST法を用いる．殺菌によりレンネット作用後のカゼインミセルの凝集に必要なカルシウムイオンが減少するので，塩化カルシウムを0.01〜0.02％量添加する．

ii） 凝乳の切断　　水平刃および垂直刃のカードナイフで凝乳を立方体に切断する．カードの表面積が大きくなり，カードの収縮による内部からのホエー排出が促進される．ナイフの刃幅は0.6〜3.0 cmが使用され，これにより最終チーズの水分がある程度決定される．

切断のタイミングは，早すぎても遅すぎてもチーズの歩留（ぶどまり）や品質に好ましくない．酸カードの場合は，通常pH 4.6あるいはこれに対応する滴定酸度に達した時点で切断する．レンネットカードの場合は，手指を使って凝乳の硬さ，組織を観察しながら切断時期を判定するが，最近ではカードメーターによる判定方法も実用化されている．

凝固時間，凝乳の硬さおよび切断時間の間には密接な関連性があり，凝固時間は主にpH（酸度），乳の性状，静置温度，レンネット量に左右される．凝固時間と切断時間の比は，1：3が望ましい（例えば凝固時間10分に対し切断時間30分）．

iii） カードの加温（クッキング）　　静かに攪拌しながら，切断したカードとホエーを所定時間加温する．

加温方法はチーズの種類により異なり，チーズバットのジャケットに熱水や蒸気を通す方法，またはバット内に直接熱水を加える方法がある．加温の目的はカード粒子を収縮させ，ホエーを粒子外に追い出すことである．加温はカードを損傷しないように最初はゆっくり行い，最高温度は38〜55℃ぐらいまで幅がある．

カードの収縮速度は，カード内酸度，加温条件，乳質によって支配される．加温速度が速すぎるとカードの表面が硬化し内部からのホエー浸出をさまたげ，また遅すぎても収縮不良となり，いずれの場合もカードは脱水不十分となる．加温温度が高すぎても低すぎても乳酸菌による酸生成速度が低下し，カードの収縮とホエー排除が不良となる．

iv） ホエー排除とカードの堆積　　カードとホエーを分離し，カード粒子を互いに結着させる．乳酸菌の増殖と乳酸生成はこの工程でさらに進行する．

ホエー排除はチーズの種類により異なり，カードをバット内に残す方法（ドレ

イング），カードをすくって型（モールド）に移すか，袋に入れて懸垂する方法（ディッピング）がある．ホエーの排出速度は甘性レンネットカードで21℃以上のホエー温度で促進されるが，酸カードでは低温のほうが速い．

v）カードの融合と変形　ホエーの排除後のカードに乳酸を蓄積させカードをそれぞれのチーズ特有の物性に変え，同時に水分量を調節する．

チェダーチーズのチェダリング工程，エメンタールチーズ，ブリックチーズ，ブルーチーズなどの予備圧搾，プロポロンチーズ，モザレラチーズなどの引っ張り処理（ストレッチング）がこれに相当する．

vi）カードの加塩　チーズカードに食塩（NaCl）を添加する工程で，風味，組織，外観が改善され，最終チーズへの水分調整が行われる．また加塩によって酵母やカビなどの有害微生物の生育が抑制される．

加塩法にはカードに食塩を均一にふりかけたり表面に食塩を塗付したりする乾塩法と，チーズを食塩水に浸漬する湿塩法がある．加塩量は1〜10%とチーズの種類により変化させる．

vii）カードの圧搾　加塩または無加塩カードを金属モールドや布袋に入れ，自重もしくは外部から力を加えて圧搾する．チーズに特徴的な形状と緻密な組織を附与し，遊離のホエーを押し出してカードの結着を完成させる．

圧搾条件はチーズの種類により異なり，チェダーチーズのように結着しにくいカードの場合は圧力を高めに，圧搾時間も長くする．脂肪の損失を防ぐために，加圧は徐々に行う．加圧装置としては，横型，縦型で水平または圧搾空気によるものが使用される．

viii）特殊な操作　特定のチーズ製造に用いられている操作には，カッテージチーズのクリーム添加，クリームチーズのカードの均質化処理，特殊な微生物を使用するチーズ製造およびブルーチーズの穿孔などがある．

ix）チーズの熟成　カッテージチーズやクリームチーズなどは熟成されないが，チェダーチーズやゴーダチーズなどレンネットカードより作られるチーズは熟成される．熟成は新鮮なチーズを低温に保持し，乳自体のプラスミンや乳酸菌スターター由来の酵素，レンネットのタンパク質分解作用などによりそれぞれ特徴的な風味，組織，外観を持つチーズに変化させる．

新鮮なチーズは表面を乾燥し，そのままあるいはプラスチック乳剤を塗布，またはプラスチックフィルムで包装し，一定の温度と湿度に制御した発酵室内で2〜24カ月熟成させる．発酵室の温度は製造するチーズの種類によって5〜20℃

まで幅がある．

　新鮮なチーズ中の微生物と酵素は，熟成中に脂肪，タンパク質，乳糖およびその他の化合物を分解し，やわらかくしなやかな組織と特有の風味成分を生成する．またチーズカードに含まれる酸素や乳糖は熟成中に乳酵菌やカビにより消費され，チーズはすみやかに嫌気的状態になる．

　正常のチーズ熟成における最終産物の一つとして，少量のガスが生成される．これはヘテロ型乳酸菌発酵による二酸化炭素（炭酸ガス，CO_2）や，アミノ酸の酵素的脱アミノ化反応によるアンモニアである．

　熟成中に適正な比率で生成される各種の水溶性化合物，ペプチド，アミノ酸，アミン，脂肪酸，カルボニル化合物は，それぞれの熟成チーズの特有の風味を醸成する．

〔野畠一晃〕

1.7　牛乳検査法と HACCP

a．理化学検査

　理化学的乳質についての規格として，農水省の「日本農林規格」（JAS）と厚生省の乳等省令がある．JAS では色沢および組織，脂肪率など6項目により，原料乳（生乳）を特等乳，一等乳および二等乳に格付けしている．一方，乳等省令では JAS における原料乳を「生乳」といい，理化学的性状について比重，酸度の規定がある．なお，乳等省令で「牛乳」とは，工場で製造され出荷される乳（殺菌乳）をさす．

1）アルコールテスト

　細菌増殖により酸度の高い原料乳（生乳）や塩類平衡が崩れている生乳などでは，カゼインミセル周囲で混和したアルコールによる脱水が起こり，不安定となってカゼインが凝集する．この脱水作用に対するカゼインの安定性を調べることで殺菌時の熱安定性も判別できる．実施方法は，供試乳 2 ml をシャーレにとり，これに同容量の 70%（v/v）エタノールを加えて混和し，凝固物生成の有無を肉眼で観察する．JAS では，原料乳はアルコール試験陰性（凝固物なし）でなければならないと規定されており，また，ロングライフミルク（常温保存可能品）については乳等省令でも陰性と規定されている．

2）酸　　度

　一定量の供試乳を中和するのに必要なアルカリ量を測り，アルカリと結合した全酸性物質（乳酸とともに溶存する二酸化炭素（炭酸ガス，CO_2），タンパク質，

クエン酸など）を乳酸と仮定し，その重量％で示したものが乳酸酸度である．牛乳はリン酸塩やタンパク質などの影響を受けて非常に強い緩衝作用を示すため，かなりの量の酸が生成あるいは添加されてもpHの変化は少ない．実施方法は，供試乳10 mlに同量の二酸化炭素を含まない水を加えて希釈し，指示薬としてフェノールフタレイン溶液0.5 mlを加えて0.1 mol/l水酸化ナトリウム（NaOH）溶液で30秒間微紅色の消失しない点を終点として滴定し，その滴定量から試料100 g当たりの乳酸パーセント量を次式によって求め酸度とする．0.1 mol/l水酸化ナトリウム溶液1 mlは，乳酸9 mgに相当する．乳等省令では，ジャージー種以外の乳は0.18％以下，ジャージー種のものは0.20％以下，JASでは0.16％以下が特等乳，0.18％以下が一等乳という規格基準がある．

$$酸度（乳酸\%）=\frac{滴定値（ml）\times 0.009 \times F}{試料重量（g，10\,ml \times 供試乳の比重）}\times 100$$

F：0.1 mol/l 水酸化ナトリウム溶液の力価（Factor）

3） 比　　重

乳等省令に示された測定法は，200 mlの生乳をシリンダーにとり，浮ひょう式比重計を用いて15℃において測定するが，15℃以外の温度で測定した場合には比重補正表を用いて15℃の比重に換算する．なお，比重計の示度の読みはメニスカスの上端とし，その示度は比重の1.0が省略された部分を示している．JASでは生乳の比重は1.028～1.034（15℃）と規定されている．なお，乳等省令ではジャージー種の乳の上限を1.036としている以外は，JASの規格と同じである．

4） 水分・全固形分・無脂乳固形分

乳を海砂とともにアルミ製秤量缶に入れ98～100℃で常圧乾燥したときに得られる減量を重量％で表し，水分とする．乳固形分は100％からこの水分％を減じた値をさし，さらに乳固形分から乳脂肪分を減じた値を無脂乳固形分（SNF：solid not fat）（％）と表す．

5） 乳　脂　肪

乳中の脂肪のほとんどは脂肪球として存在しており，この脂肪球はその周囲を脂肪球皮膜物質（MFGM）によっておおわれているため，エーテルなどによる乳脂肪の溶媒抽出は難しい．したがって，脂肪球皮膜タンパク質を強酸あるいは強アルカリで破壊して，はじめて脂肪の抽出が可能となる．乳等省令の公定法であるゲルベル法は，濃硫酸（比重1.820～1.825，15℃）10 mlをゲルベル乳脂

計に注入し，次に供試乳 11 ml を徐々に硫酸上に層積し，さらに純アミルアルコール 1 ml を加えゴム栓をして，指で栓を圧しながら静かに混合後，上下に数回反転混合して十分に混合して均一にした後，65°C の温湯中に 15 分間ひたす．次いで，3〜5 分間遠心（700 rpm 以上）し，その後ふたたび 65°C の温湯中にひたして温度を一定にし，抽出された脂肪層の度数（牛乳の比重を一定と考えて重量％に換算済）を読み取る．なお，JAS では原料乳の乳脂肪率の測定法としてバブコック法も公定法としており，3.2％以上が特等乳，2.8％以上が一等乳と規定している．また，強アルカリ性のアンモニア水で脂肪球皮膜を破壊し，エタノールで脂肪のゲル化を防止し，エーテル・石油エーテルで抽出するレーゼ・ゴットリーブ法もある．本法は重量法であり，厳密な定量が可能であるため，国際的にも基準法として評価されている．

6）タンパク質

牛乳・乳製品中のタンパク質含量の測定法としては，（ミクロ）ケルダール法，コフラニー法（アルカリ性水蒸気蒸留法）および色素結合法がある．最近では赤外分光を原理とする多成分測定機（ミルコスキャンなど）による方法もあるが，公定法はケルダール法である．乳中の窒素のうち約 95％ がタンパク態窒素であるため，ケルダール法で測定した窒素量にタンパク質係数 6.38（乳タンパク質の窒素量を平均 15.65％ として算出）を乗じて乳タンパク質量としている．

7）乳糖（ラクトース）

乳等省令では，レイン-エイノン法が乳糖定量における公定法である．この方法は硫酸銅還元法に基づくもので，還元されて形成した亜酸化銅量から乳糖量を換算する．しかし，この方法は操作の煩雑性と熟練性に問題があり，国際酪農連盟（IDF）では，クロラミン T 法も基準法としている．β-ガラクトシダーゼを用いた酵素法もあるが，感度が高すぎて希釈による誤差が生じやすいという欠点がある．また，ガスクロマトグラフィー（GLC）による定量法もある．

8）機器分析

わが国における成分検査の目的は，JAS における原料乳の格付けや生産者と業者間の取引き検査，牛群および個体乳での能力検査が主体となっている．測定は上述のような公定法の組合せ方法で行われていたが，近年では迅速性，精度，公平性，評価項目の多様化などの点から，牛乳多成分測定機による機器分析に移行している．

牛乳多成分測定機の代表的なものである赤外分光式多成分測定機（ミルコスキ

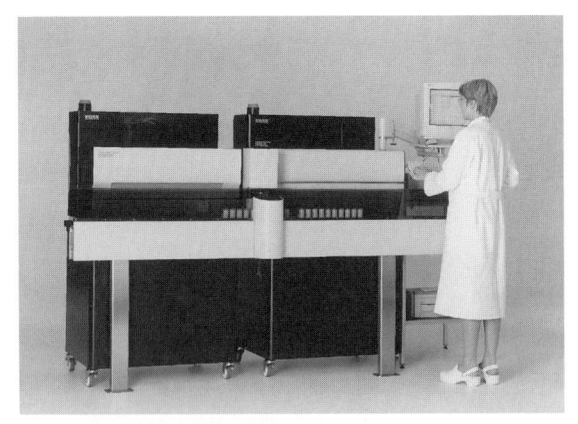

図1.39 最新式の生乳分析装置コンビフォス6000（左：ミルコスキャン，右：フォソマチック）
（写真提供：富士平工業(株)）

ャン，Foss Electric社，デンマーク）は，水と乳との間で特定の波長（乳糖は9.61 μm，タンパク質は6.46 μm，脂肪は生乳の場合は5.73 μmで殺菌乳は3.43 μm）の赤外線量が，乳中の各濃度により減衰率が異なる現象を利用し含量に換算表示する．これらの測定値から無脂乳固形分や全固形分も算出可能である．また，20種の波長を用いて測定した尿素含量は，飼料管理ならびに飼養指導に用いられている．最新式のコンビフォス6000（図1.39）は，フーリエ変換赤外線（FTIR）干渉計を搭載し，最大1時間当たり500検体の測定が可能なミルコスキャンFT 6000（左側部）とフローサイトメトリー（右側部）を応用し，同数の検体の体細胞数の測定が可能なフォソマチック5000，そしてコンベアピペットユニットから構成されている．

b．微生物検査法（生物学的試験法）

生乳および牛乳の微生物学的品質について，乳等省令では，生乳の総菌数と牛乳（殺菌乳）の生菌数，大腸菌群が規定されている．食品としての安全性確保の保証と客観的な乳質評価という両面の意義が微生物検査に求められており，乳等省令で定められた測定法と同等の精度を示し，かつ迅速・簡便な測定法が望まれている．また，乳房炎診断のための体細胞数測定や治療に使用された抗生物質の残留検出も重要である．

1) 生乳の直接個体鏡検法（ブリード法）による細菌数（総菌数）

生乳の細菌数検査は，乳等省令ではブリード法が公定法の規格検査であり，現在の受入検査では必要不可欠である．1951年には，生乳の総菌数（生菌と死菌の合計）は，400万/ml 以下でなくてはならないと規定された．1985年には，ロングライフミルク（常温保存可能品）製造向けの生乳の総菌数は30万/ml 以下とする規定が設けられた．

ブリード法は，生乳試料0.01 ml をスライドガラス上の1 cm^2 の部位（1 cm×1 cm）に均一に塗布し，乾燥後に脱脂・固定・染色を同時に行えるニューマン染色液で染色し，顕微鏡で菌体数をカウントする．鏡検（×1000）では個体法（菌塊を形成している場合でも細菌を1個1個別々に計測）で菌数を数え，顕微鏡係数（顕微鏡の視野面積と塗抹面積から計算される係数）を乗じて1 ml 当たりの総菌数を算出する．操作が簡単で分布状態や菌形の確認もできるが，菌数が少ない試料では測定値の信頼性が低下するという欠点がある．

2) 標準平板菌数測定法（SPC法）による細菌数（生菌数）

乳等省令では，牛乳の生菌数は5万/ml 以下と定められている．液状の標準寒天培地に供試乳を混釈し，シャーレ内で凝固してから倒立させ，32～35℃で48±3時間培養後，コロニー（集落）数に希釈倍率を乗じて1 ml 当たりの菌数に換算する．国際酪農連盟（IDF）では，30℃，72時間という培養条件を提唱している．生乳を試料とした場合は，低温細菌が多いために検出される菌数は一般的に多い．

3) 大腸菌群

乳等省令では，ナチュラルチーズなど一部の乳製品を除き大腸菌群陰性と定められている．牛乳の場合は，BGLB発酵管（ペプトン，乳糖，ウシ胆汁，ブリリアントグリーン）にダーラム管（2×30 mm前後の小試験管）を入れ，供試牛乳，その10倍および100倍希釈液を加える．次いで，32～35℃で48時間培養し，ダーラム管内にガス発生の認められた試料を推定試験陽性とし，さらに遠藤培地および乳糖ブイヨンで確認する．2001年，社団法人日本乳業技術協会は「製品の出荷前検査実施要領」をまとめ，牛乳の大腸菌群検査はデソキシコーレイト寒天培養法（DESO，37℃，20±2時間）もしくはそれに準ずる方法により行うこととした．この「準ずる方法」とは，DESOと同等の検出能を有し，より迅速・簡易な方法を指している．

4） 効率化・迅速化・自動化

スパイラル法は，牛乳試料を寒天平板状に中心部から周辺部に向かってらせん状に自動的に塗布し，培養後，周辺部から生じたコロニー数を計測して1 ml 当たりの生菌数を算出する．1枚の寒天平板で試料 1 ml 当たり約 $5.0 \times 10^2 \sim 1.0 \times 10^6$ 個までの菌数を測定することが可能である．バイオルミネッセンス法（ATP 法）は，菌体から抽出した ATP をルシフェリン-ルシフェラーゼ（基質-酵素混合物：ホタルの発光系）と特異的に反応させ，その発光量を測定して細菌数に換算する．しかし，生乳中には相当数の体細胞が存在するため，ATP 量から細菌数を測定するには，この体細胞由来 ATP 量の除去や補正が必要となる．また，大腸菌群の簡易・省力化測定法として，ペトリフィルム法，バクトストリップ法，さらに簡易・迅速化を目指した酵素（β-ガラクトシダーゼ）基質を用いた方法が開発されている．

1982年，デンマークで蛍光光学式細菌数測定機（バクトスキャン）が開発された．供試生乳を40℃に保温したのち，界面活性剤を加え，体細胞と乳タンパク質を溶解するとともに，菌塊を分散させる．ショ糖密度勾配で遠心（4万5000 rpm）し，細菌を含む区分をタンパク質分解酵素で処理した後，得られた細菌浮遊液にアクリジンオレンジ蛍光染色液を加えて染色する．フローサイトメトリーで細菌から発せられた蛍光を測定し，その結果を IBC/ml に換算して表示する．バクトスキャン 8000 タイプの最低検出限界は $1.0 \times 10^4 \sim 2.5 \times 10^4$/ml，また最新式の FC タイプでは 1.5×10^3/ml まで検出可能である．なお，この方法では細菌単体を計測するので，コロニー数を計測する SPC 法あるいはペトリフィルム法と比較するためには換算表が必要である．

5） 抗生物質，抗菌性物質

乳牛の疾病の治療にペニシリン系の薬剤が使用されているが，生乳はこれら抗生物質およびその他の抗菌性物質（化学的合成品）を含有してはならない．1997年にはオキシテトラサイクリンを含む5種類の抗生物質に対して残留基準値（0.025〜0.1 ppm）が設定され，乳等省令では高速液体クロマトグラフィー（HPLC）を用いて検査することになった．しかし，実際のタンクローリー乳受入時の検査方法は，施設と時間を要することから，従来通りの食品衛生検査指針で定めるペーパーディスク法で検査している．

ペーパーディスク法は，生乳中の主としてペニシリン系抗生物質の検査法で，*Bacillus stearothermophilus* var *celidolactis* C-953 菌株を接種した平板上に，試

料乳を含浸させたペーパーディスクをのせて培養し、抗生物質あるいは抗菌物質残存時に生ずる円形透明な阻止円の大きさから定量する。また、ELISA法 (enzyme linked immuno solbent assay：固相酵素免疫法) を応用してテトラサイクリン系の抗生物質を約10分間で検出するスナップ法（スナップテトラサイクリンテスト）、クロマトグラフの原理を応用し約8分間でベータラクタム系とテトラサイクリン系の抗生物質の検出が可能なチャーム法（Charm ROSAテスト）など、ペーパーディスク法と同水準の検出限界でありながら簡易かつ迅速に検出するキットも市販されている。

6） 体 細 胞 数

牛乳中の体細胞数（乳腺上皮細胞、白血球などの総数）は、乳房炎などに罹患した際に急激に増加したり、また暑熱の影響を受けて季節的に変動することより、牛体の健康の指標となる。原料乳中に含まれる体細胞数について法的な規定はないが、個体乳では50万/ml以上で乳房炎が疑われ、バルク乳（生産者のバルククーラーに貯乳された乳）および工場に集荷される生乳では30万/ml以上になると乳房炎乳の混入が疑われる。この体細胞数はブリード法で測定するが、無核細胞は数えないなどの注意が必要である。

フォソマチック（蛍光光学式体細胞測定機、Foss Electric社、デンマーク）は、牛乳と緩衝液およびエチジウムブロマイド染色液を混合し、体細胞の染色体DNAを蛍光染色し、フローサイトメトリーを応用し体細胞由来の赤色光を蛍光顕微鏡で光パルスとして計測し、1ml当たりの体細胞数に換算表示する。$1.0×10^7$/mlまでの体細胞が計測可能で、ブリード法による結果と高い相関 (0.96〜0.99) が得られている。なお、本装置は図1.39のように、赤外分光式多成分測定機（ミルコスキャン）と一体型となったものであり、集乳された生乳の乳成分体細胞数の測定が最大1時間当たり500検体可能である。〔増田哲也〕

c． 食品衛生と総合衛生管理製造過程（HACCPシステム）承認制度

食品は環境由来の微生物や化学物質などによって汚染を受けることがあり、その多くは人の食生活に対して有害的にはたらく。微生物の中には人に病気を起こさせる病原微生物や食品を腐敗させる菌などが含まれる。また化学物質には最近注目されているダイオキシン、内分泌攪乱物質（環境ホルモン）、農薬および抗生物質などがあげられる。したがって、私たちが安心・安全でかつ健康な食生活を送るためにも、食品から危害（有害微生物や化学物質）となる汚染を排除して

いくことが食品衛生の基本となる．

　乳・乳製品は一般消費者のみならず，乳幼児や高齢者および虚弱体質の人々にとっても重要な食品であるため，衛生的な安全性の確保が強く求められている．このようなことから，乳・乳製品では食品衛生法において，乳等省令で詳細な規格基準が設定されており，また「総合衛生管理製造過程」にかかわる制度ではその対象食品となっている．

1) 乳及び乳製品の成分規格等に関する省令（乳等省令）

　食品衛生法の規定では，「乳及び乳製品の成分規格等に関する省令」，いわゆる乳等省令が制定されている（1951年12月27日，厚生省令第52号）．この省令では乳・乳製品を分類し，成分規格や製造基準および保存基準が詳細に規定されている．例えば，牛乳の成分規格では一般細菌数と大腸菌群について規格化されている．一般細菌数は5万/ml以下，大腸菌群は陰性であることを義務づけて微生物的な品質を保証している．製造基準では殺菌温度が保持式により63℃で30分間またはこれと同等以上の殺菌効果を有する方法で加熱殺菌処理を行うこと，さらに保存基準では10℃以下での保存が義務化されている．このように衛生規範を遵守することで，乳・乳製品では危害微生物の「汚染防止」，「増殖防止」および「排除」がなされ，衛生的な品質が高度に保たれる．

2) 総合衛生管理製造過程の承認制度

　総合衛生管理製造過程は1995年の食品衛生法の改正に伴って新たに創設された衛生管理手法であり，承認制度として法制化されている（1996年10月22日，衛乳第233号）．この承認制度は後述するHACCPシステムによる衛生管理と，その前提となる施設設備の保守点検などの一般的な衛生管理とを一体化して行うことにより，総合的に衛生管理ができる食品の製造を目的としている．すなわち，一般的衛生管理プログラムで衛生的な作業環境を確保して危害微生物からの汚染を防止し，冷却や加熱殺菌などの衛生管理上の重要な工程をHACCPシステムで管理して危害微生物の増殖防止や排除を行い，製品の安全性を確保するといった手法である．

　乳・乳製品は本制度の対象食品であり，例えば，①牛乳，特別牛乳，殺菌山羊乳，部分脱脂乳，脱脂乳，脱脂粉乳，加工乳およびクリーム，②アイスクリーム類，③無糖練乳，無糖脱脂練乳，発酵乳，乳酸菌飲料および乳飲料があげられる．これらの製品では危害原因物質も具体的に特定されており，例えば，①の製品群では異物，抗菌性物質，抗生物質，殺菌剤，洗浄剤および腐敗微生物が，ま

た病原微生物としてはエルシニア・エンテロコリチカ，黄色ブドウ球菌，カンピロバクター・コリ，カンピロバクター・ジェジュニ，サルモネラ属菌，病原大腸菌およびリステリア・モノサイトゲネスが食品衛生上の危害となる．

3） HACCP システム

HACCP とは危害分析（HA：hazard analysis）と重要管理点（CCP：critical control points）を組み合わせた衛生管理手法で，日本では「危害分析重要管理点」と訳されている．

HACCP システムは 1960 年代のアメリカ航空宇宙局（NASA）において，宇宙食の安全性を高度に保証するために開発された．すなわち，食品の安全性にかかわるあらゆる危害を事前に予測し，その危害を管理することのできる工程を重要管理点として特定し，製品の安全性を保証するというものである．従来の衛生管理手法である最終製品の検査では，全製品の安全性を必ずしも保証することができないという限界があったが，本システムの導入により製品の全数保証が可能になる．このことは食品の安全性を確保するうえで最も効率的で，かつ効果的な手法であるとして国際的にも高く評価されている．

4） 一般的な衛生管理事項

HACCP システムによる衛生管理を効果的に実施するためには，その前提として食品の製造に用いる施設設備の保守点検などの一般的な衛生管理が，確実に実施されることが必須となる．一般的な衛生管理プログラムには，①施設設備の衛生管理，②従業員の衛生管理，③施設設備・機械器具の保守点検，④そ族昆虫の防除，⑤使用水の衛生管理，⑥排水および廃棄物の衛生管理，⑦従事者の衛生管理，⑧食品などの衛生的な取扱い，⑨製品回収のプログラム，および⑩製品などの試験検査に用いる設備などの保守管理，などがある．HACCP システムは，それ単独で機能するものではないので，前提条件として一般的な衛生管理プログラムを確実に実施しておかなければならない．

5） HACCP プランの 7 原則を含む 12 手順

HACCP プランは，7 原則を含む 12 手順を経て作成される．手順 1 から 5 までは危害分析を行うための準備段階となり，手順 6 から 12 までが HACCP の特徴である原則となる．

原則 1： 危害分析（HA：hazard analysis）

　　危害分析は計画作成の基本作業であり，原材料の調製段階から製品の加工や製造および消費者に届くまでのあらゆる過程において，発生の可能性がある

危害または危害原因物質を明らかにしてリスト化するとともに，それらの発生要因およびその防止措置を明らかにする．食品衛生上の危害としては食品中の微生物学的，化学的および物理的な原因物質で飲食によりヒトの健康に被害を引き起こす可能性のあるものをいう．

原則2： 重要管理点（CCP：critical control points）の設定

危害分析によって明らかにされた危害の中で，生産工程からその発生を防止または発生の恐れを減少させることが可能なところを重要管理点(CCP)として設定し厳重に管理する．例えば，牛乳の製造工程では「殺菌」工程がCCPにあたる．

原則3： 管理基準（CL：critical limit）の設定

決定した重要管理点において，適切な管理が行われているかどうかを判断するための基準を設ける．この基準の設定には温度や時間およびpHなどの数値で表せる因子を採用する．

原則4： 各CCPのモニタリング方法の設定

重要管理点において，モニタリングは製造中のものを連続的あるいは適切な頻度で計測することにより，管理基準の範囲内での製造状態が確認でき，さらにすべてのデータを記録できる方法を設定する．

原則5： 改善措置の設定

重要管理点において，管理基準から逸脱した際に，正常な状態へ回復させるための手順や逸脱した際に製造されたものの改善措置方法を設定する．

原則6： 検証方法の設定

HACCPによる衛生管理の実施計画が適切に機能しているかどうかを定期的に確認し評価する．不都合なところが発見されたときには修正する．

原則7： 実施記録および各種文章の保管

一般的衛生管理プログラム，CPPのモニタリング，改善措置および検証などの結果を正確に記録することによりHACCPシステムが適切に実行されているかどうかの判断に役立つとともに，その証拠を作成することができる．

6） HACCPシステムの特徴

HACCPシステムは原材料の生産から最終製品が消費者に消費されるまでの，すべての過程において適用することができる食品衛生管理手法であり，このシステムを導入することにより，①食品の安全性が向上する，②資源を有効に利用で

きる，③衛生上の危害に適時対処できる，④行政による監視や指導が効果的・効率的に行える，⑤食品の安全性に対して国際的な信頼性が高まる，などが期待できる．なお，2005年9月に財団法人日本規格協会より国際規格である「食品安全マネジメントシステム：ISO 22000」が発行された．この規格はHACCPシステムを組み込んだものであり，注目されているので参考にされたい．

　危害微生物による食品の事故は，製品の広域流通の発展に伴い大規模化する要素を含んでいる．食の安全性を確保するためには，HACCPで"From farm to table"と表現されるように，農場での生産段階から食卓で消費されるまでの一連の流れの中で管理することが重要となってきている．今後はHACCPシステムが食品の製造加工の衛生管理手法にとどまらず，農場段階から最終消費にいたる各段階での衛生管理手法として広く活用されることが望まれる．

〔柳平修一〕

1.8　牛乳からの機能性成分と利用

a．機能性ペプチド

　食品の第三次機能として，乳タンパク質の持つ潜在的な機能性が注目されている．牛乳にはタンパク質が約3.0%含まれ，その約80%はカゼインとよばれるリン酸化タンパク質であり，残りの約20%はホエー（乳清）タンパク質である．乳タンパク質を摂取した後，消化過程で生じる各種の低分子ペプチド類に生体調節機能が知られている．とくに，カゼインは生理活性ペプチドが消化過程で発現するように合目的に分子設計されているという学説もあるほど，その種類が多い．

1）カゼインホスホペプチド

　カゼインの分子内には，消化分解性に関して特徴的な2つの部位が存在する．カゼインの大部分の部位は，消化管酵素の胃ペプシンや小腸トリプシン・キモトリプシンにより加水分解されやすい「易消化性部位」である．一方，プロリン（Pro）残基やリン酸化されたセリン（Ser）残基（ホスホセリン）が集中して存在する部位は，加水分解しづらい「難消化性部位」であり，消化管内で特別な機能性を発現する機能性ペプチドとして作用すると考えられている．

　α_{s1}-およびβ-カゼインより単離された「カゼインホスホペプチド（CPP：casein phosphopeptide）」は，高度にリン酸化されている生理活性ペプチドであり，3種類のCPPの構造を表1.25に示す．

表1.25 カゼインの消化管プロテアーゼの加水分解により生成する
カゼインホスホペプチド(CPP)

起　源	ペプチドのアミノ酸配列
α_{s1}-カゼイン	⁴³Asp-Ile-Gly-**Ser**-Glu-**Ser**-Thr-Glu-Asp-Gln- ⁵³Ala-Met-Glu-Asp-Ile-Lys-Gln-Met-Glu-Ala- ⁶³Glu-**Ser**-Ile-**Ser**-**Ser**-**Ser**-Glu-Glu-Ile-Val- ⁷³Pro-Asn-**Ser**-Val-Glu-Gln-Lys⁷⁹　　（アミノ酸37残基）
β-カゼイン	¹Arg-Glu-Leu-Glu-Glu-Leu-Asn-Val-Pro-Gly- ¹¹Glu-Ile-Val-Glu-**Ser**-Leu-**Ser**-**Ser**-**Ser**-Glu- ²¹Glu-**Ser**-Ile-Thr-Arg²⁵　　（アミノ酸25残基）
	¹Arg-Glu-Leu-Glu-Glu-Leu-Asn-Val-Pro-Gly- ¹¹Glu-Ile-Val-Glu-**Ser**-Leu-**Ser**-**Ser**-**Ser**-Glu- ²¹Glu-**Ser**-Ile-Thr-Arg-Ile-Asn-Lys²⁸　　（アミノ酸28残基）

注）アミノ酸の数字は，もとのタンパク質におけるアミノ酸残基の位置を示す．
太字のセリン残基(Ser)は，リン酸化されているホスホセリンを示す．

　小腸内で生じたCPPは，腸内で沈殿しやすいカルシウム（Ca）イオンを分子内のリン酸基に結合させ，腸管からの吸収を助ける作用があり，乳タンパク質が示す高いカルシウム吸収性に大きく寄与している．CPPはカゼインの酵素分解により工業的に大量調製が可能であり，カルシウム吸収促進を目的として食品に添加され，一部は特定保健用食品として厚生労働省から許可されている．
　最近では，CPPが小腸パイエル板のリンパ球増殖を促進し，また，分子中のリン酸化セリンが集中する領域には，IgAの合成を促進する免疫調節機能が報告されている．

2） 血圧調節ペプチド

　血圧を調節する機能性ペプチドも，乳タンパク質の酵素消化より誘導される．ヒトの血圧調節機構は複雑であるが，基本的には血圧を上昇させるレニン-アンジオテンシン系（昇圧系）と下降させるカリクレイン-キニン系（降圧系）の相互バランスにより，血圧は一定に保たれている．この両方の血圧調節系にはたらきかける重要な酵素（EC.3.4.15.1）が，「アンジオテンシン変換酵素（ACE）」であり，ヒト体内では肺や動脈内壁などに局在する．
　ACEは，末梢血管の平滑筋を直接収縮させ，また血管運動中枢を介して強い血圧上昇作用を示す昇圧ペプチド（アンジオテンシンⅡ：Asn-Arg-Val-Thr-Ile-His-Pro-Phe）を生成させる．一方で，ACEは血管を拡張させ血圧を下げる作用のある降圧ペプチド（ブラジキニン）を分解するキニナーゼⅡそのもので

表 1.26 乳タンパク質の酵素消化により誘導されるアンジオテンシン変換酵素(ACE)阻害活性および降圧活性を示すペプチド

ペプチド	アミノ酸配列	IC 50 値 (μmol/l)	SHR 血圧降下度 (mmHg)
α_{s1}-カゼイン			
f(1-9)	RPKHPIKHQ	13	-9.3
f(23-34)	FFVAPFPEVFGK	77	-34.0
f(104-109)	YKVPQL	22	-13.0
f(146-147)	YP	720	-32.1
f(194-199)	TTMPLW	16	-14.0
α_{s2}-カゼイン			
f(189-194)	AMPKPW	580	-5.0
f(190-197)	MKPWIQPK	300	-3.0
f(198-202)	TKVIP	400	-9.0
β-カゼイン			
f(59-61)	VYP	288	-21.0
f(59-64)	VYPFPG	221	-22.0
f(60-68)	YPFPGPIPN	15	-7.0
f(74-76)	IPP	5	-28.3
f(80-90)	TPVVVPPFLQP	749	-8.0
f(84-86)	VPP	9	-32.1
f(140-143)	LQSW	500	-2.0
f(169-174)	KVLPVP	5	-32.2
f(169-175)	KVLPVPQ	1000	-31.5
f(177-183)	AVPPYPQR	15	-10.0
ホエータンパク質			
α-La:f(50-53)	YGLF	733	-23.0
β-Lg:f(78-80)	IPA	141	-31.0
BSA:f(221-222)	FP	315	-27.0
β_2-m:f(18-20)	GKP	352	-26.0

注) アミノ酸は一文字表記で示す.
SHR:高血圧自然発症ラット, α-La:α-ラクトアルブミン, β-Lg:β-ラクトグロブリン, BSA:ウシ血清アルブミン, β_2-m:β_2-ミクログロブリン

ある.したがって,ACE の加水分解反応を抑制することで血圧の上昇は防げることになる.実際の機構には副経路などもあり,より複雑である.

タンパク質分解酵素活性の高い菌として *Lactobacillus helveticus* が知られているが,この発酵乳中に強い ACE 阻害活性を示す 2 種のペプチドが見出された.これらは,「ラクトトリペプチド」と命名されており,Ile-Pro-Pro(IPP)および Val-Pro-Pro(VPP)というアミノ酸配列のトリペプチドであった.これらは,ヒト小腸から未分解で吸収され,肺などに局在する ACE 酵素に結合し

表1.27 乳タンパク質の酵素消化により誘導されるオピオイドペプチドとアンタゴニスト

名 称	アミノ酸配列	起 源	受容体
オピオイドペプチド(アゴニスト)			
エグゾルフィン(1～7)	^{90}RYLGYLE^{96}	α_{s1}-カゼイン	$\mu/\delta \ll \kappa$
エグゾルフィン(2～7)	^{91}YLGYLE^{96}	α_{s1}-カゼイン	$\mu/\delta \ll \kappa$
β-カゾモルフィン	^{60}YPFPGPI^{66}	β-カゼイン	$\mu \gg \mu/\delta$
ネオカゾモルフィン	^{114}YPVEPF^{119}	β-カゼイン	(μ)
オピオイドアンタゴニストペプチド			
カゾキシン A	^{35}YPSYGLN^{41}	κ-カゼイン	(μ)
カゾキシン C	^{25}YIPIQYVLSR^{34}	κ-カゼイン	μ
カゾキシン-5	RYPSY-OCH$_3$		$\mu > \kappa$
カゾキシン-6	SRYPSY-OCH$_3$		$\mu > \kappa$

注) アミノ酸は一文字表記で示し,数字はもとのタンパク質におけるアミノ酸残基の位置を示す.

て活性を阻害することで,血圧降下作用を示すことが推定されている.これらのペプチドを含む飲料(アミールS)は,特定保健用食品として許可されている.

乳タンパク質からはたくさんの降圧ペプチドが報告されており,主要なものを表1.26に示す.降圧性の評価は,ACE酵素の阻害率を測定する in vitro 試験に加えて,高血圧自然発症ラット(SHR)に経口摂取させて尾部血圧を計る in vivo 試験を併用して行う.前者だけの効果ではACE阻害活性ペプチド,後者まで確認した場合には降圧ペプチドと表示する.

なお,血圧を上昇させる昇圧ペプチドは,乳タンパク質からはまだ報告されていない.

3) オピオイドペプチド

脳内でモルヒネを投与したのと同様な鎮痛作用などを示すペプチド類の総称である.生体内で生合成されるエンケファリン,エンドルフィン,ダイノルフィンなどは内因性のオピオイドペプチドであり,神経中枢や末梢組織に見出される.一方,乳タンパク質の酵素消化により同様の活性を示す外因性のオピオイドペプチドが誘導され,β-カゾモルフィンが有名である.これらは,カゼインに限らずホエータンパク質からも見出され,表1.27に主要な成分を示す.主要な受容体には3種類あり,μ-,δ-およびκ-レセプターとよばれる.

一方,鎮痛作用は示さないが,オピオイド受容体との結合を拮抗的に阻害するオピオイドアンタゴニスト活性を示すカゾキシンが,κ-カゼインから誘導され,平滑筋の作動性も示した.これら,一連のペプチド群は,乳児の精神安定に寄与したり,消化管の通過時間を延長して消化吸収を高めるなどの消化管機能の調節

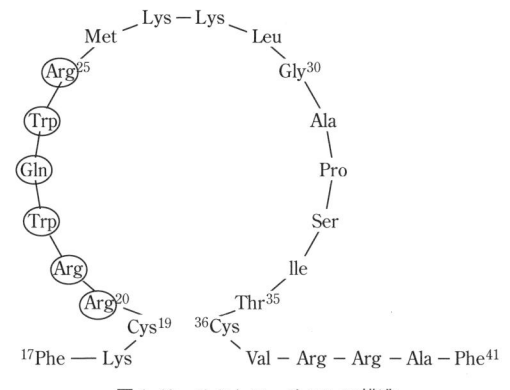

図1.40 ラクトフェリシンの構造
○印は活性最小単位を示す．

への関与が考えられ，内因性のオピオイドペプチドと補完的にはたらく可能性がある．

4） 抗菌性ペプチド

乳中のラクトフェリンは，鉄イオンを強固に結合することで環境から排除し，鉄イオン要求性の病原菌の生育を抑制する機能性タンパク質である．最近，このペプシン消化物より，抗菌活性の強いペプチドが見出され，「ラクトフェリシン（lactoferricin）」と命名された．構造を図1.40に示す．分子内のシステイン残基間（Cys^{19}とCys^{36}）で分子内架橋構造をとる．ラクトフェリシンの抗菌作用を示す菌種は，大腸菌，サルモネラ菌，緑膿菌などのグラム陰性菌やリステリア菌，ブドウ状球菌，バチルスなどのグラム陽性菌，カビや酵母などと幅広い．抗菌活性を示す最小単位は^{20}Arg-Arg^{25}（図中○印）である．

5） その他の機能性ペプチド

牛乳タンパク質から生じたペプチドには，細胞の増殖促進作用，血小板凝集阻害ペプチド，ファゴサイトーシス促進ペプチドなど，様々な作用を持つものが見出されている．例えば，κ-カゼインのキモシン消化により生成するカゼイノグリコペプチド（CGP）には，ビフィズス菌に対する増殖効果，胃酸分泌抑制効果，胃の蠕動運動抑制効果，血小板凝集阻害効果，ある種の細胞に対する増殖・抑制活性など多くの報告がある（1.3節c項参照）．

$α_{s1}$-カゼインのトリプシン消化により神経系に作用するカゾゼピン（casozepine：$^{91}YLGYLEQLLR^{100}$）が知られており，抗不安作用を示す．また，β-ラクトグロブリンのキモトリプシン消化物からは，回腸収縮活性を示すβ-ラクト

テンシン（lactotensin：[146]HIRL[149]）が知られている．本テトラペプチドは，鎮痛作用を示し，記憶固定を促進し，胆汁酸分泌を促進することで血清コレステロールを降下させる作用などが見出されている．

また，ファゴサイトーシス促進作用を示すペプチド（VEPIPY, PGPIPN, TTMPLW, GFL, LLY）や補体アゴニストペプチドペプチド（GLF, カゾキシン casoxinC：YIPIQYVSSR, アルブテンシンA：ALKAWSVAR, FKDCHLAR）などの免疫修飾ペプチドも，乳タンパク質から見出されている．

さらに，β-ラクトグロブリンのトリプシン消化物からコレステロール吸収阻害性のペンタペプチド（[71]I-I-A-E-K[75]）が単離され，「ラクトスタチン（lactostatin）」と命名されている．

このような知見はさらに蓄積していくものと考えられ，乳タンパク質の三次機能の機構解析が進み，さらに未知の栄養生理的な意義が解明されてくることが期待される．

b．機能性オリゴ糖

世界の牛乳生産量は約4億t/年であり，その中には約5％の乳糖が含まれている．その年間生産量は約2000万tであり，世界で生産されるショ糖の約1/5にも匹敵する．乳糖の約80％は飲用牛乳や発酵乳製品として直接消費されるが，残りの約20％は熟成型チーズ製造時の副生成物であるホエー（乳清）に含まれ，その多くは廃棄され有効利用されていない．近年では，限外ろ過（UF）などの膜処理技術が進歩し，チーズホエーより乳糖などの有用成分を回収利用することが可能となった．さらに最近では，乳糖にバイオテクノロジー技術を応用して，高い生理機能の期待されるオリゴ糖類を安全に調製利用することも可能となっている．

1）中性オリゴ糖

i）乳糖（ラクトース）　　牛乳中の99.8％を占める主要な糖質は乳糖（Galβ 1-4 Glc）であり，ガラクトースがβ 1-4結合でグルコースに結合した還元性二糖である．乳糖には腸管でのカルシウム吸収を促進させる機能や，大腸での有用細菌の増殖能も示す機能性オリゴ糖である．哺乳動物乳中の乳糖含量は，動物種により大きく異なる．乳糖含量の最も高い哺乳動物種はヒトであり（約7％），海獣類では含まれず，ウシはこの中間（約4.5％）に位置する．乳児期に急激に脳が成長する際に必要となる糖脂質糖鎖のガラクトースの供与体として乳

糖は重要である．陸棲動物の知能の高い動物種では，乳中に高濃度の乳糖が含まれている．

ii） 乳糖以外のミルクオリゴ糖　哺乳動物乳は，その泌乳期により乳成分が大きく変化する．初乳には，乳糖にさらに単糖（Gal，GlcNAc，Fuc，シアル酸など）が結合したオリゴ糖群が含まれており，「ミルクオリゴ糖（MO）」とよばれる．ミルクオリゴ糖には，泌乳初期に乳仔に必要な種々の栄養生理機能や感染防御作用が推定されている．人乳は全泌乳期を通して，ウシの場合よりもはるかに多量で複雑な構造をしたミルクオリゴ糖を含む．これらは，腸管に生育するビフィズス菌（*Bifidobacterium*）の特異的な生育増殖因子（ビフィズス因子）とよばれ，最近では「プレバイオティクス」の一つと考えられる．現在までに，人乳では100種類を超えるミルクオリゴ糖が報告され，その基本骨格から12のグループに分類されているが，血液型も反映して非常に複雑な組成をしている（表1.10参照）．

ウシ初乳や人乳中には，「ガラクトシルラクトース（Galβ1-xGalβ1-4 Glc，GL）」という中性三糖が存在する．これらは牛乳中にも微量存在し，人乳中で最も存在比の高いGLは3′-GL（構造式中のxが3）であり，次いで6′-GL（構造式中のxが6）が多い（表1.9参照）．

2） 酸性オリゴ糖

i） シアル酸　シアル酸とは，炭素数が9個のノイラミン酸に，アシル基が導入された誘導体の総称である．シアル酸は，複合糖質（糖タンパク質，糖脂質など）に結合する糖鎖の非還元末端に位置して生体内に広く分布し，種々の生理学的役割を担っている．乳中では，シアル酸は遊離型では存在せず，シアリルオリゴ糖として存在する．結合するシアル酸には現在までに30種類を超える分子種が知られているが，主なシアル酸はN-アセチルノイラミン酸（NeuAc）とN-グリコリルノイラミン酸（NeuGc）である（図3.18参照）．牛乳では両方が含まれるが，人乳では前者のみであり，羊乳では後者が多い．このように，哺乳動物種により乳中のシアル酸の分子種と含量には大きな違いがあり，育児用調製粉乳の分子設計に対して重要な情報となる．

シアル酸は分子内にカルボキシル基（-COOH）が存在するために，これを結合するオリゴ糖は，通常の生体pH値ではマイナスに荷電する酸性糖となる．とくにシアル酸は，脳や中枢神経系に多く存在するガングリオシドという酸性糖脂質の重要な構成成分であり，その量は乳児期に急激に増加することから，乳中の

シアル酸はこうした器官の形成や機能の発達に重要なはたらきをするものと考えられる.

　ⅱ）シアリルオリゴ糖　　ウシ初乳には，これまでに11種類のシアル酸を結合するシアリルオリゴ糖が知られており，シアル酸の分子種は NeuGc よりも NeuAc が圧倒的に多い（表1.9参照）. 乳中の代表的なシアリルオリゴ糖は,「シアリルラクトース（NeuAcα 2 → xGalβ 1 → 4 Glc），SL」である. 初乳中にはその含量は高く，常乳中にも微量であるが存在する. SL やガングリオシドのシアル酸は，ウイルスや細菌および細菌毒素が細胞に付着するのを拮抗的に防ぐことで，感染や下痢を防ぐと考えられている. 最近，ヒツジ初乳より 3′-SL のラクトン体（環状化して陰電荷を示さない）が発見され，インフルエンザウイルスの細胞表層のシアル酸を切り出すシアリダーゼ（NAスパイク）を不活性化し，ウイルス感染を不成立にさせる感染防御因子としての作用が推定される. したがって，乳腺上皮細胞は，ウイルスや細菌および細菌毒素などとの競合阻害のために SL を合成し，さらにウイルスなどの感染を不成立にさせるために 3′-SL ラクトンを合成し，両者により協力的に泌乳初期の乳児の疾病を防ぐ役割が推定されている.

　ⅲ）硫酸基を含む酸性ミルクオリゴ糖　　新生仔では，無機硫酸を体内でメチオニンより生合成する経路が未成熟であり，乳より補給する必要がある. 乳中の無機硫酸の給源としてはタウリン（2-アミノエタンスルホン酸，H_2NCH_2-CH_2SO_3H）が存在するが，ラット，ヒト，イヌなどの動物種乳には，硫酸基の導入されたミルクオリゴ糖が存在する. ヒトやラットでは，乳糖の非還元末端ガラクトースの 6 位水酸基に硫酸基が導入された「ラクトース 6′-O-硫酸」であり，イヌでは「ラクトース 3′-O-硫酸」と異なる. これらのオリゴ糖に結合する硫酸基は，小腸からの消化吸収後に新生仔の網膜や脳に運ばれ，器官の発達にすみやかに利用されることが推定されている.

　3）糖　脂　質

　単糖またはオリゴ糖が糖鎖部分として脂質分子（セラミド）に導入された化合物を糖脂質とよんでおり，とくにシアル酸を含む糖脂質は「ガングリオシド」とよばれる. 牛乳中の糖脂質は脂肪球と結合して存在し，脂質部分の構造の違いによりグリセロ糖脂質とスフィンゴ糖脂質に分類される. 糖脂質には，細胞の増殖・分化誘導活性，病原性微生物やウイルスのレセプターとしての機能が知られ，ガングリオシドには，細菌毒素の中和活性，インターフェロンやホルモンの

受容体活性, 神経細胞の増殖促進活性などが知られている.

牛乳には, GD3, GM1, GM2, GD2, GD1bなど6種類のガングリオシドを含む8種類の糖脂質が確認されており, 主成分はGD3 (NeuAcα2→8 NeuAcα2→3Galβ1→4Glcβ1→Cer) である. また, 中性糖脂質の主成分は, 乳糖が結合したラクトシルセラミドであり, 次いでグルコースが結合したグルコシルセラミドが多い. 人乳では, シアリルラクトース (3'-SL) の結合したGM3 (NeuAcα2→3Galβ1→4Glcβ1→Cer) が主成分であり, 病原性大腸菌やインフルエンザウイルスの感染および細菌毒素による下痢を防ぐはたらきがある. さらに, GM3には白血球細胞をマクロファージに分化させる活性や上皮細胞増殖因子 (EGF) と細胞レセプターとの相互作用を調節する活性, 病原性大腸菌の感染阻止効果なども確認されている.

近年, 膜処理技術を応用してバターミルクより各種ガングリオシドを中規模で調製する方法が開発されている. また, GD3の四糖糖鎖よりシアル酸1分子を特異的に加水分解除去してGM3に誘導する製造技術も確立された. これは, 中性pH域で加熱処理することにより達成され, 酸などを添加しないので, 工業的規模での実施が可能である. わが国では, 感染防御因子としてのガングリオシドGM3を配合し, より人乳の糖脂質構成に近づけた育児用調製粉乳が商品化されている.

4) 乳糖から誘導された天然型および非天然型オリゴ糖

i) ガラクトオリゴ糖 広く哺乳動物乳に含まれているガラクトオリゴ糖 [(Galβ1→x)$_n$Galβ1→4Glc, GL] は, 3'-ガラクトシルラクトース (Galβ1→3Galβ1→4Glc, 3'-GL) および6'-ガラクトシルラクトース (Galβ1→6Galβ1→4Glc, 6'-GL) であり, 人乳中には4'-ガラクトシルラクトース (4'-GL) も存在する (表1.9参照). GLは, 発酵乳・ヨーグルト中にも微量見出されるが, これは乳酸発酵中に乳酸菌 (*L. bulgaricus*, *St. thermophilus* など) の β-ガラクトシダーゼ (ラクターゼ, EC 3.2.1.23) による糖転移反応で生成したものである. すなわち, 加水分解された遊離のガラクトースが乳糖にふたたび結合したものである. この反応を用いて, 細菌 (*B. circulans*), カビ (*Asp. niger*, *Asp. Oryzae*) や酵母 (*K. fragilis*, *K. lactis*) 由来の酵素を高濃度の乳糖に作用させ, GLを大量に調製利用することが可能となった. GLは消化管β-ガラクトシダーゼにより消化されずに小腸下部から大腸に移行し, ビフィズス菌に分解利用 (資化) されるビフィズス因子である. GLを利用した糖質食品 (テー

ブルシュガーやオリゴメイト）が「特定保健用食品」として認可されている．

ii） 乳果オリゴ糖　乳果オリゴ糖（ラクトスクロース，4-β-Galactosylsucrose，Galβ1→4Glcα1-1αFru）は，乳糖とショ糖を原料として酵素反応で調製した非還元性の三糖である．乳糖とショ糖の混合溶液にβ-フルクトフラノシダーゼ（インベルターゼ，サッカラーゼ，EC 3.2.1.26）を加え，加水分解で生じたフルクトースを乳糖に転移させる糖転移反応により製造する．本糖の最大の特徴は，乳糖の欠点である低溶解性や低甘味性とショ糖の欠点であるう蝕性を補いあった点にある．乳果オリゴ糖は難消化性であり高いビフィズス菌増殖能を示すので，これを使用した特定保健用食品はオリゴ糖が関与する特定保健用食品としては最も品目数が多い．

iii） ラクチュロース　ラクチュロース（ラクツロース，lactulose，Galβ1→4Fru）は，乳糖を水酸化カルシウム溶液中で処理し，アルカリ異性化反応により還元末端グルコースをフルクトースに誘導した非還元性二糖である．強く加熱したミルクより初めて単離され，また加熱処理された牛乳・乳製品中に広く見出されるため，「異性化乳糖」ともよばれる．また，エクストルーダーを用いて，乳糖を加熱，加圧，混練により異性化させて製造する方法もある．本糖は難消化性のビフィズス因子である．腸内菌叢の改善に伴い，腐敗・有害産物生成酵素活性の抑制および腸内腐敗産物生成の抑制効果が顕著であるために，肝性脳症や肝性昏睡の治療薬として世界の医療現場で広く使用される．そのほかの生理機能には，便秘症の改善，非う蝕性，カルシウムおよびマグネシウムの吸収促進，骨強度上昇などが報告されている．ラクチュロースを添加した育児用調製粉乳が市販され，添加飲料の一部は特定保健用食品として認可されている．

iv） ラクチトール　ラクチトール（lactitol，Galβ1→4Glucitol）は，乳糖の還元末端グルコースを水素添加により還元し，糖アルコールであるグルチトール（ソルビトール）に誘導した非還元性の二糖である．天然界には存在しない．甘さは，ショ糖の約30％である．本糖は，ヒト小腸でのβ-ガラクトシダーゼによる加水分解に抵抗性があり，腸内菌叢の改善に有効である．ラクチュロースと並んで高アンモニア血症を伴う肝性脳症の治療薬として，医薬品としての利用が進んでいる．

v） ガラクトシルトレハロース　乳糖からのガラクトースとトレハロースを原料として，これにβ-ガラクトシダーゼを作用させることで，転移糖としてのガラクトシルトレハロース（galactosyltrehalose，Galβ1→xGlcα1-1

αGlc）という非還元性三糖が生成する．本糖は，抗う蝕性，ビフィズス菌増殖作用，コレステロール低下能を示すオリゴ糖として知られる．

vi) ラクト-N-テトラオース　　人乳にはラクト-N-テトラオース(lacto-N-tetraose, Galβ1→3GlcNAcβ1→3Galβ1→4Glc) という中性四糖が含まれているが，ウシ初乳には認められていない．牛乳から調製した育児用調製粉乳への強化も視野に入れ，本糖の化学的および酵素的な合成が報告されている．酵素法では，ウシ血清由来の β-1,3-N-アセチルグルコサミン転移酵素の存在下で，乳糖に UDP-GlcNAc を作用させてラクト-N-トリオース2 (GlcNAcβ1→3Galβ1→4Glc) を合成し，次いで B. circulans 由来の β1-3結合を特異的に加水分解する β-ガラクトシダーゼ の逆反応でガラクトースを転移させて合成する．

〔齋藤忠夫〕

c. 機能性ヨーグルト
1) プロバイオティクス

近年「機能性食品」として発酵乳や乳酸菌飲料に関心が高まっており，従来示されてきた乳由来の成分や乳酸菌の代謝産物である乳酸などの栄養的価値に加えて種々の健康の維持増進に役立つような機能（生体調節機能）を合せ持つ発酵乳や乳酸菌飲料の研究，開発が進められている．これらの中には"おなかの調子を整える食品"や"血圧が高めの方への食品"など「特定保健用食品」の認可を受けたものも多く含まれる．

発酵乳や乳酸菌飲料の機能性を強化するためには，第1に乳酸菌スターターの選抜が重要であろう．従来の発酵乳は酪農系乳酸菌が用いられてきたのに対し，新しいタイプの発酵乳は酪農系乳酸菌に加え，腸管系乳酸菌が用いられるようになった．1989年，Fuller により"プロバイオティクス (Probiotics)"という概念が提唱された．プロバイオティクスは，「宿主（ホスト）の腸内菌叢（フローラ）のバランスを改善することにより宿主に有益な保健効果をもたらす生きた微生物製材」として定義された．使用されるプロバイオティクスには，アシドフィルス菌，カゼイ菌，ラムノーサス菌およびガセリ菌などの腸管系乳酸菌が多く，プロバイオティック乳酸菌とよばれる．プロバイオティクスの条件には，胃酸や胆汁酸で死滅せず生きたまま腸管に到達し，腸管に付着して増殖する能力があげられる．プロバイオティクスの示す生理機能は生きた菌体（生菌体）に限らず，死んだ菌体（死菌体）でも発揮される．現在では，プロバイオティクスの定義が

表 1.28 国内外で発酵乳などに利用されている
プロバイオティクス

Lb. rhamnosus GG	Lb. casei Shirota
Lb. johnsonii LC1	Lb. gasseri LG21
Lb. acidophilus LB	Lb. acidophilus SBT2062
Lb. acidophilus LA1	Lb. longum SBT2928
Lb. plantarum 299v	Bif. longum BB536
Lb. reuteri 1063	

LB：Lactobacillus（乳酸桿菌属）
Bif：Bifidobacterium（ビフィズス菌属）

「一定量の摂取により宿主の健康維持に有益に働く微生物」と広義に用いられる場合もある．

すでに発酵乳・ヨーグルト製品などに利用されているプロバイオティクスは国内外で数多くみられる（表1.28）．以下にプロバイオティクスの示す種々の生理機能について述べる．

ⅰ）整腸作用および消化管感染症に対する予防効果 酪農系乳酸菌を用いた発酵乳には，古くから便秘症の改善などの整腸効果が知られていた．プロバイオティクスによる効果には，下痢症などの予防や改善効果，生活習慣病の発生に直接的あるいは間接的に関与する腸内菌叢や腸内代謝の改善を含めた「整腸作用」が期待される．

ⅱ）乳糖不耐症の改善 発酵乳中の乳糖は乳酸菌によってその 30〜50％ が消費されているため，乳に弱い人でも乳糖不耐症は起きにくい．またプロバイオティクスが腸内に定着し，乳糖分解酵素が持続的に作用している可能性もある．

ⅲ）血清コレステロール低減作用 コレステロールを直接菌体に吸着したり取り込む菌株が Lb. acidophilus や Lb. gasseri に見出されている．コレステロールは肝臓から分泌される抱合型胆汁酸によって吸収が促進されることから，胆汁酸を脱抱合型に変換する活性を有する乳酸菌株の選択利用が検討されている．

ⅳ）血圧降下作用 生体内における血圧上昇に関する酵素としてアンジオテンシン変換酵素（ACE）が知られており，ACE 阻害剤は臨床面において有効である．Lb. helveticus を利用した発酵乳は高血圧自然発症ラット（SHR）に対して血圧降下作用があることが示された．これは，同菌の発酵により乳タンパク質が酵素的に分解され生成したトリペプチド（Val-Pro-Pro, Ile-Pro-Pro）が肺などに局存する ACE の酵素活性を阻害したためと考えられている（1.8節 a 項参照）．

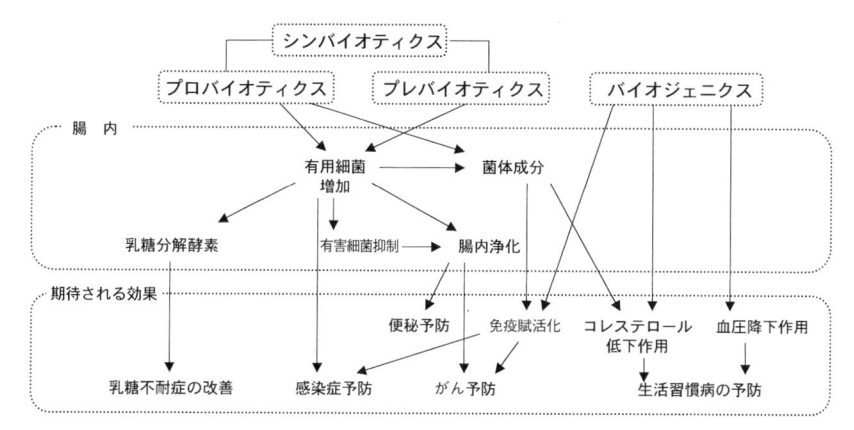

図 1.41 機能強化型発酵乳に期待される効果の一例とその作用機序（光岡の図，食品と工業，2002 を参考に作成）

v）抗変異原性，抗腫瘍効果 食品由来のヘテロサイクリックアミン類に対して吸着性を示し，排除することで抗変異原性を有する乳酸菌が存在する．この活性発現には，多糖などの菌体細胞壁成分への特異的吸着が関与している．

乳酸菌経口投与により発がんに関与する腸内酵素（β-グルクロニダーゼ）活性の低下作用が見出されている．また，乳酸菌が増殖して腸内 pH が低下すると，細胞障害性を示す二次胆汁酸の産生に関与する有害細菌の増殖を抑制することが期待される．また，Lb. casei では，免疫能の賦活化（活性化）作用により腫瘍細胞の増殖や転移を抑制することが動物実験で示されている．

vi）免疫応答 経口投与された乳酸菌により，マクロファージや白血球の貪食能の増進作用，IgA 産生増強作用などが動物実験で示されている．これは，乳酸菌の菌体細胞壁成分や菌体内 DNA 成分がインターフェロン，インターロイキンなどのサイトカイン産生の誘導により，免疫系の一部または全体がこう進されるものと考えられる．

2）プレバイオティクスとバイオジェニクス

乳酸菌のみに機能性を求めるだけでなく，何らかの生体調節機能を持つ食品成分を発酵乳に添加し機能性を高める試みもある．このような概念として，プレバイオティクス（Prebiotics）とバイオジェニクス（Biogenics）が提唱されている（図 1.41）．プレバイオティクスは「腸内有用細菌（*Bifidobacterium* など）の増殖を持異的に促進して活性を高めることにより宿主の健康に有益に作用する難消化性食品成分」と定義され，ビフィズス菌増殖因子としてのオリゴ糖類など

がある．プロバイオティクスとプレバイオティクスを組み合わせて機能を高めようという概念も提唱されており，シンバイオティクス（Synbiotics）とよばれる．一方，バイオジェニクスは「腸内菌叢を介することなく直接宿主の健康に有益に働く食品成分」と定義され，カゼインホスホペプチド（CPP）などの生理活性ペプチド，多機能タンパク質のラクトフェリン（Lf），多価不飽和脂肪酸の一種であるドコサヘキサエン酸（DHA）などがある．

今後の食品開発においては，目的とする機能性が生体において安全にかつ十分に発現されるという科学的根拠（エビデンス）が十分に検討されるべきである．

d．機能性育児用調製粉乳（育児用粉ミルク）

乳児にとり，栄養バランスのとれた健康な母親から分泌される母乳はかけがえのない栄養源であり，乳児の身体的な成長や生理機能の成熟などに必須な成分が含まれている．しかし，何らかの理由で母乳が与えられない場合や量的に不足する場合には，母乳代替品としての牛乳から作られた育児用調製粉乳が確保される必要がある．育児用粉乳と最近添加されている機能性成分の概要を説明する．

1） 育児用調製粉乳類の分類

育児用調製粉乳は医薬品に相当する一部の特殊粉乳を除き，すべて食品である．乳等省令の適用を受ける「調製粉乳」には，「乳児用調製粉乳」，「フォローアップミルク」および「低出生体重児用調製粉乳」がある．3種の粉乳は用途別に分類され，「乳児用調製粉乳」は健常な離乳前の乳児用，「フォローアップミルク」は離乳後期乳児および低年齢児用，「低出生体重児用調製粉乳」は低出生体重児用となる．これらの中で，乳児用調製粉乳は栄養改善法で規定する「特別用途食品：乳児用調製粉乳」として，栄養成分の種類および含量の基準を満たし認可を受けた製品である．このほか栄養改善法で規定されるものとして，「特別用途食品：病者用食品」の区分の中の「低ナトリウム食品」，「アレルギー疾患用食品」，「無乳糖食品」などの育児用調製粉乳製品がある．これらは，低出生体重児用調製粉乳も含め，医師の指示により使用することが推奨される．

2） 乳児用調製粉乳の主要な栄養成分の組成

乳児用調製粉乳は牛乳から分離精製された原材料を主要素材とし，適切な組成になるように配合されたものである．とくに20項目の栄養成分については量的な基準が決められており（表1.29），またこの基準外のミネラルやビタミン類などの栄養成分についても，国際規格基準などを考慮して配合されている．わが国の乳児用調製粉乳には，質的に改良が加えられている乳成分あるいは独自の機能

表 1.29 乳児用調製粉乳の標示許可基準*

成　分	最　低	最　高	単　位
熱量	65〜75/100 ml		kcal
タンパク質	2.1	3.1	g
ミネラル	0.36	0.57	g
カルシウム	50	—	mg
リン	25	—	mg
鉄	1.0	—	mg
ナトリウム	20	60	mg
カリウム	80	200	mg
塩素	55	150	mg
マグネシウム	6.0	—	mg
ビタミンA	250	500	IU
ビタミンB_1	40	—	μg
ビタミンB_2	60	—	μg
ビタミンB_6	35	—	μg
ビタミンB_{12}	0.12	—	μg
ビタミンC	8.0	—	mg
ビタミンD	40	80	IU
ビタミンE**	0.7	—	IU
ナイアシン	0.25	—	mg
リノール酸	0.3	—	g

（厚生省公衆衛生局通知：衛発第204号，1981）
* 100 kcal 当たりで示した.
** α-トコフェロール当たり.
注）国際規格では，脂質，ビタミンK，葉酸，パントテン酸，ビオチン，ヨウ素，銅，亜鉛，マンガンおよびコリンなどの基準値も記載されている.

成分も使用されており，それぞれの製品の特徴となっている．

3）乳児用調製粉乳における機能強化

近年の乳科学の進展により人乳や牛乳の成分組成のみならず，その機能面においても多くの知見が蓄積されてきた．これに伴い，乳児に有益な作用を示す機能成分の添加や成分の改良が行われるようになった．前述の栄養成分を必須成分とするなら，後述の一連の機能成分は任意成分と考えられ，成分の添加や配合については製造者の判断と責任にゆだねられている．

　i）ホエータンパク質　　牛乳カゼイン含量が全タンパク質の約80％と高いのに対し，人乳タンパク質の60％以上はホエータンパク質である．カゼインは胃酸でカードを形成するが，ホエータンパク質は胃酸でも凝固しない．消化機能の低い乳児にはホエータンパク質が有利であると考えられ，調製粉乳中のホエー

タンパク質の比率は高められている．

また，人乳のホエータンパク質は含量の多い順に α-ラクトアルブミン（α-La），ラクトフェリン，免疫グロブリンであり，牛乳ホエータンパク質の主要タンパク質である β-ラクトグロブリン（β-Lg）は人乳中には存在しない．したがって，ウシ β-ラクトグロブリンはヒトに対するアレルゲン（アレルギーの原因物質）となりやすく，乳児用調製粉乳においても軽減することが望ましい．現在では牛乳ホエータンパク質を膜処理することや限定的なペプシンによる酵素分解により β-ラクトグロブリンを減少させた製品が開発され，アレルギーの予防に効果を発揮している．

ⅱ）タウリン 含硫アミノ酸の一種であるタウリンは人乳中の遊離アミノ酸の約 10% を占める．乳児（とくに新生児）ではシステインからタウリンの合成誘導が未熟なため母乳から補足されるべき成分と考えられ，必須アミノ酸と同様の扱いを受けている．タウリンの機能は脳の発達，網膜機能の維持，神経伝達機能の調節および脂肪の消化吸収に関連しており，きわめて重要な成分である．

ⅲ）ヌクレオチド 人乳中には非タンパク態窒素成分が含まれ，ヌクレオチドなど核酸関連物質が約 2〜5% 存在する．人乳ではシチジル酸（CMP）の含量が最も高いが，人乳では痕跡しか含まれないオロット酸が，牛乳では大半を占める．したがって，育児用調製粉乳の設計にはヌクレオチド成分を強化することが望ましい．ヌクレオチドの機能としては，上皮細胞増殖分化促進，脂質代謝改善作用，免疫賦活作用，感染防御作用および腸内菌叢改善効果などがある．

ⅳ）ラクトフェリン 乳成分中には様々な感染防御因子が存在し，鉄イオンを結合することで抗菌作用を示すタンパク質のラクトフェリンもその一つである．人乳および牛乳のラクトフェリン含量はともに初乳中で最も高く，その後徐々に減少する．人乳中のラクトフェリン含量は牛乳に比べて約 5 倍も多く含まれており，調製粉乳中に強化する有効性が考えられている．

ⅴ）シアル酸含有糖質 初乳に主として含まれるミルクオリゴ糖（MO）には，シアル酸を含む糖質が多く，感染予防効果が推定されている．ガングリオシドやシアリルラクトースなどシアル酸含有糖質は，インフルエンザウイルス，病原性大腸菌などの細胞受容体への付着阻止効果，またコレラ毒素など病原性細菌の毒素中和能を持つことが明らかにされている．人乳では GM3 と GD3 が主要なガングリオシドであり，とくに泌乳期とともに GM3 が増加する．したがって，感染予防効果を期待して GM3，シアリルラクトースおよびムチンなどを配

合した製品も開発されている（1.8節b項参照）．

vi) ミルクオリゴ糖 人乳中には種々の難消化性のラクトース以外のミルクオリゴ糖が100種類以上存在し，約0.8％含まれている．これらのオリゴ糖は，ビフィズス菌により選択的に利用され，ビフィズス菌優勢の腸内フローラの形成に役立っているものと考えられる．ビフィズス因子であるラクチュロース，ガラクトシルラクトース，フラクトオリゴ糖またはラフィノースなどを配合した製品も開発されている．

vii) 多価不飽和脂肪酸 多価不飽和脂肪酸は，リノール酸に代表されるn-6系列とα-リノレン酸に代表されるn-3系列の2種に大別される．後者に属するドコサヘキサエン酸（DHA）は，脳，網膜，神経などの発達に重要な機能を発揮している．DHAは人乳にもわずかながら存在し，その重要性が示唆されている．また，新生児においては，リノール酸からγ-リノレン酸，ジホモ-γ-リノレン酸やアラキドン酸への代謝機能が不十分であり，乳児に対する多価不飽和脂肪酸の重要性が認識されている．したがって，DHAやアラキドン酸を含む精製魚油やγ-リノレン酸を含む植物油（月見草油）が配合された製品も開発されている．これまでの育児用調製粉乳は，理想的な成分組成を目指して，種々の素材を配合する手法で調製されてきた．今後は，これまでの素材に加えて，新たな機能が明らかにされた成分を配合することにより，乳児に対してより有益で安全な高機能育児用調製粉乳が開発されることが期待される． 〔向井孝夫〕

文　献

1.1 乳の生産と消費

1) 世界の酪農情況2004（IDF酪農政策・経済常設委員会報告），国際酪農連盟日本国内委員会(JIDF)．
2) IDF Bulletin 384 (World Dairy Situation 2004), International Dairy Federation.
3) Rabobank International report, 2004．
4) 経済協力開発機構(OECD)世界貿易展望報告書，OECD Agricultural Outlook 2004-2013(http：//www.oecd.org/dataoecd/63/28/32037536.pdf)．
5) 農林水産統計データ（牛乳乳製品統計，海外統計情報），農林水産省(http：//www.maff.go.jp/)．

1.2 牛乳成分組成とその変動要因

1) 足立　達・伊藤敞敏：(1987) 乳とその加工，建帛社．
2) 阿久澤良造ら編：(2005) 乳肉卵の機能と利用，アイ・ケイコーポレーション．

3) 穴釜雄三編：(1975) 乳学，光琳書院．
4) 伊藤肇躬：(2004) 乳製品製造学，光琳．
5) 伊藤敞敏ら編：(1998) 動物資源利用学，文永堂出版．
6) 川村周三・伊藤和彦編：(2005) 獣医畜産新報 58, pp.577-581, 文永堂出版．
7) Levieux, D. and Ollier, A.：(1999) *J. Dairy Res*, **66**, 421-430.
8) 日本薬学会編：(1999) 乳製品試験法・注解（改訂第 2 版），金原出版．
9) 扇　勉・志賀永一編：(2001) 乳牛の供用年数を考える―その実体と決定要因―，酪農総合研究所．
10) 笹野　貢編：(1998) 生乳の品質管理，酪農総合研究所．
11) 北海道酪農検定検査協会：(2000) http：//www.hmrt.or.jp/03.html
12) 山内邦男・横山健吉編：(1992) ミルク総合事典，朝倉書店．
13) 吉川正明ら編：(1998) ミルクの先端機能，弘学出版．

1.3 牛乳成分のサイエンス

1) 足立　達・伊藤敞敏：(1987) 乳とその加工，p. 93, 建帛社．
2) 秋山和明・井山大士：(2001) 油脂，**54**, 72.
3) Fox, P.F. and McSweeney, P.L.H.：(1998) Dairy Chemistry and Biochemistry, p. 254, Blackie Academic and Professional.
4) Gunstone, F.D.：(1994) The Lipid Handbook, 2nd ed., Chapman and Hall.
5) Kitaoka, M., et al.：(2005) *Applied and Environmental Microbiology*, **71**, 1-5.
6) 松崎　寿ら：(1998)日本油化学会誌，**47**, 297.
7) McBean, L. D. and Speckmann, E. W.：(1988) Fundamentals in Dairy Chemistry (Wong, N. P. et al., eds.), p. 343, Van Nostrand Reinhold.
8) Messer, M. and Urashima, T.：(2002) *Trends Glycosci. Glycotechnol.*, **14**, 153-176.
9) Nakamura, T., et al.：(2003) *J. Dairy Sci.*, **86**, 1315-1320.
10) Newburg, D.S. and Neubauer, S.H.：(1995) Handbook of Milk Compositions (Jensen, R.G., ed.), pp.273-349, Academic Press.
11) Papiz, M.Z., et al.：(1986) *Nature*, **324**, 383.
12) Pride, E. H.：(1980) Handbook of Soy Oil Processing and Utilization, p.17, ASA and AOCS.
13) Ruiz-Palacios, G.M., et al.：(2003) *J. Biol. Chem.* **278**, 14112-14120.
14) Swaisgood, H.E.：(1992) Advanced Dairy Chemistry, vol. 1(Fox, P.F., ed.), pp. 63-110, Elsevier Applied Science.
15) Swaisgood, H.E.：(1975) Method Gel Electrophoresis of Milk Proteins, p. 33, American Dairy Science Association.
16) 上野川修一ら編：(1990)ミルクのサイエンス―ミルクの新しい働き―，p.46, 全国農協乳業プラント協会．
17) Walstra, P. and Jenness, R.：(1984) Dairy Chemistry and Physics, John Wiley.
18) 山内邦男・横山健吉編：(1992)ミルク総合事典，p.41, 朝倉書店．

1.4 牛乳成分の生合成

1) Banmrucker, C.R., et al.: (1981) *Biochem. J.*, **198**, 243.
2) Chris, T., et al.: (2000) *J. Biol. Chem.*, **275**, 32523.
3) Ellis, R.J. and Hemmigsen, S.M.: (1989) *Trends Biochem. Sci.*, **14**, 339.
4) Flower, D.R., et al.: (2000) *Biochim. Biophys. Acta.*, **1482**, 9.
5) Hill, R.L. and Brew, K.: (1975) *Adv. Enzymol.*, **43**, 411.
6) Kuhn, N.J. and White, A.: (1977) *Biochem. J.*, **168**, 423.
7) Madon, Rj, et al.: (1990) *Biochem. J.*, **272**, 99.
8) Mepham, T.B., et al.: (1992) Advanced Dairy Chemistry, vol. 1 (Fox, P.F., ed.), p. 491, Elsevier Applied Science.
9) Murphy, D.J. and Vance, J.: (1999) *Trends Biochem. Sci.*, **24**, 109.
10) Neville, M.C., et al.: (2001) *Pediatr. Clin. North Am.*, **48**, 35.
11) 齋藤忠夫: (1998) 動物資源利用学 (伊藤敞敏ら編), p.56, 文永堂出版.
12) Shennan, D.B. and Peaker, M.: (2000) *Physiol. Rev.*, **80**, 925.
13) Shillingford, J.M. and Hennighausen, L.: (2001) *Trends Endocrinol. Metab.*, **12**, 402.
14) Smith, Sj, et al.: (2000) *Nat. Genet.*, **25**, 87.
15) Spitsberg, Vl, et al.: (1995) *Eur. J. Biochem.*, **230**, 872-878.
16) Stacey, A., et al.: (1995) *Proc. Natl. Acad. Sci. U.S.A.*, **92**, 2835-2839.
17) Whetstone, H.D., et al.: (1986) *Comp. Biochem. Physiol. B.*, **85**, 687.
18) Zhao, F.Q., et al.: (1996) *Comp. Biochem. Physiol. B.*, **115**, 127.

1.5 牛乳とホエーの加工技術

1) Dixon, B. D.: (1970) *Australian J. Dairy Tech.*, **25**, 82.
2) 林　弘通: (1980) 粉乳製造工学, 酪農技術普及学会.
3) 林　弘通: (2001) 二〇世紀　乳加工技術史, p.142, 幸書房.
4) 林　弘通・福島正義: (1998) 乳業工学, 幸書房.
5) 岩附慧二・秋山正行: (2000) 乳業技術, **50**, 161.
6) 岩附慧二ら: (1999) 日本食品科学工学会誌, **46**, 535.
7) 岩附慧二ら: (2000) 日本食品科学工学会誌, **47**, 844.
8) 野口洋介: (1998) 牛乳・乳製品の知識, p.134, 幸書房.
9) 津郷友吉ら編: (1973) 乳業ハンドブック, 朝倉書店.
10) Veringa, H. A., et al.: (1976) *Milchwissenschaft*, **31**, 658.
11) Walstra, P.: (1998) *Int. Dairy J.*, **8**, 155.

1.6 乳酸菌発酵食品の製造と生理機能

1) Farnworth, E. R., ed.: (2003) Handbook of Fermented Functional Foods, CRC Press.
2) Fox, P. F., et al.: (1993) Cheese ; Chemistry, Physics and Microbiology, 2 nd ed., Elsevier Applied Science.
3) Scott, R.: (1998) Cheese making Practice, Aspen Publishers.

4) Tamime, A. Y., ed.：(2006) Structure of Dairy Products, Blackwell Publishing.
5) Tamime, A. Y., ed.：(2006) Fermented Milks, Blackwell Publishing.
6) TeTraPak Processing Systems A.B.：(1995) Dairy Processing Handbook.

1.7 牛乳検査法と HACCP

1) ISO copyright office：(2005) 国際規格；ISO 22000—食品安全マネジメントシステム—，日本規格協会．
2) 厚生省生活衛生局監修：(1990) 食品衛生検査指針 微生物編，日本衛生協会．
3) 厚生省生活衛生局乳肉衛生課監修：(1997) HACCP；衛生管理計画の作成と実践；総論編，中央法規出版．
4) 厚生省生活衛生局乳肉衛生課監修：(1998) HACCP；衛生管理計画の作成と実践；データ編，中央法規出版．
5) 日本薬学会編：(1999) 乳製品試験法・注解（改訂第2版），金原出版．
6) 食品衛生研究会編：(2001) 平成14年版食品衛生小六法，新日本法規出版．

1.8 牛乳からの機能性成分と利用

1) Bellamy, W., et al.：(1992) *Biochim. Biophys. Acta.*, **1121**, 130-136．
2) Brantl, V., et al.：(1979) *Hoppe-Seyler's Z. Physiol. Chem.*, **360**, 1211-1216
3) 細野明義編：(2000) 畜産食品微生物学，朝倉書店．
4) 清澤 功：(1998) 母乳の栄養学，金原出版．
5) Korhonen, H. and Pihalanto-Leppala, A.：(2001) *Bull. IDF*, **363**, 17-26.
6) Maruyama, S., et al.：(1985) *Agric. Biol. Chem.*, **49**, 1405-1409.
7) Murakami, M., et al.：(2004) *J. Dairy Sci.*, **87**, 1967-1974.
8) Nagaoka, S., et al.：(2001) *Biochem. Biophys. Res., Commun.*, **281**, 11-17.
9) 内藤 博：(1986) 日本栄養・食糧学会誌，**39**, 433-439．
10) Newburg, D.S. and Neubauer, S.H.：(1995) Handbook of Milk Composition (Jensen, R.G., ed.), pp. 273-349, Academic Press.
11) 乳酸菌研究集談会編：(1996) 乳酸菌の科学と技術，学会出版センター．
12) Otani, H., et al.：(2000) *Food Agric. Immunol.*, **12**, 165-173.
13) 大谷 元：(2003) 化学と生物，**41**, 428-430.
14) Saito, T., et al.：(1984) *Biochim. Biophys. Acta.*, **801**, 147-150.
15) Saito, T., et al.：(2000) *J. Dairy Sci.*, **83**, 1434-1440.
16) 齋藤忠夫：(2000) 乳業技術，**50**, 39-57．
17) 齋藤忠夫：(2002) *Milk Science*, **51**, 161-164.
18) Shimazaki, K., et al.：(2000) *Animal Sci. J.*, **71**, 329-347.
19) Urashima, T., et al.：(2001) *Glycoconj. J.*, **18**, 357-371.
20) Urashima, T. and Saito, T.：(2005) *J. Appl. Glycosci.*, **52**, 65-70.
21) Yamamoto, N., et al.：(1999) *J. Dairy Sci.*, **82**, 1388-1393.
22) Yamauchi, R., et al.：(2003) *Peptides*, **24**, 1955-1961.
23) Yoshikawa, M., et al.：(1986) *Agric. Biol. Chem.*, **50**, 2419-2421.

2. 食肉のサイエンス

2.1 食肉の生産と消費

a．世界の食肉生産量

1999年におけるFAOの報告では，表2.1に示すように10年間における世界の食肉生産量は1億4582万tから1億9603万t，すなわち約5000万t（34％）

表2.1 FAOによる食肉生産量の推移（Gurkan, 1999. FAO Stat., 2004）

	世界の生産量（万t）				国内の生産量（万t）			
	1983〜1985*	1993〜1995*	増加（年率%）	2002	1983〜1985*	1993〜1995*	増加（年率%）	2002
総生産量	14582.1	19603.1	3.00	24625.7	328.3	329.7	0.04	301.8
牛肉	4988.4	5514.9	3.20	5813.5	52.6	59.4	1.24	53.5
豚肉	5800.8	7943.9	1.00	9417.8	146.2	139.4	−0.45	124.4
鶏肉	2974.8	5115.5	5.57	7464.4	129.5	130.8	0.12	122.9
めん羊および山羊肉	818.2	1028.8	2.32	1177.6				

* 3年間の年平均量を示した数値である．

表2.2 国内における食肉の生産量および輸入量

	国内生産量(t)			輸入量(t)		
	牛肉	豚肉	鶏肉	牛肉	豚肉	鶏肉
2000年度	36万4768	87万9159	119万4524	73万8615	65万0806	55万5354
2001年度	32万9055	86万2035	121万6416	60万7540	70万5935	55万6474
2002年度	36万3765	87万2036	122万9089	53万4012	74万7503	49万5355
2003年度	35万3695	89万1766	123万8888	52万0096	77万8695	43万0311
2004年度	35万5817	88万4037	124万1981	45万0362	86万2391	36万5262

注) 生産量は部分肉ベースで表2.1とは異なる．(資料：農水省「食肉流通統計」，財務省「貿易統計」)

の生産増加であったことが示されている．これは年率3％増ということになり，その後も年率2.8％程度で増加することが見込まれていた．事実，2002年には，ほぼ予測通りの生産量となっている．生産量を食肉の分類別にみると豚肉の生産量が最も多く，次いで牛肉，鶏肉の順になっているが，鶏肉の伸び率が最も高い．今後も生産量が飛躍的に伸びることが予測されている．しかし，鳥インフルエンザなどの家畜に関する重大な疾病は，食肉の生産にも影響を及ぼすことが懸念される．

b．日本国内の食肉生産量と輸入量

国内における食肉の生産量は，豚肉がマイナス成長でありその他の食肉の伸び率もきわめて低く，今後の生産量は減少方向にあることが予測されていた（表2.1）．しかし，2001年の国内初の牛海綿状脳症（BSE：bovine spongiform encepha lopathy）感染牛の発見に続き，2003年5月のカナダ，同年12月のアメリカでの発見は，国内での豚肉の生産や輸入を増加させる結果となった（表2.2）．鶏肉については，安い素材を求める外食産業の影響もあり輸入量が年々増加してきたが，2001年からの鳥インフルエンザ発生に伴う輸入停止により，その量は減少している．

c．と畜処理工程と流通過程

国内でウシ，ウマ，ブタ，メンヨウおよびヤギをと殺して食用に供する場合は，「と畜場法」に従って実施される．1992年より，ニワトリは「食鳥検査法」に基づく公的な検査が実施されるようになった．図2.1にと畜場に搬入されたウシが枝肉に処理されるまでの工程を示す．生体検査を終え洗浄された家畜は，表

① キャプティブボルトによる失神　③ 脊髄吸引

⑤ 冷蔵保管

② はく皮　④ 背割り

生体洗浄 → 失神(写真①) → 懸垂 → ステッキング(のど刺し) → 放血 → 食道結紮(けっさく) → 四肢切除 → 肛門結紮 → はく皮(写真②) →
断頭 → 開腹 → 内臓摘出 → 脊髄吸引(写真③) → 背割り(写真④) → 枝肉洗浄 → 冷蔵保管(写真⑤) → 格付け

図 2.1 ウシのと殺・解体の工程（撮影協力：岩手畜産流通センター）

表 2.3 家畜の失神方法（Devine, 1989）

失神方法	原理	対象動物	備考
キャプティブボルトピストル	圧搾空気または火薬を利用してスチールボルトをピストルで頭部に発射する	ウシ, シカなどブタには不可	頭蓋骨が大きいものに限られる. 的に正確に発射すれば, 信頼性が高く人道的. 初期投資が安い
電撃	頭部のみに 50 Hz の電流を通すことで, てんかんと同じ症状となる. 刺殺による放血をしなければ覚醒する	ヒツジ, ウシ, ブタ, ニワトリなど	ただちに刺殺による放血をしなければ覚醒する. 再度電流を流して不動化する方法もある. ブラッドスポットが発生することがある.
	頭部から胴体にかけて 50 Hz の電流を流す. 心臓停止を伴う	ヒツジ, ウシ, ブタ, ニワトリなど	刺殺を急ぐ必要はない. ブラッドスポットが発生することがある.
二酸化炭素	60〜70% 濃度の CO_2 ガスによる麻酔効果	ブタのみ	ブラッドスポットや PSE の発生が少ない. 初期投資費用が高い

2.3 に示すいずれかの方法で失神（stunning）させられる. 国内においては, ウシはキャプティブボルトピストル, ブタは電撃方式による失神が一般的であるが, ウシの電撃方式, ブタの二酸化炭素麻酔法もある. 失神は食肉の品質および動物福祉の観点から, 家畜に苦痛を与えないよう行うことが重要である.

また，近年，と畜場における衛生管理が強化された．1996年の出血性大腸菌O-157による集団食中毒をきっかけに，1997年にと畜場法が改正され，HACCP（hazard analysis critical control points，危害分析重要管理点）に基づく衛生管理が実施されるようになった．さらに，国内でのBSE牛の発生に伴い，と畜場法や牛海綿状脳症対策特別措置法により，異常プリオンによる汚染の危険性がある部分については，特定（危険）部位として適切な除去・焼却が義務づけられている（4.4節a項参照）．

生産された枝肉は枝肉取引規格により格付けされ流通上の商品価値が決められる．

〔渡邊　彰〕

2.2　食肉の構造

私たちが食肉として利用しているのは家畜・家禽の筋肉である．筋肉には骨格に付着して体の支持および運動をつかさどる骨格筋，消化管や血管などに分布する平滑筋，心臓を構成する心筋がある．精肉の主体として，また，食肉加工製品の主原料として利用される家畜・家禽の筋肉は骨格筋であるが，胃，小腸，大腸などの消化器官壁や子宮壁を構成する平滑筋は可食性の内臓として，また，心筋は焼肉のハツとして食用となる．ここでは，骨格筋の構造について詳説するとともに，心筋・平滑筋の構造についても概説する．

a．骨格筋の構造
1）筋線維の構造

筋線維は直径20〜150 μm の円筒形をした細長い巨大な細胞である．個々の筋線維は形質膜とその外側の基底膜におおわれており，両者をあわせて筋鞘（サルコレンマ）とよぶ．筋細胞内部の原形質は細胞内収縮構造である筋原線維と筋漿から構成される．筋原線維は筋線維の長軸方向に平行に筋線維全長にわたって多数走行している．

筋線維内には筋原線維を取り巻くように2種類の膜系がある（図2.2）．1つは筋原線維にそって網目状に発達した筋小胞体で，その一部は終末槽とよばれるふくらみを形成する．隣り合う終末槽の間には形質膜が陥入してできた細管状の横行小管が筋原線維に直角に走っている．2つの終末槽とその間の横行小管（T管）の3つの要素からなる構造を三つ組という．これらの膜系は骨格筋の収縮弛緩の制御に重要な役割を果たしている．骨格筋の収縮弛緩はカルシウムイオン

2.2 食肉の構造

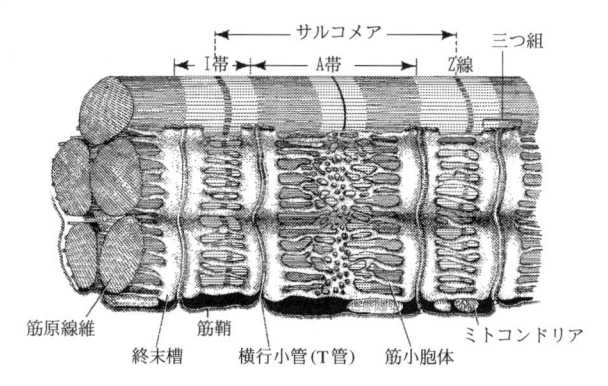

図2.2 筋原線維を取り巻く膜系（Hedrick, et al., 1994, p. 23 図2.13 に加筆）

（Ca^{2+}）濃度によって制御されており，筋小胞体は Ca^{2+} を放出したり，汲み上げたりして，筋細胞質内の Ca^{2+} 濃度を調節している．形質膜上を伝わってきた電気的刺激は横行小管を通して筋線維内部に達し，終末槽部分を刺激すると，この部分の膜の Ca^{2+} 透過性が変化し，Ca^{2+} は筋小胞体から放出され，細胞質内の Ca^{2+} 濃度は弛緩時の約 10^{-7}M から 10^{-5}M 程度に上昇する．細胞質の Ca^{2+} 濃度の上昇は筋原線維を収縮させる一連の生化学反応を引き起こし，骨格筋は収縮する．興奮が引くと，筋小胞体の膜内在性タンパク質であるカルシウムポンプがはたらき，細胞質から筋小胞体内部へ Ca^{2+} を汲み上げ，細胞質内の Ca^{2+} 濃度は弛緩時の濃度に戻る．家畜のと殺後，死後筋肉の貯蔵中には筋小胞体の膜構造が劣化し，内部の Ca^{2+} が漏出し，細胞質の Ca^{2+} 濃度は約 10^{-4}M まで上昇する．このことが筋原線維構造の脆弱（ぜいじゃく）化を引き起こす原因の一つと考えられており，筋小胞体は熟成に伴う食肉の軟化機構においても重要な役割を果たしている．

2） 筋原線維の構造

筋原線維を位相差顕微鏡で観察すると一定の周期で明暗の縞模様がみられる．筋線維に横紋がみられるのは，この明暗の繰り返しを持った筋原線維が筋線維内で規則正しく並んでいることによる．位相差顕微鏡で観察すると明るい部分は等方性（isotrophic），暗い部分は複屈折性（anisotrophic）を示すので，それぞれ I 帯，A 帯とよばれている．筋原線維の微細構造を電子顕微鏡で観察すると I 帯の中央には Z 線とよばれる電子密度の高い濃い線がみられる（図2.3）．また，A 帯の中央には M 線とよばれる細い線がみられ，その両側は A 帯の両端部よりも

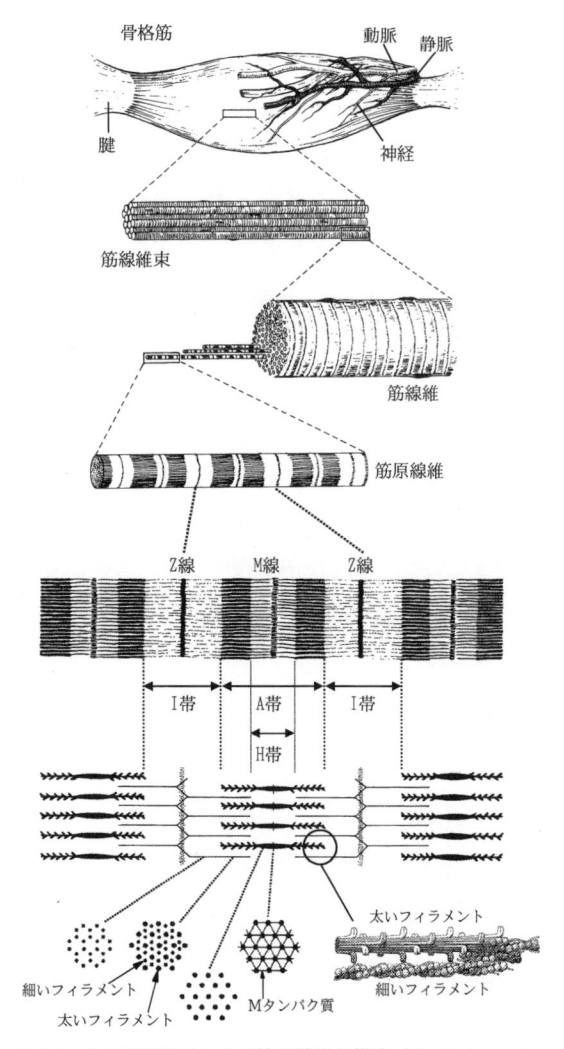

図2.3 骨格筋筋線維および筋原線維の構造（Hedrick, et al., 1994, p. 16 図 2.7, p. 17 図 2.8 およびクルスティッチ, 1981, p. 269 図 131 に加筆）

電子密度が少し低く，H 帯とよばれている．

これらの部分を筋原線維の方向に垂直な面で切断し電子顕微鏡で観察すると，I 帯の断面には直径約 6 nm の細いフィラメントが，H 帯の断面では直径約 15 nm の太いフィラメントが六角形格子構造をとって規則正しく並んでいるのがみ

られる．また，A帯の電子密度の高い部分の断面では6本の細いフィラメントが1本の太いフィラメントを取り囲むように配列している．太いフィラメントはミオシンを主成分とし，A帯の端から端まで約 $1.6\,\mu\mathrm{m}$ の長さを持ち，A帯の中央でM線にあるMタンパク質によって支えられている．細いフィラメントはアクチンを主成分とし，Z線を基点として左右のA帯に向かって伸び，その一部は太いフィラメント間に入り込んでいる．A帯の中で太いフィラメントと細いフィラメントが重なり合っている部分は電子密度が高く電子顕微鏡下で濃くみえるが，A帯の中央部分（H帯）は細いフィラメントが入り込んでいないので太いフィラメントだけが存在している．このためH帯の電子密度は低く，電子顕微鏡下で薄くみえる．太いフィラメントはZ線から伸びるコネクチンとよばれる線維状の弾性タンパク質によって支えられており，このタンパク質は太いフィラメントの位置的なずれを修正する機能を果たしている．また，ネブリンとよばれるタンパク質で形成される線維が細いフィラメント上をZ線からその先端まで伸びており，細いフィラメントを支持しているものと考えられている．

　筋原線維上のZ線からZ線までを筋節（サルコメア）とよび，これが収縮の基本単位となる．サルコメアがZ線を介して縦方向に多数つながって筋原線維を形成しており，Z線はサルコメア構造を支持し，収縮に伴って各サルコメアで生じる張力を伝播する役割を担っている．Z線は，α-アクチニンとよばれるタンパク質などからなるZフィラメントと，その間を埋める無定形基質とからなる．

　筋線維の原形質内構造のうち筋原線維を除いた残りの部分は筋漿とよばれる．細胞液およびそれに溶存するタンパク質，細胞核，ミトコンドリア，ゴルジ体などの細胞小器官，グリコーゲンなどが含まれる．筋原線維と筋原線維との間にはミトコンドリアやグリコーゲン顆粒が多数詰まっている．筋漿成分には食肉の風味に関連する物質が多く含まれている．

3） 結合組織の構造

　骨格筋において筋線維を束ね支持しているのが筋肉内結合組織である．筋鞘でおおわれた筋線維の外側は膜状の結合組織である筋内膜によって囲まれている．数十本の筋線維が束ねられて一次筋線維束を形成し，さらに数本から十数本の一次筋線維束が束ねられて二次筋線維束を形成している（図2.4）．それぞれの筋線維束は一次筋周膜（内筋周膜）および二次筋周膜（外筋周膜）で囲まれている．さらに，骨格筋の最外層は筋上膜でおおわれている．これらの筋肉内結合組織は

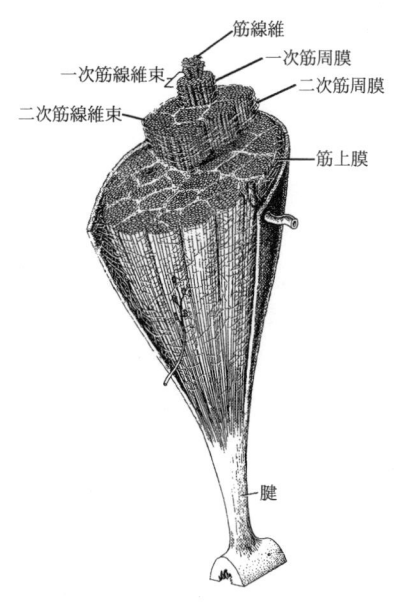

図 2.4 筋線維束および筋肉内結合組織の構造
(クルスティッチ, 1981, p. 257 図 125 に加筆)

骨格筋端で集合し,筋腱接合部を経て連続的に腱につながり,筋で発生した張力を伝播する役割を担っている.

　筋内膜,筋周膜および筋上膜はそれぞれの機能に応じた特徴的な形態をしており,これは各筋肉内結合組織を構築しているコラーゲン細線維の三次元的配列の違いによっている.骨格筋組織からアルカリ処理により筋線維成分を除去して得られる筋肉内結合組織を走査型電子顕微鏡で観察すると,蜂の巣状の筋内膜とこれを取り囲むように走行する筋周膜が認められる(図 2.5 a).高倍率で観察すると,筋内膜はコラーゲン細線維で編まれた円筒形のかごのような構造をしており(図 2.5 b),生筋ではこの中に基底膜でおおわれた筋線維が保持されている.筋周膜はコラーゲン細線維が集合して形成された太い束(コラーゲン線維)で構築されている(図 2.5 c).筋上膜はコラーゲン線維が緻密かつ複雑に配列し分厚い隔壁を形成している.肉眼で白い膜として観察される部分(スジ)は太いコラーゲン線維が緻密に集合してできており(図 2.5 d〜f),腱と同じ構造で非常に丈夫である.筋肉内結合組織の性状は家畜種,骨格筋の種類および発達程度によって異なり,筋線維束を形成する筋線維の数や筋線維束の太さとともに,肉のテ

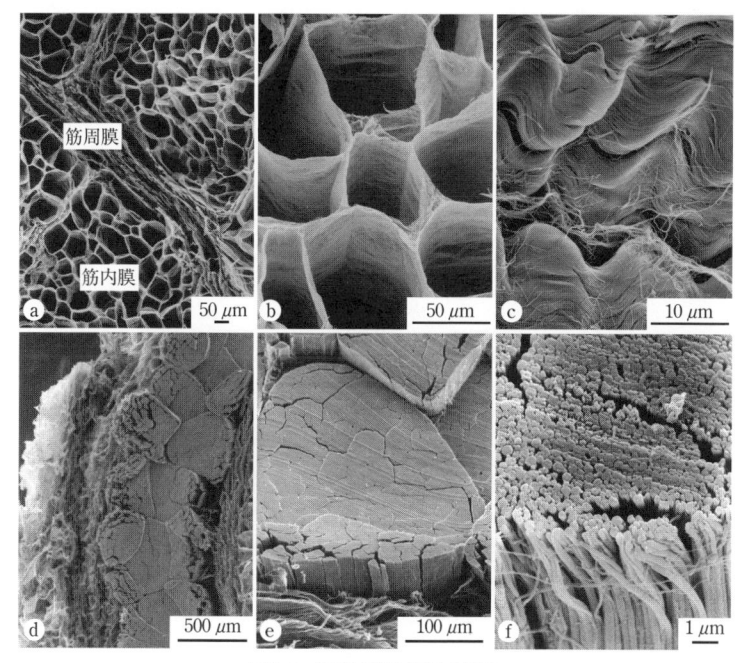

図 2.5 筋肉内結合組織の構造
牛半腱様筋から切り出した試料から細胞消化法により筋線維成分を除去した後、走査型電子顕微鏡で観察した。a：蜂の巣状の筋内膜とそれを取り囲む筋周膜。b：筋内膜。c：筋周膜。d：筋上膜にみられるスジ。e：dの拡大像。太いコラーゲン線維が束ねられている。f：eの拡大像。個々のコラーゲン線維はコラーゲン細線維が緻密に束ねられてできている。

クスチャーに大きく影響する。一般に、細い筋線維束と薄い結合組織を持つ筋肉はきめ細かでやわらかい肉となり、太い筋線維束と厚い結合組織を持つ筋肉は粗く硬い肉となるといわれている。

筋線維束間に脂肪が均一に分散し蓄積すると、脂肪が網の目状に見える脂肪交雑（霜降り、あるいはサシともいう）を形成する。これは牛肉の肉質を決める要因の一つで、脂肪交雑度の高い牛肉の評価はよい。このような食肉はかんだ時にやわらかく感じる。

b. **心筋・平滑筋の構造**

1） **心筋の構造**

心臓は動物体の可食性組織の一つであり、ウシ、ブタ、ニワトリなどの心臓は

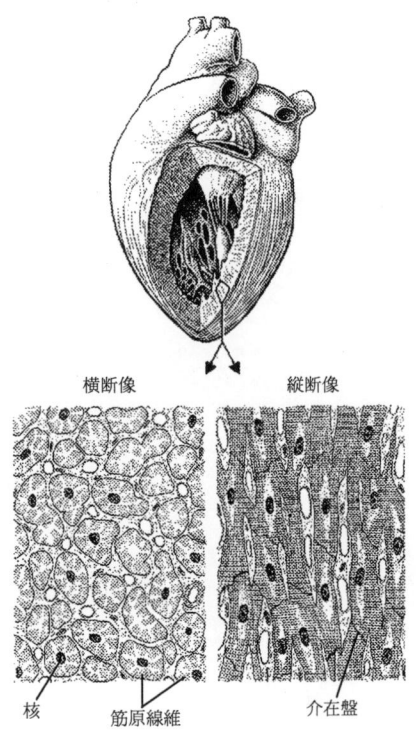

図 2.6 心臓および心筋組織（クルスティッチ，1981, p. 275 図 134）

焼肉のハツとして広く利用されている．心筋を構成する心筋線維は枝分かれして網目状につながっており，これを豊富な毛細血管と疎性結合組織が取り巻いている．骨格筋を構成する筋線維は多核の一つの細胞であるのに対して，心筋線維は単核の心筋細胞が介在版を介してつながった構造をしている（図2.6）．また，骨格筋の筋線維では，核は筋細胞の周辺部に位置しているのに対して，心筋細胞の核は中央に位置している．しかし，心筋細胞内には筋原線維が整然と配列しているので，顕微鏡で観察すると骨格筋と同じように横紋構造が認められる．心筋細胞内には，ATPを再生する代謝系を持つミトコンドリアが筋原線維の間に非常に多くみられる．心筋細胞にも横行小管や筋小胞体はあるが，その位置や発達の仕方が骨格筋とは異なる．哺乳動物の横行小管はA帯とI帯の境界にあるが，心筋ではZ線上にある．また，筋小胞体の終末槽は骨格筋ほど発達していない．

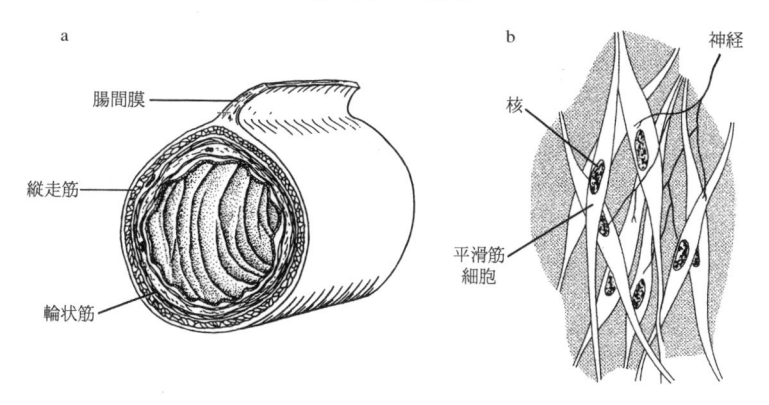

図2.7　a. 小腸断面の平滑筋層の位置と b. 平滑筋細胞（山本・丸山，1986，p.26 図1.14，p.27 図1.15）

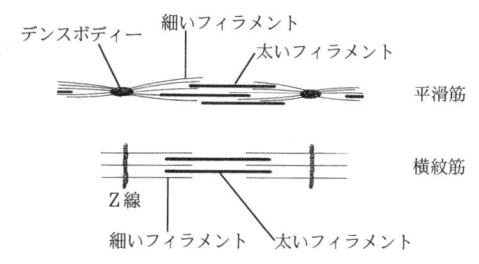

図2.8　平滑筋と横紋筋の筋原線維構造の比較（山本・丸山，1986，p.54 図2.14）

筋原線維内の太いフィラメントや細いフィラメントの配列は骨格筋と同じであるが，細いフィラメントがかなり深く太いフィラメントの間に入り込んでいるので，静止長のサルコメアは短い．

2）　平滑筋の構造

平滑筋は血管壁や，食道，胃，小腸，大腸などの消化器官壁，気管支，子宮，膀胱などの器官壁にあり，これらの器官の附随的な収縮に関与している．家畜のこれら諸器官は可食性で，ガツ（胃），ヒモ（小腸），コブクロ（子宮）などとして焼肉などで広く利用されている．その構造は各器官によって大きく異なるが，いずれも中空性器官の筋層を形成している．例えば，小腸の内面は粘膜層で，その表面には微絨毛がみられる．粘膜下層の外側に平滑筋細胞からなる2層の筋層があり，その外側は結合組織で構成される層がある（図2.7a）．私たちがホル

モンとして利用するのは粘膜層を洗いとったあとの平滑筋層と結合組織層である．

平滑筋細胞は単核の細胞で，長さ 20～200 μm，太さ約 5 μm の紡錘形をしている（図 2.7 b）．平滑筋細胞を電子顕微鏡で観察すると，ミオシンで構成される太いフィラメントやアクチンで構成される細いフィラメントが規則的な配列をしていない．このため，骨格筋や心筋でみられる横紋はみられない．平滑筋細胞にはデンスボディーとよばれる電子密度の高い構造物が認められる．これは，骨格筋や心筋細胞の Z 線に相当するもので，その両端から細いフィラメントが伸びている（図 2.8）．2 つのデンスボディーの間には太いフィラメントがあり，骨格筋や心筋細胞の筋原線維と同じように収縮する．平滑筋の特徴として，太い線維（直径約 15 nm）と細い線維（直径約 6 nm）のほかに，直径約 10 nm の中間径フィラメントが存在する．このフィラメントはデスミンやビメンチンなどのタンパク質からできており，デンスボディーの周りに多く認められる．この中間径フィラメントは収縮には直接関与しておらず，細胞骨格としてデンスボディーの細胞内での位置を保つのに寄与していると考えられている．　　〔西邑隆徳〕

2.3　食肉成分のサイエンス

a．食肉成分と栄養

食品としての肉類には，動物の骨格筋を主体とする食肉（正肉）はもとより，広義には心筋，平滑筋，さらには筋肉組織とは異なる肝臓などの可食性臓器も含まれ，これらは副生物とよばれる．食肉および副生物は一般成分として水分，タンパク質，脂質を多く含み，炭水化物の含量は少なく，繊維はまったく含まれていない．全成分に対する割合はごくわずかであるが，カルシウム，リンなど多くのミネラルやビタミン類を含有し，栄養価の高い食品である．とくに，高品質なタンパク質のよい供給源である．食肉および副生物はともに栄養的特徴はおおむね似ており，人間の健康の維持・増進に必要とされる多くの化学成分を含んでいるが，可食性臓器の中には肝臓のように特徴的な成分組成を持つものがある．以下では食品として利用され，また加工されることの多い食肉を中心に記述し，必要に応じて副生物について述べる．

食肉の化学成分は，動物の種類，年齢，性，栄養状態および部位によって影響を受けるが，表 2.4 に示すように，おおむね水分 65～75%，タンパク質 20%，脂肪 3～15%，灰分 1% である．とくに動物の種類および栄養状態によって脂肪

2.3 食肉成分のサイエンス

表 2.4 死後硬直直後の典型的な哺乳類骨格筋の化学成分（Lawrie, 1998, p.59 表 4.1）

	成　　　分		%湿重	
1	水分			75.0
2	タンパク質			19.0
	a) 筋原線維			
	ミオシン*(H-, L-メロミオシンとL鎖成分)	5.5		
	アクチン*	2.5		
	コネクチン（タイチン）	0.9		
	N_2 線タンパク質（ネブリン）	0.3		
	トロポミオシン	0.6	11.5	
	トロポニン C, I, T	0.6		
	α-, β-, γ-アクチニン	0.5		
	ミオメシン, M タンパク質, C タンパク質	0.2		
	デスミン, フィラミン, F・I タンパク質, ほか	0.4		
	b) 筋漿			
	グリセルアルデヒドリン酸デヒドロゲナーゼ	1.2		
	アルドラーゼ	0.6		
	クレアチンキナーゼ	0.5		
	他の解糖系酵素	2.2	5.5	
	ミオグロビン	0.2		
	ヘモグロビンと他の不特定細胞外タンパク質	0.6		
	c) 結合組織とオルガネラ			
	コラーゲン	1.0		
	エラスチン	0.05	2.0	
	ミトコンドリアなど（チトクロームCと不溶性酵素）	0.95		
3	脂質			2.5
	中性脂質, リン脂質, 脂肪酸, 脂溶性物質	2.5		
4	炭水化物			1.2
	乳酸	0.90		
	グルコース-6 リン酸	0.15	1.2	
	グリコーゲン	0.10		
	グルコース, 微量の解糖系中間体	0.05		
5	可溶性非タンパク態物質			2.3
	a) 窒素化合物			
	クレアチニン	0.55		
	イノシン-1-リン酸	0.30		
	2-, 3-ホスホピリジンヌクレオチド	0.10	1.65	
	アミノ酸	0.35		
	カルノシン, アンセリン	0.35		
	b) ミネラル			
	全可溶性リン	0.20		
	カリウム	0.35		
	ナトリウム	0.05	0.65	
	マグネシウム	0.02		
	カルシウム, 亜鉛, 微量金属	0.03		
6	ビタミン			
	種々の脂溶性および水溶性ビタミン		微量	

* アクチンとミオシンは死後硬直直後はアクトミオシンとして結合している．

含量が大きく変動することは食肉成分の特徴であり，相対的に水分含量が変動する．

b. 水　　分

水分は，骨格筋などの動物組織において細胞内液あるいは細胞外液の主要成分として存在し，多くの生命活動に必要なさまざまな物質をその中に溶かし込み，あるいは浮遊させて細胞の構造や機能の維持に役立っている．食肉中の水分含量は約65～75%を占め，一般的に脂質含量と密接に関連しており，脂質含量が増加すると水分含量は低下し，逆のことも成り立つ．食肉中の水分の70%は筋原線維中に，20%は筋漿中に，そして10%は結合組織中に存在しており，食肉の適度な水分保有は液汁性，色調，味などの肉質に関係するだけでなく，保存性や加工された食肉製品の品質にも影響を与える．さらに水分はさまざまな化学成分が溶け込んだ肉エキスを構成しており，その損失を抑制することは栄養素の確保から重要である．

c. タンパク質

タンパク質は食肉重量の約20%を占め，主に筋線維と，筋線維を束ね保持している結合組織を構築している．食肉に利用される骨格筋のタンパク質は，通常溶液に対する溶解性の違いから，1) 筋漿タンパク質，2) 筋原線維タンパク質，3) 肉基質（結合組織）タンパク質に分類され，タンパク質全体のそれぞれ約30%，50%および20%を占める．

1) 筋漿タンパク質

筋漿タンパク質は，水あるいは0.15モル (M) 濃度より低い低塩濃度の溶液で抽出され，解糖系酵素などおよそ1000種類以上のさまざまなタンパク質成分を含む．筋漿タンパク質は，図2.9に示すように遠心力により筋原線維タンパク質および肉基質タンパク質から分離され，さらに遠心力を強めていくことで，質量の大きなものから順に，①核，②ミトコンドリア，③ミクロソームなどの細胞小器官を構成するタンパク質，ならびに，④細胞質に溶存する解糖系酵素群や色素タンパク質であるミオグロビンなどの4つの画分に分別される．

2) 筋原線維タンパク質

筋原線維タンパク質は低塩濃度の溶液では抽出されないが，0.3モル濃度以上の高塩濃度の溶液に溶解し抽出される塩溶性のタンパク質である．筋線維中で収

2.3 食肉成分のサイエンス

```
                    水あるいは0.1 M KCl溶液中で筋
                    肉を均質化
                          │
                          │ 500×gで遠心分離
          ┌───────────────┴───────────────┐
   沈殿：筋肉断片，筋原線維タ          筋漿タンパク質（上清）
   ンパク質および肉基質（結合              │
   組織）タンパク質を含む                   │ 1000×gで遠心分離
                          ┌───────────────┤
                          │              上清
   ①核画分（沈殿）：DNA, RNA,             │
   他の核タンパク質およびリボタ            │ 10000×gで遠心分離
   ンパク質を含む                          │
                          ┌───────────────┤
                          │              上清
   ②ミトコンドリア画分（沈殿）：30%       │
   までのリボタンパク質，TCA回路および     │ 100000×gで遠心分離
   び電子伝達系の酵素，リソソームなど      │
   を含む                                   │
                          ┌───────────────┤
   ③ミクロソーム画分（沈殿）：   ④細胞質画分（上清）：
   ミクロソーム，筋小胞体および   解糖系酵素，ミオグロビ
   遊離リボソームを含む           ンなどを含む
```

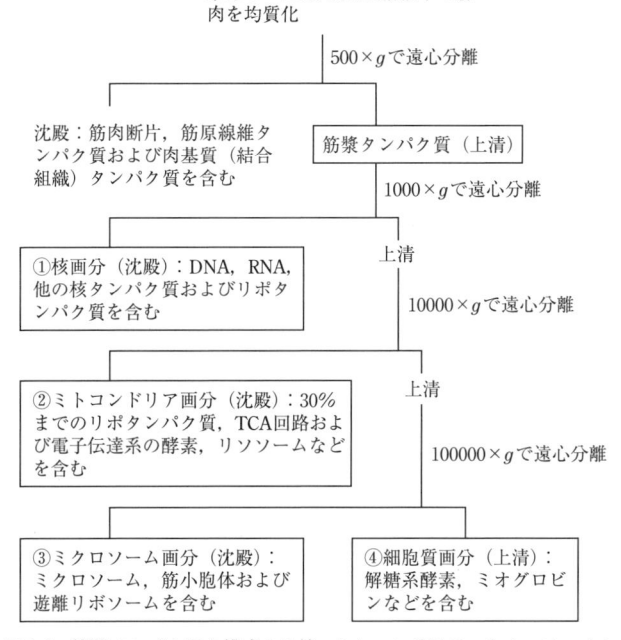

図 2.9 筋漿タンパク質を構成する核，ミトコンドリア，ミクロソームおよび細胞質画分の遠心分離による分画（Pearson et al., 1987, p.297 図 11.1 を一部改変）

縮弛緩という特有の機能を担う筋原線維を構成しており，筋原線維におけるはたらきと存在様式から，ⅰ）収縮タンパク質（ミオシン，アクチン），ⅱ）調節タンパク質，ⅲ）骨格タンパク質（コネクチン，ネブリンなど）に分類され，調節タンパク質は，さらに比較的量の多い主要調節タンパク質（トロポミオシン，トロポニン）と多種類の微量調節タンパク質（α-アクチニン，M-タンパク質など）に分けられる．

ⅰ）収縮タンパク質 骨格筋の収縮弛緩に直接的に関与するタンパク質は，ミオシンとアクチンである．両タンパク質が結合・解離を繰り返すことで筋原線維の収縮・弛緩が起こり，それが骨格筋全体のはたらきの基本となる．ミオシンは筋原線維を構成し，全筋原線維タンパク質量の約 50% を占める．図 2.10 に示すようにミオシン分子は洋ナシに似た 2 つの頭部と棒状の尾部を持ち，分子量が約 50 万の線維状タンパク質であり，高塩濃度の溶液で筋原線維から抽出されてくる．それぞれの頭部の長さは 20 nm で一番太いところの幅は 7 nm である．尾

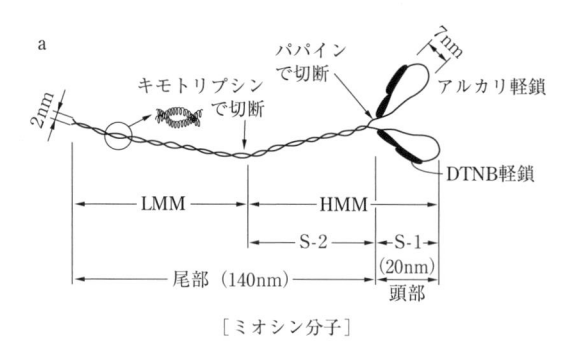

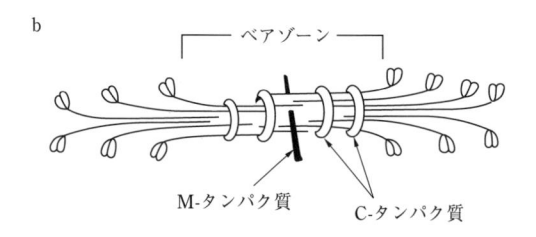

図2.10 a. ミオシン分子とb. 太いフィラメントの構造（山本・丸山，1986，p. 69 図3.2，p. 71 図3.5 を一部改変）

部の長さは140 nm で幅は2 nm で均一である（図2.10 a）．

　ミオシンには骨格筋の収縮と密接に関連する3つの重要な性質がある．ミオシン分子の頭部には，①ATPをADPと無機リン酸に加水分解するATP分解酵素があり，②アクチンと結合してアクトミオシンとよばれる複合体を形成する．さらにミオシン分子の尾部には図2.10 に示すように，③生理的塩濃度において，ミオシンの約300分子の尾部がお互いに会合して1本の太いフィラメントを形成する性質がある．動物の生体内では太いフィラメントは長さ約 $1.5\,\mu m$ で，主要構成成分のミオシンは中央から両方向に伸びるように会合し，ミオシンの頭部は細いフィラメントと相互作用する突起を形成している．C-タンパク質がフィラメントを束ねるようにミオシンの尾部を巻いており，さらに太いフィラメントが筋原線維内で規則正しく配列するように中央部分にはM-タンパク質が結合している（図2.10 b）．

　アクチンは，筋原線維の細いフィラメントを構成し，全筋原線維タンパク質の約20%を占める（図2.11）．アクチン分子は分子量約4万2000で，375のアミ

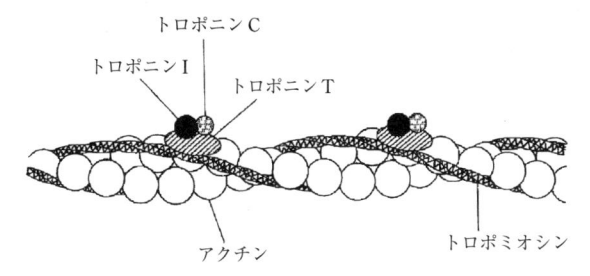

図2.11 細いフィラメントの構造(山本・丸山,1986, p.85 図3.15)

ノ酸残基からなる一本鎖ポリペプチドが折りたたまれて,直径約5.5 nm の球状の形をしたタンパク質である.単分子のアクチンはG-アクチン(globular actin)とよばれ,生理的な塩環境下で多数の分子が重合して二重らせん構造を組んだ線維状のF-アクチン(fibrous acitn)に変化する.この変化は可逆的で,ある条件下ではF-アクチンはG-アクチンに脱重合する.

G-アクチンが生体外で重合し形成されたF-アクチンの長さはふぞろいであるが,生体内の細いフィラメントは約$1\mu m$で一定であり,長さの調節に微量調節タンパク質が関与している.

ii) 調節タンパク質 主要調節タンパク質であるトロポミオシンは,分子量3万5000のポリペプチド鎖2本がα-らせん構造をして,それらが互いにからまりあった二重らせん構造をしており,直径2 nm,長さ40 nm の棒状のタンパク質である(図2.11).

トロポニンは分子量約7万の球状の主要調節タンパク質であり,3本のポリペプチド鎖から構成される.トロポミオシンに結合するトロポニンT(分子量3万1000),アクチンとミオシンの相互作用を阻害するトロポニンI(分子量2万1000)およびカルシウムイオンを特異的に結合するトロポニンC(分子量1万8000)である.

トロポミオシンとトロポニンは全筋原線維タンパク質のそれぞれ約5%を占め,生体内ではF-アクチンを骨格として,その二重らせん上に線維状のトロポミオシンが,さらに約40 nm の周期でトロポニンが結合しており,アクチン,トロポミオシン,トロポニンのモル比が7:1:1で細いフィラメントを構成している.トロポミオシンとトロポニンは,筋線維内のカルシウムイオンの増減に連動して,アクチンとミオシン間の相互作用を調節することで骨格筋の収縮・弛緩の制御に関与している.

微量調節タンパク質の大部分は量的にはそれほど多くないが，筋原線維の微細な高次構造の調節に関与し，アクチンやミオシンと親和性を示すものが多い．M線中のM-タンパク質やミオメシン，太いフィラメントのC-，F-，I-タンパク質，細いフィラメントに結合するβ-アクチニン（キャップZ）やトロポモデュリン，A-I境界部に局在するパラトロポミオシン，Z線中のα-アクチニンやZ-タンパク質などが知られている．

iii）骨格タンパク質　筋原線維の全体的な骨格構造を形成し，弾性を与えることで筋原線維のはたらきを支えているタンパク質である．筋原線維の長軸方向に存在するコネクチン（タイチン）やネブリン，また，長軸に直角に存在するデスミンなどがある．

3) 肉基質（結合組織）タンパク質

肉基質タンパク質は高塩濃度の溶液にも不溶性であり，骨格筋組織を高塩濃度の溶液で十分に抽出したあとの残渣に含まれる．ほとんどが結合組織のタンパク質で構成される．このタンパク質には，線維状で高塩濃度の溶液にも不溶性のコラーゲンが主成分として存在し，微量ながら弾性線維であるエラスチンも含まれている．ほかにフィラミン，ラミニンなどの糖タンパク質やプロテオグリカンがあり，線維状タンパク質とともに複雑な細胞外マトリックスを形成している．

結合組織の主要タンパク質であるコラーゲンは，アミノ酸が約1000残基結合したポリペプチド鎖3本が右巻きのらせん構造を形成し，長さ約290 nm，直径1.5 nmの棒状の形をしており，分子量約30万である．生体内では，コラーゲン分子は分子長の約1/4ずつがずれて側面結合して束になり，コラーゲン線維を形成している．この分子のずれがコラーゲン線維の周期的な縞模様として観察される．

4) 筋肉タンパク質の機能

筋肉タンパク質は，食肉や食肉製品の機能発現に重要なはたらきをしている．動物の死後，筋肉タンパク質のあるものは死後変化とよばれる骨格筋の物理的，化学的変化に深く関与し，熟成後の食肉の性状に影響を与えている．例えば食肉のやわらかさや多汁性などの物理的性質の変化には筋原線維タンパク質および肉基質（結合組織）タンパク質の関与が大きい．また味や色調などの変化には筋漿タンパク質が関与している．さらに肉製品の製造において筋肉タンパク質の重要な特性である加熱ゲル形成能は，筋原線維タンパク質，とくにミオシンが主因子でアクチンが補助因子となり発現される．

食肉中のタンパク質は，栄養学的に人体に不可欠な必須アミノ酸を豊富にバランスよく含み，しかも容易に分解され，体内における吸収率がすぐれている．タンパク質は体内で代謝回転され，新たにアミノ酸から合成されるが，タンパク質を構成するアミノ酸の中で必須アミノ酸は要求量を体内で合成できないアミノ酸であり，常に食事などから摂取しなければならない．したがって食品中のタンパク質のアミノ酸組成，とくに必須アミノ酸の構成と含量はそのタンパク質の栄養価を判定する指標となり，「化学価（アミノ酸価やタンパク質価）」とよばれる．また栄養価を判定するほかの指標として，タンパク質を食べたときにどの程度身体に利用されるかを推定する「生物価」がある．食肉タンパク質は，牛乳や卵白などのほかの動物性タンパク質と同様に，高い化学価と生物価を示す．

近年，食肉のタンパク質を酵素分解してできるペプチドの中に，生体調節機能を持つものがあることが明らかにされてきている．例えば豚肉タンパク質の酵素分解物中に，コレステロールの上昇をおさえたり血圧の上昇を防ぐペプチドや抗酸化ペプチドが見出されている．

d．脂　　　質

動物体の脂質は「蓄積脂質（depot fat）」と「組織脂質（tissue fat）」に大別される．蓄積脂質はそのほとんどが中性脂質（トリアシルグリセロール）で占められており，脂肪組織を構成する脂肪細胞中に蓄えられて皮下，腎臓などの内臓の周囲，また筋肉間などに存在する．蓄積脂質の量や性質は，動物の種類，栄養状態，飼料の種類によって変動する．したがって，脂質は食肉中の成分の中で含量の変動が最も激しい．組織脂質は細胞の構成成分であり，骨格筋組織の細胞膜や細胞小器官の膜に存在し，主としてリン脂質や糖脂質などの複合脂質で構成さ

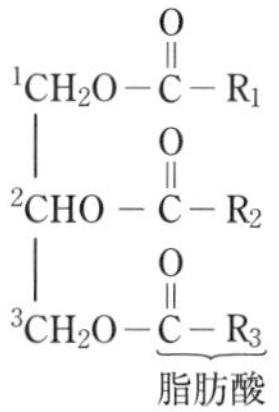

a．トリアシルグリセロール 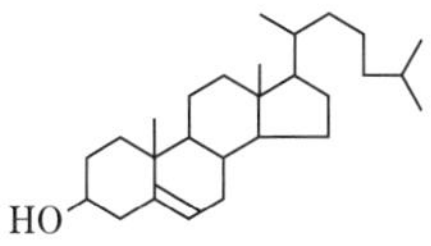　　b．コレステロール 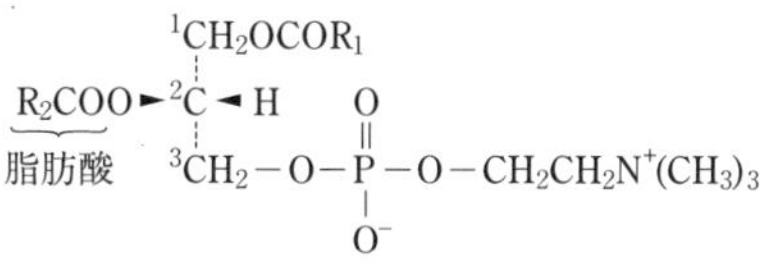　　c．ホスファチジルコリン（レシチン）

［中性脂質］　　　　　　　　　　　　［リン脂質］

図 2.12　代表的な脂質の構造（沖谷，1996，p.102 図 5.5 を改変）

表 2.5 各種食肉の脂肪酸組成（文部科学省，2005 より抜粋，加筆）

脂肪酸	炭素数：二重結合数	融点 (°C)	牛肉 (和牛, 赤肉, 生)		豚肉 (大型種, 赤肉, 生)		若鶏肉	
			ヒレ	リブロース	そともも	ヒレ	ロース	ささみ	もも (皮なし)
デカン酸	10:0	31.6	微量	微量	0	0.1	0.1	0	0
ラウリン酸	12:0	44.2	0.1	0.1	0.1	0.1	0.1	0	微量
ミリスチン酸	14:0	53.9	2.7	2.5	2.7	1.2	1.4	0.6	0.8
ミリストレイン酸	14:1	−4.0	0.7	0.9	1.7	0	0	0.1	0.2
ペンタデカン酸	15:0	52.3	0.3	0.3	0.3	0.1	0	0.1	0.1
パルミチン酸	16:0	63.1	27.4	24.4	24.4	24.2	25.5	23.2	24.3
パルミトレイン酸	16:1	−0.5	3.4	4.2	7.2	2.3	3.6	3.6	6.1
ヘプタデカン酸	17:0	61.3	0.9	0.9	0.6	0.4	0.2	0.2	0.2
ヘプタデセン酸	17:1	−	0.7	0.9	1.0	0.2	0.2	0.1	0.1
ステアリン酸	18:0	69.6	12.5	9.8	7.2	14.6	12.1	10.2	7.8
オレイン酸	18:1	14.0	47.3	52.0	50.6	38.7	46.0	36.3	42.7
リノール酸	18:2	−5.1	3.1	2.9	3.0	12.9	7.6	14.5	12.6
リノレン酸	18:3	−10.7	0.1	0.1	0.1	0.3	0.3	0.3	0.4
オクタデカテトラエン酸	18:4	−	0	0	0	0	0	0	0
	20:0 以上	−	0.9	0.7	1.2	4.9	3.0	11.0	4.6

（単位：総脂肪酸 100 g 当たり脂肪酸 g）

れている．組織脂質は外的要因に影響されず変動は少ない．

食肉中の中性脂質の多くはトリアシルグリセロールであり，そのほかにジアシルグリセロールやコレステロールなどがある．トリアシルグリセロールは，1 分子のグリセロールに 3 分子の脂肪酸がエステル結合したものである（図 2.12 a）．表 2.5 に食肉における主な脂肪酸組成を示すが，主としてパルミチン酸，ステアリン酸，オレイン酸およびリノール酸が多い．一般に，飽和脂肪酸の融点は不飽和脂肪酸のものより高いので，これらの脂肪酸組成の違いにより食肉の脂肪の融点が影響を受ける．

コレステロールは，遊離あるいは脂肪酸とエステル結合したコレステロールエステルの形で組織中に存在している．本成分は，生体膜成分やホルモン，胆汁酸，ビタミン D の前駆物質として重要である（図 2.12 b）．

リン脂質は，分子内にリン酸と脂肪酸を含み，レシチン，ケファリン，スフィンゴミエリンなどがある．リン脂質を構成している脂肪酸には高度不飽和脂肪酸が多く酸化されやすいため，食肉の脂質酸化による風味低下の要因とされている（図 2.12 c）．

脂質は食肉のおいしさや風味に関連しており，また食肉中のトリアシルグリセロールやリン脂質を構成する脂肪酸は，最も効率のよいエネルギー源として体内

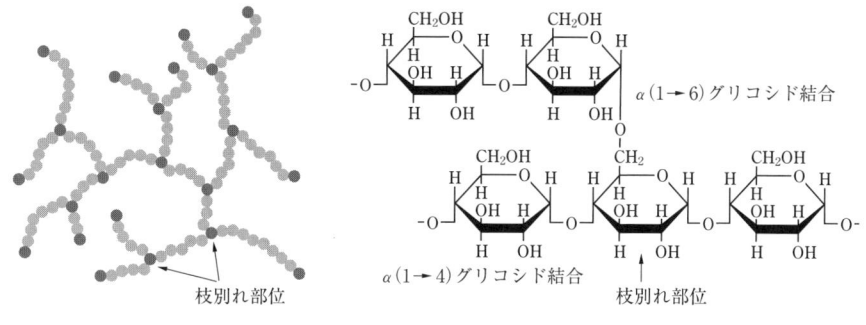

図 2.13 グリコーゲン顆粒の模式図と D-グルコースの結合様式（Voet and Voet, 1995, p. 485 図 17.1 を一部改変）

[グリコーゲン顆粒]　　　[D-グルコースの結合様式]

$\alpha(1\to 6)$ グリコシド結合
$\alpha(1\to 4)$ グリコシド結合
枝別れ部位

で利用される．脂質は栄養素として重要であるだけでなく，最近では体のはたらきを調節する脂肪酸の生理作用が明らかにされてきている．例えば必須脂肪酸であるリノール酸の幾可異性体である共役リノール酸（CLA）の抗変異原活性や抗酸化活性が示されている（図 2.14(d)参照）．

e．糖　　質

動物の骨格筋中の糖質の量はわずかで，ほとんどがグリコーゲンである．グリコーゲンは図 2.13 に示すように D-グルコースが多数結合して顆粒状の形をしており，骨格筋重量の 0.5〜1.3% を占める．食肉では大部分が動物の死後，経時的に分解されて乳酸に変わり，食肉中にはほとんど残っていない．一般的にグリコーゲン含量は，動物の種類，栄養状態や死後の貯蔵状態などによって影響を受ける．糖質としてほかには結合組織に関連するグリコサミノグリカンやグリコーゲンの嫌気的解糖作用の中間代謝物，また核酸の成分であるリボースなどがある．肝臓はグリコーゲンの主要な貯蔵場所であるので，食肉に比べてグリコーゲン含量が高い．

f．ミネラル

食肉中のミネラル含量は約 1% で，主要なミネラルはカリウム，ナトリウム，マグネシウム，カルシウム，亜鉛，鉄，リン，塩素および硫黄である．表 2.6 に示すようにカリウム含量が最も高く，リン，ナトリウム，マグネシウムがそれに次いで多い．骨や歯で 20〜30% 含まれるカルシウムは，食肉中では少ない．臓

表2.6 各種食肉および臓器のミネラル含量（Lawrie, 1998, p.261 表11.3, 表11.4を改変）

食肉・臓器		無機質 (mg/100g)							
		Na	K	Ca	Mg	Fe	P	Cu	Zn
牛肉，ステーキ		69	334	5.4	24.5	2.3	276	0.1	4.3
羊肉，チョップ		75	246	12.6	18.7	1.0	173	0.1	2.1
豚肉		45	400	4.3	26.1	1.4	223	0.1	2.4
ベーコン		975	268	13.5	12.3	0.9	94	0.1	2.5
脳		140	270	12	15	1.6	340	0.3	1.2
腎臓	羊	220	270	10	17	7.4	240	0.4	2.4
	牛	180	230	10	15	5.7	230	0.4	1.9
	豚	190	290	8	19	5.0	270	0.8	2.6
肝臓	羊	76	290	7	19	9.4	370	8.7	3.9
	牛	81	320	6	19	7.0	360	2.5	4.0
	豚	87	320	6	21	21.0	370	2.7	6.9

器にはミネラルが豊富に含まれており，食肉とは異なりカリウムとリンの含量は同程度である．とくに肝臓にはリンのほかに鉄，銅，亜鉛が多く含まれている．

ミネラルは栄養学的にはビタミンとともに微量栄養素とよばれ，体内で物質のさまざまな代謝を円滑に進めるために必須である．鉄はヘモグロビンやミオグロビン，ある種の酵素の構成成分であり定期的に摂取しなければならないが，食肉や臓器中の鉄はヘム鉄とよばれ，ほかの食品中の鉄に比べて吸収のよい形で存在する．ヘム鉄の吸収量は遊離鉄の約5倍である．また亜鉛は成長，傷の癒し，免疫，味覚といった生理的はたらきに必須であるが，食肉や臓器から摂取したほうが植物由来の食品からの摂取よりも利用されやすい．さらに食肉中の一部のミネラルは物性や保水性に関係し，肉質や食肉加工の観点からも重要である．

g. ビタミン

ビタミンは，通常脂溶性ビタミン（ビタミンA, D, EおよびK）と水溶性ビタミン（ビタミンB群およびC）に大別される．すべてのビタミンは微量でも人間の健康に重要であり，体の中でさまざまな作用を示す．表2.7に示すように食肉にはビタミンB群が豊富に含まれており，とくに豚肉のB_1含量は高く，ほかの動物よりも多いのが特徴である．ビタミンB_1の1日当たり栄養所要量は約0.8 mgであるので，豚肉を100 g食べれば，1日の所要量を摂取できる．食肉中にはビタミンA，CおよびDはほとんど含まれない．副生物である臓器中のビタミン含量はおおむね食肉中のビタミン含量よりも高いが，ビタミンAおよ

表 2.7 各種食肉および臓器のビタミン含量 (Lawrie, 1998, p.262, 表 11.5, 表 11.6 を改変)

食肉・臓器		A (I.U.)	B_1 (mg)	B_2 (mg)	ニコチン酸 (mg)	ビオチン (μg)	葉酸 (μg)	B_6 (mg)	B_{12} (μg)	B_{12} (μg)	C (mg)	D (I.U.)	D (μg)
牛肉		微量	0.07	0.20	5	3	10	0.3		2	0	微量	
豚肉		微量	1.0	1.20	5	4	3	0.5		2	0	微量	
羊肉		微量	0.15	0.25	5	3	3	0.4		2	0	微量	
腎臓	羊	100	0.49	1.8	8.3	37	31		0.30	55	7		—
	牛	150	0.37	2.1	6.0	24	77		0.32	31	10		—
	豚	110	0.32	1.9	7.5	32	42		0.25	14	14		—
肝臓	羊	20000	0.27	3.3	14.2	41	220		0.42	84	10		0.50
	牛	17000	0.23	3.1	13.4	33	330		0.83	110	23		1.13
	豚	10000	0.31	3.0	14.8	39	110		0.68	25	13		1.13

び B_{12} がとくに多く含まれる.臓器中のビタミン B_1 含量は,食肉の場合と異なり動物種間にそれほど差はない.とくに肝臓は,ビタミン B 群以外に食肉に含まれないビタミン A 含量が高く,ビタミン C もある程度含まれており,ビタミン源としてすぐれている.

h. 可溶性非タンパク態窒素化合物

食肉の熱水抽出物は水溶性タンパク質,脂質,ミネラル,ビタミン,非タンパク体窒素化合物を含み,肉エキスとよばれる.このうち非タンパク態窒素化合物は表 2.4 に示すように食肉重量の約 1.7% を占め,主要なものに ATP や ADP などのヌクレオチド,クレアチン,イノシン,遊離アミノ酸,ならびにカルノシンやアンセリンなどのペプチドがある(図 2.14(b)参照).

動物の死後 ATP や ADP の分解過程で生じる IMP は,食肉中では旨味を呈し風味に関与する.また貯蔵中に食肉タンパク質が分解されて徐々に低分子化し,各種のペプチドや遊離アミノ酸量が増加するが,これらの中には呈味性を示したり,酸味を抑制するものがあり,ヌクレオチド由来の呈味物質とあいまって食肉の風味形成に役立っている.

ペプチドの中には風味形成や栄養素として役立つだけではなく,生体の健康の維持や増進に好影響を与え,生理的な作用を示すものがある.例えば,カルノシンは β-アラニンと L-ヒスチジンからなるジペプチドであるが,動物体内で生じやすい過酸化脂質を抑制し,すぐれた抗酸化性を示す(図 2.14(a)参照).

牛肉に多く含まれる L-カルニチンは,生体内の脂肪酸を代謝するうえで必要

(a) カルノシン

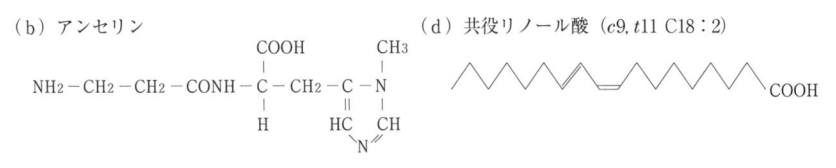

$NH_2-CH_2-CH_2-CONH-\underset{H}{\overset{COOH}{\underset{|}{C}}}-CH_2-\underset{\underset{N}{\overset{HC}{\parallel}}}{\overset{}{C}}=NH$

(b) アンセリン

$NH_2-CH_2-CH_2-CONH-\underset{H}{\overset{COOH}{\underset{|}{C}}}-CH_2-\underset{\underset{N}{\overset{HC}{\parallel}}}{\overset{CH_3}{C}}=N$

(c) L-カルニチン

$CH_3-\underset{CH_3}{\overset{CH_3}{\underset{|}{N^+}}}-CH_2-\underset{OH}{\overset{}{CH}}-CH_2-COO^-$

(d) 共役リノール酸 ($c9, t11$ C18:2)

図 2.14 食肉由来の生理活性成分の化学構造

な物質である.脂肪酸と結合して脂肪酸カルニチンを形成し,脂肪酸のミトコンドリア膜通過に寄与している(図 2.14(c)参照). 〔山之上 稔〕

2.4 食肉の保健的機能性

近年,食品の有する疾病予防作用などの保健的な機能性に対する関心が高まり,研究が精力的に進められ多くの機能性食品が開発されている(4.3 節参照).畜産食品においては,とくに乳製品の発酵乳を中心に機能性食品の研究・開発が盛んに行われている(1.8 節参照).また,鶏卵からも多くの機能性成分が見出され,産業的に利用されている(3.6 節参照).一方,食肉は栄養豊富な食品として古くから認識されてはいたものの,機能性食品という観点からの研究・開発のアプローチが遅れていた.ここでは,食肉の保健的機能性成分について述べる.

a. ヒスチジン関連ジペプチド

カルノシン(β-アラニル-L-ヒスチジン,図 2.14(a))やアンセリン(N-β-アラニル-1-メチル-L-ヒスチジン,図 2.14(b))といったヒスチジン関連ジペプチドは,骨格筋に比較的多く存在して抗酸化作用を示す.哺乳類ではカルノシンが多く(牛骨格筋で 150 mg/100 g 程度),鳥類ではアンセリンが多い(鶏骨格筋で 980 mg/100 g 程度).これらの成分には,創傷治癒の促進作用や各種ストレス性疾患に対する予防作用などが報告されている.

b. L-カルニチン

L-カルニチン（β-ヒドロキシ-γ-トリメチルアミノ酪酸，図2.14(c)）は，生体内の脂肪代謝利用に必須の物質であり，食肉に多く含まれる．とくに牛肉中には多く，もも肉では約130 mg/100 g含まれている．L-カルニチンは脂肪酸の分解を促すことで中性脂肪の蓄積を抑制するため，脂肪肝を予防する作用がある．また，運動時のスタミナ維持や疲労回復にも効果があり，スポーツ飲料用の素材として用いられている．欧米では，ダイエット用サプリメントとして利用されている．

c. 共役リノール酸

共役リノール酸（CLA，図2.14(d)）は，リノール酸（炭素数18で二重結合2個を有する不飽和脂肪酸）の位置幾何異性体であり，反芻動物由来の食肉脂質や乳脂質に比較的多く含まれている（食肉脂質については2.3節d項参照）．1979年にアメリカでフライドハンバーガーから抗変異原物質として発見され，その後，抗がん作用，体脂肪減少作用，動脈硬化予防作用および血清コレステロール低下作用などが報告されている．

d. 食肉タンパク質由来のペプチド

食肉は良質のタンパク質を多く含む食品であるが，食肉タンパク質を分解して調製したペプチドの保健的機能性も明らかにされている．豚ミオシンや鶏肉エキスのプロテアーゼ分解物から見出されたペプチド類（Met-Asn-Pro-Pro-Lysなど）には，血圧降下作用が示されている．また，豚肉タンパク質の酵素分解物にはコレステロール低下作用や抗酸化作用が，牛肉の酵素分解物には鉄吸収促進効果や脂肪肝改善効果などが報告されている．

e. 食肉の抗疲労効果

マウスに強制遊泳をさせる実験で，牛肉をあらかじめ経口投与した群はカゼインを投与した群に比べて遊泳に耐える時間が長かったことから，牛肉には抗疲労効果があることが示唆されている．牛肉中の成分には，乳酸性のエネルギー産生を延長させる作用，あるいは有酸素性のエネルギー供給機構の活性化による貯蔵グリコーゲンの消費を遅延させる作用が推定されているが，詳細な機構は不明である．

f. 食肉摂取による至福感

トリプトファンの摂取は，神経伝達物質であるセロトニンの生産を促し，幸福感を与えるなどの精神的作用を示す．トリプトファンを比較的多く含む食肉類の摂取には，セロトニン生産を介した精神的作用が期待できるという仮説がある．また，牛肉などの食肉摂取により，リノール酸系のアラキドン酸から至福物質とよばれるアナンダマイド（アラキドン酸エタノールアミン）が体内で生産され，至福感をもたらすという学説もある．

g. 食肉の機能性研究の展望

食肉の保健的機能性は，いまだ検討段階であるものが多く，作用メカニズムの解明やヒトでの効果を将来的に明確にしていくことが大きな課題である．このような検討を経ることにより，食肉摂取の意義をより科学的に示すことができる．また，食肉を原料とする魅力ある機能性食品の開発が行われるようになれば，消費者の選択幅が拡大するとともに，食肉産業の新たな発展も期待できる．

なお，ここでは，狭義の食肉（骨格筋，正肉）を対象として記述し，骨，皮，血液，内臓などの畜産副産物については十分にふれなかった．しかし，これらを原料として医薬品や化粧品素材となる生理活性物質が古くから産業的に製造されており，現在では機能性食品原料としても注目されつつある． 〔有原圭三〕

2.5 筋肉から食肉への変換

われわれが食する食肉あるいは加工に用いる原料肉は，動物の筋肉である．と殺直後の筋肉は，やわらかいが，しばらくすると死後硬直を起こし，硬くなる．この肉は風味にも乏しく，食肉や加工原料に適していない．しかし，死後硬直した筋肉は，一定期間低温で貯蔵することによりやわらかくなると同時に，味や香りも向上する．このように，筋肉を一定期間貯蔵し，肉質を改善することを「熟成」という．この熟成過程を経て，筋肉は食肉へと変換される．熟成に要する時間は，畜種によって異なるが，4℃で貯蔵した場合には，ウシで2週間，ブタで5～7日間，トリで1～2日間とされている．

a. 筋収縮と死後硬直

死後硬直は，死後の筋肉で筋収縮が生じ，そのまま持続している状態のことである．

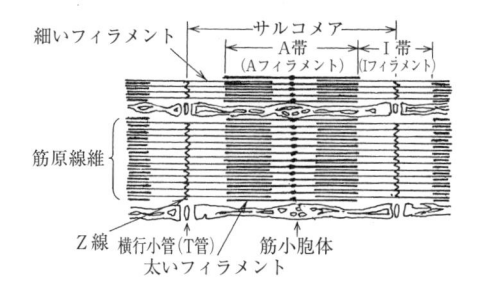

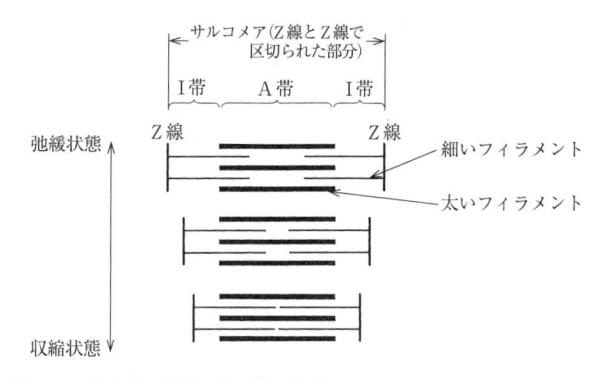

図 2.15 筋収縮・弛緩に伴う筋原線維のサルコメア長の変化（太いフィラメントと細いフィラメントの構造は図 2.10, 図 2.11 を参照）

1） 筋収縮のメカニズム

　筋肉の細胞内にある筋原線維は，Z 線，ミオシンからなる太いフィラメントおよびアクチン，トロポニン，トロポミオシンからなる細いフィラメントの繰返し構造で形成されている．太いフィラメントは，コネクチンという弾性タンパク質により一定の場所に保持されている（図 2.15）．脳からの筋収縮の指令は，神経を介して，形質膜に到達する．形質膜は脱分極を起こし，形質膜がくぼんで形成された横行小管（T 管）から筋小胞体へ信号が伝わる．筋小胞体に貯蔵されているカルシウムイオンが筋漿に放出される．カルシウムイオンは，細いフィラメントと太いフィラメントとの相互作用を誘導する．太いフィラメントのミオシンは，細胞内にあるアデノシン 5′-三リン酸（ATP）を分解して，細いフィラメントを引き寄せて筋収縮を起こす（サルコメア長は短くなる）．この後，筋収縮の指令が解除されると，筋小胞体は細胞内の ATP を使ってカルシウムイオンを回収する．この結果，両フィラメントの相互作用が解除されて，筋肉は弛緩する

(サルコメア長は長くなる).

2) 死後硬直のメカニズム

死後の筋肉では,酸素供給が絶たれるため,TCA (tricarboxylic acid) サイクルが停止し,ここでのATPの生合成はなされない.と殺直後しばらくの間は,解糖作用によりATPが生成するが,筋肉に存在するATP分解酵素でATPは分解され,次第に減少する.解糖作用で生じた乳酸量が増加するとpHが低下する.この低下は,pH 5.5～5.8で止まる.このときのpHを極限pHとよぶが,このpHは畜種や部位などによって異なってくる.このpH低下により,筋小胞体膜が脆弱化して,貯蔵されていたカルシウムイオンが漏出する.このカルシウムイオンが細いフィラメントに結合すると,残存しているATPを使用して生筋と同様の筋収縮が起こる.この筋収縮により,すべてのATPが使用されるため,カルシウムイオンの筋小胞体への回収がなされず,筋収縮の状態が持続する.これが,死後硬直である.

b. 筋肉の死後変化における異常肉の発生

食肉の外観,テクスチャー(組織)などが,通常のものと異なるものは異常肉とよばれる.と殺後のpHの異常な変動がかかわっているPSE肉とDFD肉が,ストレス感受性のブタで,比較的多く見出される.これらの肉は,食肉や加工原料肉として適さない.

1) PSE肉

と体温度が高い間に解糖が急速に進み,と体のpHが急激に低下すると,ミオシンやアクチンなどの筋原線維タンパク質が変性し,PSE肉が発生する.「と殺後,45～60分後に筋肉pHが5.4未満にまで下がること」が判定基準の一つである.PSE肉は,pale (淡い),soft (やわらかく締まりがない),exudative (ドリップの出やすい) な肉質を有しており,これらの頭文字から名づけられた.

2) DFD肉

と殺前の筋肉内グリコーゲンの含量が少ないと,極限pHの高いDFD肉が発生する.「と殺後,24時間後の筋肉pHが6.2以上になること」が判定基準の一つである.DFD肉は,dark (暗い),firm (硬い),dry (パサパサした) な肉質を有しており,これらの頭文字から名づけられた.極限pHが高い肉は,微生物からの汚染を受けやすく,保存性が低下する.

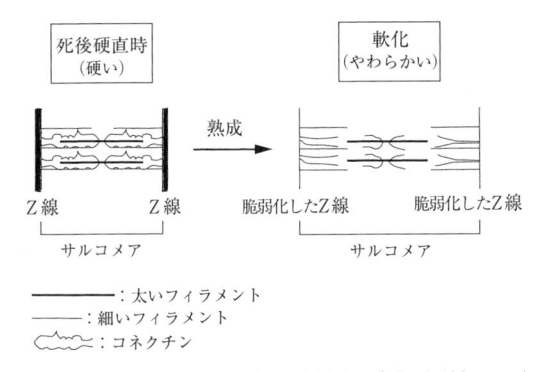

図 2.16 食肉の熟成に伴う筋原線維構造の変化（西村，1998）
1. Z線構造の脆弱化，2. 太いフィラメントと細いフィラメントの結合の脆弱化，3. 弾性タンパク質（コネクチン）の開裂．

c．食肉の軟化と熟成

若い動物の食肉の硬さは，主に筋原線維によるところが大きい．と殺直後の筋肉はやわらかいが，死後は硬直を起こして硬くなる．死後硬直した肉は，硬くて，食品としての価値が大変低い．食肉を低温で貯蔵する熟成を行うと，食肉は軟化現象によりだんだんやわらかくなる．これは，主に熟成に伴う筋原線維Z線の脆弱化，アクチンとミオシン両フィラメントの結合の弱化あるいはコネクチンの開裂などにより，もたらされると考えられている（図2.16）．解硬現象が完了したとき，食肉はと殺直後のやわらかい状態に戻り，おいしいと感じられる．

筋原線維の死後硬直による硬さをできるだけ小さくするために，と殺直後に生ずる死後硬直時期を骨付き状態で保存する方法がある．この処理をした筋肉は，死後硬直に伴う筋肉組織の崩壊が少ないため，やわらかくて，保水性の高い良質の食肉となる．

結合組織の構造も，死後の熟成に伴い崩壊することが明らかにされている．この崩壊は，コラーゲン線維間を埋めているプロテオグリカンの変化によることが示されている．しかし，熟成に伴う結合組織構造の崩壊が，肉の軟化にどの程度の寄与をしているかは明らかにされていない．

d．食肉の味と熟成
1） 食肉の味と呈味成分

おいしい食肉の味は，一般的に，うま味が強く，コクやまろやかさが感じられ

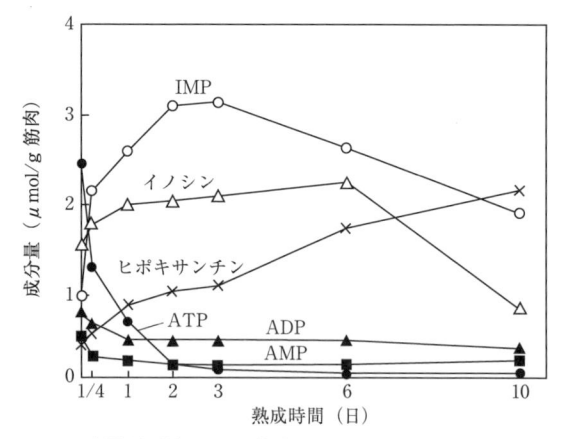

図2.17 豚胸最長筋を4℃で熟成したときの核酸関連物質の変化 (Terasaki, et al., 1965)

る．

　うま味の発現には，遊離アミノ酸であるグルタミン酸とナトリウムイオンが結合したグルタミン酸ナトリウム（MSG）が重要な役割を果たしている．イノシン酸（IMP）もうま味を有しており，MSGとの共存下では，うま味の相乗作用により，うま味が相乗的に強くなる．

　酸味は，主に乳酸によりもたらされる．と殺直後の肉で，解糖系により生成される乳酸が，pHを低下させると同時に酸味を感じさせる．しかし，熟成した食肉では，酸味がほとんど感じられず，まろやかである．この酸味抑制効果の一部は，熟成に伴い増加するペプチドによりもたらされる．トロポニンTが分解されて生じる酸味抑制ペプチドが単離されている．

　食肉のスープで感じられるコク（あつみのある酸味）は，食肉の加熱中にクレアチンと糖の分解物であるメチルグリオキサールとが反応して生ずる物質（N-(4-methyl-5-oxo-1-imidazolin-2-yl)sarcosine）によると報告されている．

2） 熟成に伴う呈味向上と呈味成分の変動

　牛肉，豚肉および鶏肉を低温で一定期間熟成すると，うま味が強くなりおいしくなる．熟成に伴う呈味の向上には，食肉の主な呈味成分であるIMP，遊離アミノ酸およびペプチドなどの増加が寄与している．

　IMPは，アデノシン5′-三リン酸（ATP）からADP，AMPを介して生成される．IMPは，さらにイノシンやヒポキサンチンへと分解されるため，いった

2.5 筋肉から食肉への変換

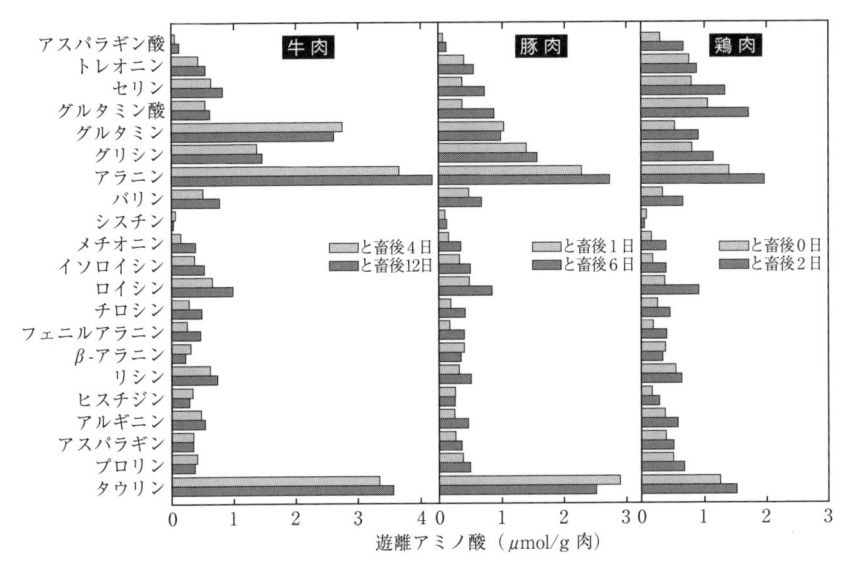

図2.18 熟成前後での牛肉，豚肉，鶏肉のスープ中の遊離アミノ酸含量（Nishimura, et al., 1988）

ん増加した後，徐々に減少してゆく．鶏肉のIMP含量は，死後8時間で最大に達するが，牛肉や豚肉では2～3日で最大となる（図2.17）．いずれの肉でも，IMPが最大値を示す時期は，やわらかさやうま味強度から判定される熟成完了時期よりも早い．しかし，熟成完了時に残存しているIMPは，MSGとのうま味の相乗作用で，食肉のうま味形成に重要な役割を果たしている．

食肉の熟成中に，遊離アミノ酸は著しく増加する（図2.18）．グルタミン酸の増加は，食肉の熟成によるうま味の増強に大きく貢献している．総遊離アミノ酸の増加速度は，鶏肉，豚肉，牛肉の順に大きい．これらの増加速度の違いは，熟成期間の長さに反映しており，増加速度の小さい牛肉が最も長い熟成期間を要する事実とよく呼応している．

ペプチド含量も食肉の熟成に伴い増加する．牛肉では8日間の，豚肉では5日間の，また鶏肉では2日間の熟成期間に，それぞれのペプチド含量が20～25%増加する．これらの増加は，食肉の味の酸味を抑制し，まろやかさの増大に貢献すると考えられている．

食肉の熟成に伴うペプチドや遊離アミノ酸の増加は，内在性プロテアーゼのタンパク質分解によりもたらされる（図2.19）．ペプチドの増加に寄与するエンドペプチダーゼには，酸性で活性の高い"カテプシン"とカルシウムイオンで活性

化され,中性で活性の高い"カルパイン"がある.一方,遊離アミノ酸の増加にはアミノペプチダーゼが貢献している.食肉中のアミノペプチダーゼには,基質特異性の異なる数種類の酵素が存在しており,熟成中に増加する遊離アミノ酸の量的な違いをもたらす1つの要因である.とくに,アミノペプチダーゼC,HおよびPなどの作用が重要である.また,各酵素の活性の強さは動物種により異なっており,食肉の種類による味の違いをもたらしている.

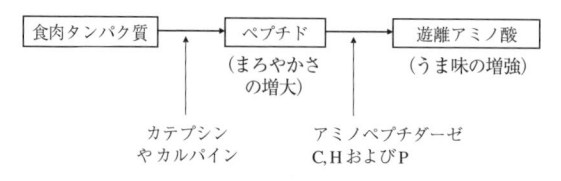

```
食肉タンパク質 ───→ ペプチド ───→ 遊離アミノ酸
                 (まろやかさ      (うま味の増強)
                  の増大)
           ↑                ↑
         カテプシン      アミノペプチダーゼ
         やカルパイン     C,HおよびP
```

図2.19 熟成に伴う味の向上のメカニズム

e. 食肉の香りと熟成
1) 食肉の香りと香気成分

肉の香りは,畜種に共通な加熱香気と,畜種特有の香りからなる.人々は,食肉を食べたときに肉らしい加熱香気と,畜種特有の香りが感じられるとおいしいと感じる.

肉らしい加熱香気成分は,大きく3つのグループに分けられる.ボイルした食肉およびローストした食肉のいずれにおいても肉らしい香りの発現に寄与するのが,サルファイド,チオフェン,チアゾールなどの硫黄化合物である.2つめのグループとして,ボイルした食肉の香りに重要なフラン化合物がある.さらに,3つめのグループとして,ローストした食肉(ステーキ肉)の香りに重要なピリジン,ピラジンなどの含窒素化合物とアルデヒド化合物などがある.これら加熱香気成分の生成には,主に「アミノカルボニル反応」が関与している.とくに,同反応の後期段階であるストレッカー分解は,アミノ酸と α-ジカルボニル化合物(アミノカルボニル反応の中期段階生成物)による反応で,アルデヒド化合物やアルキルピラジンを生成する.これらは,ローストした食肉に特徴的な香り成分である.このように,食肉をボイルしたときとローストしたときの温度の違いで,アミノカルボニル反応の生成物が異なり,それぞれに特徴的な香り成分が生成される.

畜種に特有な加熱香気には,脂肪由来の香り成分が関与する.とくに,脂肪交

雑の高い黒毛和牛肉を煮たり焼いたりしたときには，和牛肉独特のコクのある甘い香気が生成される．この香りは，「和牛香」とよばれ，和牛肉のおいしさを決める重要な要因である．和牛香の甘さには，ココナッツ様，桃様の香りを有するラクトン類が寄与している．

2) 熟成に伴う香りの向上

と殺直後の牛肉は，酸味がありステーキ様の香りがあまりしないが，一定期間熟成した肉はステーキ様の香りが強くなる．ステーキ様の香りは，食肉を加熱したときに生ずるアミノカルボニル反応により生成される．食肉の熟成に伴い増加する遊離アミノ酸やペプチドは同反応の前駆体となるので，熟成した肉では，未熟成肉に比べて，肉らしい加熱香気が増強される．

熟成した牛肉では，特徴的な甘いミルク臭が感じられる．この香りは，熟成に伴い生成するので，「生牛肉熟成香」とよばれている．酸素存在下，脂肪および赤身の境界部分から，細菌の作用で生成されることも明らかとなっている．この香りは，熟成した加熱牛肉でも感じられることから，食肉のおいしさを決める因子の一つである．

〔西村敏英〕

2.6 食肉の加工特性

食肉の加工特性として，主として食品の物理的性質に関連した食感的性状を示すテクスチャーの関連要因である保水性，結着性について述べ，さらに肉質の視覚的な評価の要因である肉色と食肉製品の発色と固定について述べる．

a. 保水性

食肉を構成する組織中には，約70%の水分が含まれており，加圧，細切，加熱などの処理を施すと，その一部が流出するようになる．食肉組織がこれらの物理的処理に抵抗して，食肉が食肉中に保有する水分を保持し，さらには製造工程で加えられた水分を，その工程中のさまざまな一連の処理を経ても保持する性質のことを，「保水性 (water holding capacity)」という．保水性は生肉の硬さ，しまり，色調や加熱肉の多汁性，やわらかさなどの食味と関係し，食肉および食肉製品の品質に密接に関与しているためにきわめて重要である．加熱調理後も水分をできるだけ多く含み，やわらかさやみずみずしさを保つことを「保水性がよい」というが，これは高品質の食肉製品には欠くことのできない重要な性質である．保水性が高いほど生肉では「ドリップ損失 (drip loss)」が，加熱肉では

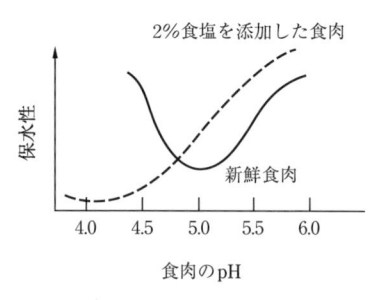

図 2.20 食肉の保水性に及ぼす pH および食塩添加の影響（Wismer-Pedersen, 1987）

「加熱損失（cooking loss）」が少なく，品質が良好である．しかし，保水性が低下すると，食肉や食肉製品から水分が遊離する．その結果，うま味成分の損失をまねき，味の劣化をもたらすとともに，ぱさぱさした食感を与える．

保水性に影響を与える要因には，家畜の品種，年齢，筋肉の部位，と殺時の家畜の処理方法，食肉の取扱い（例えば冷凍や解凍，肉の輸送時の振動など），熟成および加熱などがある．食肉の保水性は，と殺直後の筋肉の保水性が最もよく，その後減少し，死後硬直期に最低になる．その後の熟成によって一部は回復するようになる．このように保水性が変動する主な要因は pH であり，保水性は筋肉構造タンパク質の主要成分であるミオシンとアクチンの等電点にほぼ相当する pH 5 付近で最低値を示し，それよりも酸性側でもアルカリ性側でも増大する傾向がある（図 2.20）．と殺直後の筋肉は pH が中性近傍にあり，筋肉タンパク質の多くは負に荷電しており，また静電気的反発力により立体構造にゆるみを生じるために多くの水を保持し，良好な保水性を有している．その後の解糖作用により食肉中に蓄積された乳酸によって pH が低下し，筋肉構造タンパク質の等電点に近づくにつれて，筋原線維の構造変化も起きることから，著しく保水性が低下するようになる．このような硬直中の食肉は保水性が劣り，硬いために食肉として加工や調理には適さない．硬直を起こした食肉をさらに貯蔵すると，ふたたびやわらかくなると同時に保水性も増大する．熟成中，pH はほとんど再上昇しないために，保水性の回復はすべて軟化と関連する筋原線維内の構造変化に起因すると考えられている．普通に利用される食肉は死後硬直期を経て熟成期に入ったものであり，pH は 6 以下の微酸性を示すことから保水性はそれほど高くない．

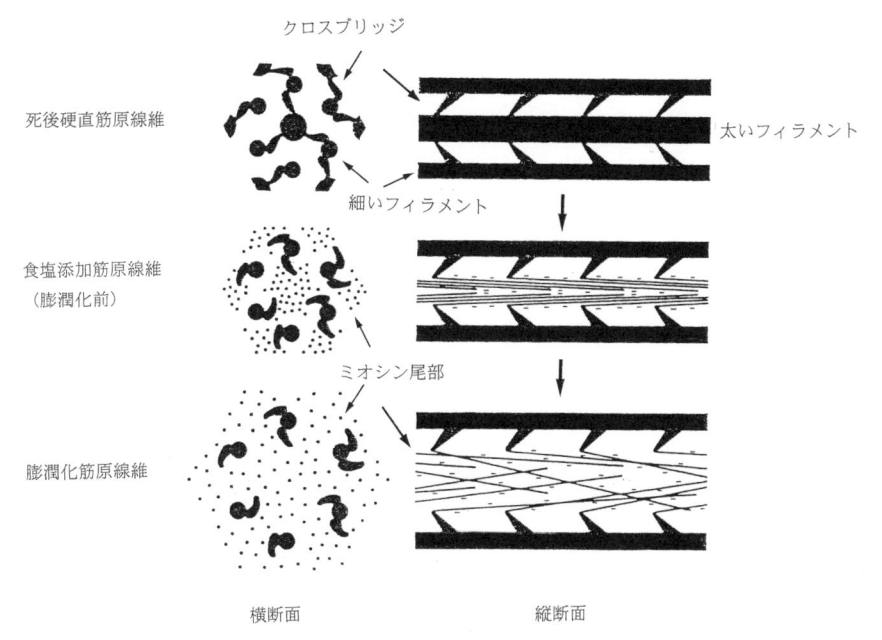

図 2.21 食塩添加による筋原線維膨潤化の機構（Offer, et al., 1987）

食肉製品製造の際の塩漬工程により，たとえば 2％食塩を添加した原料肉は，生肉の場合と異なり，食肉の保水性が著しく増大し，外部から添加した水分をも保持するようになる（図 2.20）．塩漬工程で使用される塩漬剤の中では，食塩とリン酸塩が保水性に影響を与える．とくに，食塩によって保水性は著しく向上する．食塩の添加によって発現される保水性には，筋肉タンパク質の 50％以上を占める塩溶性の筋肉構造タンパク質が主役を演じている．すなわち，塩漬の際に添加した食塩の作用で筋肉構造タンパク質が溶解して筋原線維外へ抽出され，塩漬肉は高い粘性を帯びてくる．と殺直後の筋肉では ATP が十分量残存しているので，筋原線維タンパク質の主成分であるミオシンとアクチンは解離した状態にあり，ミオシンは効率よく抽出される．しかし，一般に使用される加工原料肉は死後硬直期を経過しているために，溶出してくるのはミオシン単独よりも，アクトミオシンが比較的多く抽出されてくる．そのほかに食塩添加による保水性の増大の要因としては，食肉中に含まれる水に溶解した食塩から塩素イオンが生じ，食肉を構成している筋原線維の太いフィラメントに結合して構造の弱化が起こり，フィラメント間の電気的反発力により筋原線維が膨潤化することによって，

水分を保持するようになると考えられている（図2.21）．

　一方，リン酸塩には，筋原線維中の太いフィラメントを構成しているミオシン分子を解離し，溶解させる作用がある．とくに，ピロリン酸塩はATPと同様にアクトミオシンをアクチンとミオシンに解離する作用があるので，食塩とともにピロリン酸塩を添加すれば，ミオシンの抽出量を増大する効果が現れる．また，トリポリリン酸塩も肉中でピロリン酸塩に酵素的に分解されて同様に作用する．

　ソーセージ製造の際には，カッティング工程において，食塩とリン酸塩によって可溶化した筋原線維タンパク質の，ミオシン分子を含む塩溶液が，細かく砕かれた脂肪粒子の表面を薄くおおい，全体に均一な水中油滴型のソーセージエマルジョンを形成するようになる．

　食塩の添加により溶出された筋原線維タンパク質は加熱工程によって凝集し，三次元の網目構造のゲルを形成する．その際，アクチンが共存するとミオシンと結合してアクトミオシンを生じ，これがミオシンで形成する網目構造を補強し安定化させる．さらに，アクトミオシン自身もすぐれた加熱ゲルを形成することにより，それらの網目構造の中に水分子が毛管現象によって保持されることから，食肉製品の保水性は著しく向上するようになる．近年，保水性改良剤に関する研究も多く行われている．

　保水性の測定方法としては，食肉を加圧して肉から遊離し，しみでる水分量から求めるろ紙加圧法，ろ紙法，一定条件の加熱処理，および遠心分離によって肉から遊離する水分量を求めるドリップ損失法などがある．

b．結着性

　ハムやソーセージといった食肉製品の製造においては，原料となる肉塊，肉片，ひき肉あるいは細切肉どうしを互いに接着し，本来肉に含まれる水，さらに加工工程で添加される水や脂肪を，加熱工程で分離することなく相互に密着して結合する性質が必要である．前述したように，保水性の飛躍的な増加に伴って，細切した塩漬肉は粘稠性を高め，一定の形で加熱すると肉小片は互いに接着し，弾力性のある凝固物となる．この性質を「結着性（binding property）」とよび，これら保水性および結着性は，塩漬肉では常に並行して現れる．この結着性は，弾力性のあるよい品質の製品を作るうえで非常に重要である．

　結着性は添加される食塩によって増大するタンパク質の溶解性と並行して発現

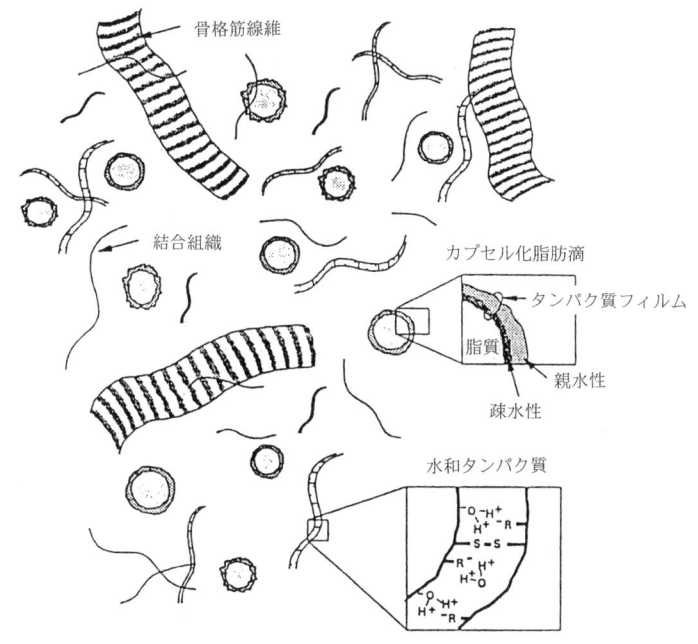

図 2.22 ソーセージバターの構造 (Claus, et al., 1994)

する．溶解したタンパク質はのり状となり，互いによく混じり，接着することは容易になる．しかし，ソーセージのように脂肪を添加する製品では，タンパク質と脂肪の接着は，ちょうど，水と油の関係にあるので単純ではない．塩漬した赤肉を細切して，水，脂肪，香辛料などを添加して作る混合物を「ソーセージバター」とよぶが，これは本来混ざり合わない水と脂肪を赤肉のタンパク質を仲介として，あたかも乳化したように作りあげる（図 2.22）．したがって，これを「ソーセージエマルジョン」ともよんでいる．この状態で加熱すると，脂肪を取り囲んでいるタンパク質が凝固するために，脂肪は溶出することなくタンパク質どうしは互いによく混合・接着し，保水性・結着性のよい製品ができあがる．

結着性に影響する要因は筋肉の部位や pH などであるが，製造工程では塩漬工程で加えられる食塩とポリリン酸塩，そして加熱温度などである．まず，塩漬剤として添加した食塩の作用効果で，筋原線維の太いフィラメントからミオシンが解離して可溶化する．溶解したミオシンは加熱によってゲル化する性質を有している．すなわち，ミオシンの加熱ゲル形成能が結着性発現の直接の要因である．ミオシンのゲル化の最適温度は 70°C 付近であり，80°C 以上の加熱温度では，ミ

オシンのゲル強度は低下する．

　筋肉中ではミオシンは筋原線維のもう一つの主要タンパク質であるアクチンと共存しており，熟成した食肉では，ミオシンとアクチンは結合してアクトミオシンを形成している．アクチンはミオシンの加熱ゲル強度に非常に大きな影響を与える．すなわち，ミオシンの加熱ゲル化において作る網目構造をアクトミオシンが補強し安定化させ，さらにアクトミオシン自身もすぐれた加熱ゲルを形成するように作用すると考えられている．その結果，肉塊どうしも接着させ，良好な結着性を示すようになる．ミオシンの加熱ゲル強度は筋肉の部位によってかなり異なっている．その原因は筋肉の違いによるミオシン異性体の加熱ゲル化能の相違と考えられる．一般的に，白色筋ミオシンの加熱ゲル強度は赤色筋のそれよりも高い．

　最近，健康や栄養上の理由から多くの食品は減塩傾向にあり，食肉製品についても生ハムを除くと食塩の含量は約2％にまで減少してきた．そのため，保水性・結着性の低下を補強する目的で，種々のポリリン酸塩製剤が塩漬の際に用いられている．と殺直後の筋肉には，多量のATPが残存していてミオシンはアクチンと解離した状態にあるので，塩漬時の塩濃度ではミオシンは肉から抽出されやすい．と殺後まだ体温に近い筋肉を用いて，いわゆる「温加塩法 (hot curing)」で塩漬加工するとすぐれた保水性・結着性を持つ製品を製造できるのも，主としてこの理由によると考えられる．

　一方，通常加工用に用いられる原料肉は死後硬直期を経過したものであり，ミオシン分子のほとんどがアクチンと結合したアクトミオシンの状態で存在することから，塩溶性タンパク質の抽出量は減少し，しかも抽出されるのはアクトミオシンの形態が大部分となる．この場合，食肉製品の結着剤として利用するポリリン酸塩は，結着性を高める効果があることが認められている．ポリリン酸塩はアクトミオシンをミオシンとアクチンに解離させ，ミオシンの溶解性を増大させる作用がある．とくに，ポリリン酸塩のうちピロリン酸塩は，ATPと同様に高塩濃度下でアクトミオシンをミオシンとアクチンに解離する効果があるので，その作用が大きい．と殺後時間の経過した食肉ではミオシン分子のほとんどがアクチンと結合した状態で存在するが，ポリリン酸塩はアクトミオシンを解離することにより，ミオシンの溶出量を増大させ，遊離ミオシンとアクチンの量比が網目構造の補強に適した値に近づくことで，加熱ゲル強度を高め，弾力性を増強して均一な製品を作る．ポリリン酸塩が結着性を増強する理由は，上述したようなアク

トミオシンの解離による筋肉構造タンパク質の溶解性の増大，筋原線維フィラメント上の負の荷電の増加により生ずる電気的反発力による筋肉組織の膨潤化，pHやイオン強度の上昇のほかに，2価金属，とくにカルシウムイオンに対するキレート作用などが考えられている．

ゲル強度の高いゲルほど細かく均一な網目構造が形成されており，水や脂肪が網目の中に強く保持されていることがわかっている．したがって，ソーセージの結着性と保水性は，本来異なる性質ではあるが，食肉製品では密接に関係している．

近年，微生物起源のトランスグルタミナーゼを利用して調製した異種タンパク質ポリマーを添加することにより，リン酸塩を低減化した食肉製品の物性改善に関する研究も行われている．

c. 肉色とその固定

食肉の色調は，その品質評価の視覚情報としてきわめて重要であり，鮮赤色であれば良質の食肉と判断され，褐色であれば時間が経過した食肉として映り，暗赤色の色調は老齢家畜の硬い食肉と判断されるなど，消費者の購買意欲や評価に大きく影響する．したがって，販売過程において食肉の良好な赤い色調をできる

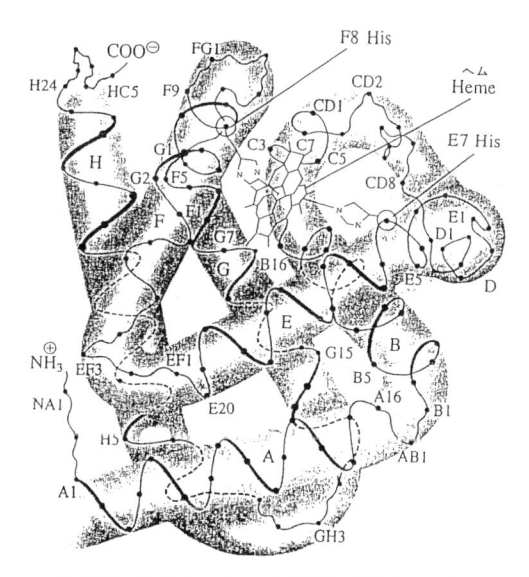

図 2.23 ミオグロビンの立体構造（長野，1991）

図2.24 ヘムの構造(永田, 1995)

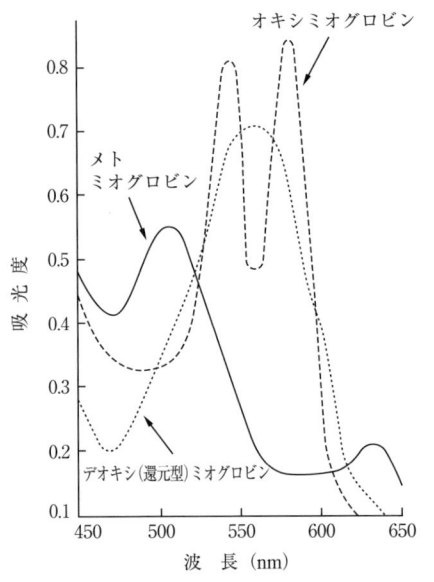

図2.25 ミオグロビン誘導体の吸収スペクトル
(Bandman, 1987)

だけ長期間保持することが,商業的にも品質管理上からも大変に重要である.
　食肉の赤色を決定しているのは,筋肉中の主要色素タンパク質である「ミオグロビン (Mb)」と,残存する血液中の「ヘモグロビン (Hb)」によるものである.ミオグロビンとヘモグロビンの割合は,食肉種により異なるが,普通はミオグロビンが90%以上を占めている.赤い色調は,主に全色素タンパク質の約90%を占めるミオグロビンによるところが大きい.すなわち,色の濃さはミオグ

ロビン含量によって影響を受ける．食肉の色調は，畜種，部位，年齢，運動量ならびに雌雄によって異なっている．これは食肉に含まれているミオグロビン含量が異なるからである．

Mbは153個のアミノ酸から構成されるグロビンタンパク質1分子と色調に関係するヘム1分子からなり，分子量は約1万8000である．Mb分子は図2.23に示すように，ポリペプチド鎖がらせん構造をとり，それが折れ曲がり，上部のポケットに色素の「ヘム（heme）」が結合した構造をしている．ヘムは図2.24に示すように，ポルフィリン環の中心に鉄原子1個が配位結合し，荷電状態とこれに結合する分子（配位子）によってMbの色調が変化する．

Mbには還元型（RMb），酸化型（O_2Mb）およびメト型（MMb）の3種類の誘導体が存在し，食肉の色調はMbの含量とともにMb誘導体の存在割合で決定される．それらの可視吸光スペクトルを図2.25に示す．と殺後，筋肉への酸素の供給は断たれるが，呼吸に関与する電子伝達系などの代謝系は活動を続けているため酸素が消費されて，筋肉内は好気的状態から嫌気的状態に移行する．そのため，O_2Mbの酸素分子が離れ，紫赤色の「デオキシ（還元型）ミオグロビン（reduced myoglobin, Fe^{2+}, RMb）」を生じ，筋肉の内部は少し暗い感じの色調を呈するようになる．その切断面が空気中の酸素にふれると，RMbの2価の鉄と酸素がゆるやかに結合し，「オキシミオグロビン（oxymyoglobin, Fe^{2+}, O_2Mb）」が形成され，鮮赤色を示す．これは新鮮な肉色の好ましい色であり，食肉が鮮やかな赤色を示すのはこのためである．このRMbに酸素が結合しO_2Mbを生成する反応を酸素化（oxygenation）もしくはブルーミング（blooming）とよぶ．この反応は通常15～30分間で完了する．この反応は酸素との接触面が拡大したひき肉において急速に進行するので，色調の変化はひき肉で明瞭に観察できる．

しかし，さらに時間の経過とともに空気にふれたままで放置されるとO_2Mbの自動酸化がしだいに進行し，「メトミオグロビン（metmyoglobin, Fe^{3+}, MMb）」とよばれる酸化型のMb誘導体を生じ，2価のヘム鉄は3価となって色は褐色に変化する．褐変すると，古い食肉と判断され消費者からは好まれなくなるために，O_2Mbをできるだけ長く安定的に保持し，自動酸化によるMMbの蓄積を抑制することが，食肉の商品価値を維持するうえで重要となる．通常，全Mb含量の約60％がMMbに変化すると褐変化が明らかになるといわれている．新鮮肉においても低酸素分圧の環境に置かれると，急速にMMbが形成され褐変化

するケースがある．この原因は MMb の形成が酸素分圧が約 6〜8 mmHg で最大となるためである．生肉を高バリアー性フィルムで真空包装する際には注意が必要となる．近年，できるだけ長期間新鮮な肉色を保持するためにガス置換による「CA（controlled atmosphere）貯蔵法」が効果的な方法として研究されている．

食肉は加熱すると灰色がかった褐色になるが，これはミオグロビンについているタンパク質（グロビン）が変性したために，ヘムの酸化を防ぐ力がなくなり，デオキシ（還元型）ミオグロビンやオキシミオグロビンの酸化が進んでメトミオグロビンができるためである．熱のかけ方によって食肉の色は少しずつ変化するが，高い温度で長く熱をかけると，赤から灰色がかった白へ，さらに褐色へと変色が進む．例えば，厚いステーキを切断するとそれがよくわかる．すなわち，熱が強くかかった外側は褐色に，つづいて灰色がかった白になり，中心はオキシミオグロビンが残っていて，生の肉と同じように赤いままである．乾燥した食肉は脂肪分があるので，空気にさらしておくと，脂肪が酸化して，黄色やオレンジ色になる．冷凍した食肉でも色は変化する．冷凍肉の変色の一つに「凍結（冷凍）焼け（freezer burn）」がある．それは冷凍貯蔵中に食肉の表面が黄色や褐色に変化し，あたかも焼け焦げたようにみえる現象である．その原因は，冷凍貯蔵中に食肉の表面の氷結晶が昇華し，乾燥が進み，多孔質となり，筋肉色素と脂肪の酸化が引き起こされたことにより生じる．

食肉加工品のハムやソーセージの色は，加熱しても生肉のように褐変を起こすことはなく安定で，色が鮮やかになる．これは，食肉加工の塩漬（curing）工程で，発色剤として添加される硝酸塩や亜硝酸塩の還元作用によって，ミオグロビンの金属イオンのヘム色素に一酸化窒素（NO）が配位してニトロシル化されるためである．

硝酸塩は，まず硝酸還元菌の還元作用により亜硝酸塩に還元されて発色に関与する．亜硝酸塩は，塩漬肉の微酸性下では亜硝酸となり，さらに還元されて NO を生じる．ついで NO がデオキシミオグロビンと結合して，一酸化窒素ミオグロビンまたはニトロシルミオグロビン（NOMb：nitrosylmyoglobin, Fe^{2+}）が形成される．また，ニトロシルメトミオグロビン（NOMMb：nitrosylmet-myoglobin, Fe^{3+}）を経てニトロシルミオグロビンが生成される経路もある．生成された物質はオキシミオグロビン（O_2Mb）よりはるかに安定でしかも赤色を呈する．これが塩漬肉色（CMC：cured meat color）である．さらに加熱工程

2.6 食肉の加工特性

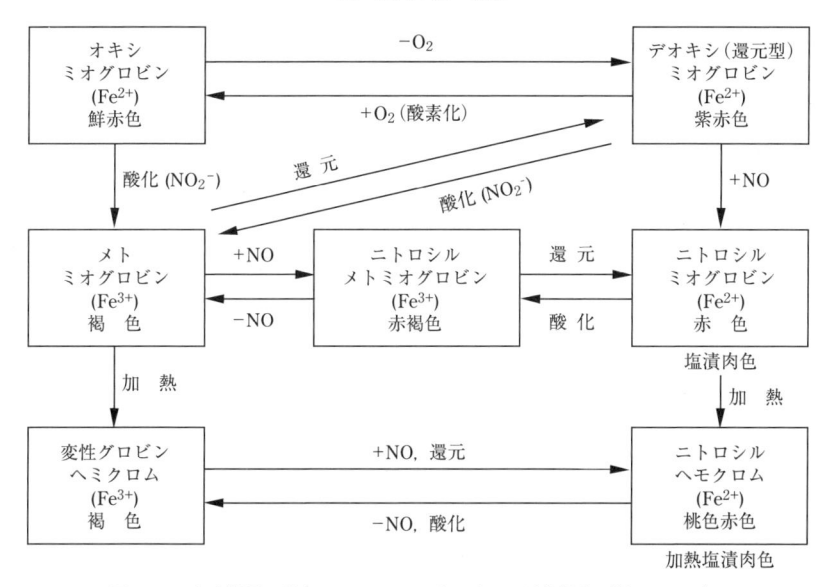

```
オキシ           −O₂           デオキシ(還元型)
ミオグロビン   ──────→        ミオグロビン
(Fe²⁺)        ←──────         (Fe²⁺)
鮮赤色        +O₂(酸素化)     紫赤色

  │酸化(NO₂⁻)    還元              │+NO
  │             酸化(NO₂⁻)         │
  ↓                               ↓
メト          +NO    ニトロシル    還元    ニトロシル
ミオグロビン  ──→   メトミオグロビン ──→   ミオグロビン
(Fe³⁺)       ←──   (Fe³⁺)         ←──    (Fe²⁺)
褐色         −NO    赤褐色         酸化    赤色
                                        塩漬肉色
  │加熱                                  │加熱
  ↓                                     ↓
変性グロビン   +NO,還元            ニトロシル
ヘモクロム   ──────→             ヘモクロム
(Fe³⁺)      ←──────              (Fe²⁺)
褐色         −NO,酸化             桃色赤色
                                加熱塩漬肉色
```

図 2.26 食肉製品の発色におけるミオグロビンの反応経路(坂田,2001)

で熱に安定なニトロシルヘモクロム (nitrosylhemochrome, Fe^{2+}) となって鮮やかな桃赤色を呈する.これが加熱食肉製品の示す特有な赤色の本体であって,加熱塩漬肉色 (cooked cured meat color) とよばれる.好ましい塩漬肉色は,ミオグロビンの 60〜80%がニトロシル化したときに発現される.食肉製品特有の色素が固定されるこの一連の反応が,食肉製品の発色と固定である.食肉製品における,これらの発色反応の経路を図 2.26 に示す.なお,わが国では亜硝酸塩の使用量は,食肉製品中の残存量を亜硝酸根 (NO_2^-) として 70 ppm 以下になるよう法的に規制されている.また,過剰量の亜硝酸塩の添加 (1000 ppm 以上) は過度なミオグロビンの酸化を引き起こし,ニトロソメトミオグロビンを形成することによって緑変する.この現象を亜硝酸塩焼け (nitrite burn) とよぶ.

ハムやソーセージは,古くなると灰色がかった白色や褐色になる.ときには緑色になることもある.このような原因には,まず空気による色素の酸化がある.この酸化は光により促進されると一層激しくなる.また,脂肪が酸化したときにできる過酸化物がもとになって脂焼けを起こし,色の変わることもある.いわゆる褐変の方は,表面が乾いたまま,温度の高いところに置いたときに起こりやすい.これはアミノ酸やタンパク質と糖とのアミノカルボニル反応によるものである. 〔六車三治男〕

2.7 食肉の加工技術と食肉製品

食肉製品には，ハム，ソーセージ，ベーコン，プレスハムなどがある．これらは，一般的に食肉を原料として，塩漬（えんせき），細切・混合，充てん，乾燥・燻煙，加熱，冷却，包装の工程を経て製造される．製品によっては，用いられない工程もある．

a．食肉の基本的な加工技術と原理

1）塩　漬

塩漬の主目的は，肉色素の発色，保水・結着性の向上，保存性および熟成風味の付与である．

肉色素の発色とは，ミオグロビンやヘモグロビンに存在するヘム鉄の第6配位座に1分子の一酸化窒素（NO）が配位し，加熱に対して安定なニトロソ化色素を形成する現象をさす．NOはヘム鉄との親和性がきわめて強く，結合反応は容易に進行する．したがって，発色機構で重要な反応はNOの生成反応と考えてよいが，亜硝酸塩からNOを生成するには，弱酸性下，還元状態が必要である．通常，筋肉の還元作用を補完する目的でL-アスコルビン酸ナトリウムなどの酸化防止剤が亜硝酸塩の3倍量以上を目安に添加される．

保水性は食塩（NaCl）の添加によって飛躍的に増大する．最大保水量はイオン強度0.8～1.0，食塩濃度にして約5％のときに得られる．しかし，現在の食肉製品の食塩濃度は1.5％前後であり，Naの過剰摂取が高血圧のリスクファクターと考えられることから，減塩傾向はさらにつづいている．このため，十分な保水性の確保を目的にリン酸塩が併用される．リン酸塩の保水性増大効果はポリリン酸塩として0.5％で一定となる．リン酸塩はまた結着性に大きく影響を及ぼすミオシンの溶出にも関与する．アクトミオシンをアクチンとミオシンに解離させる唯一の食品添加物であり，その効果はピロリン酸塩として0.2％で一定となる．リン酸塩が腸管内でリン酸カルシウムの沈殿を形成し，カルシウムの吸収阻害を起こす可能性を考えれば，食肉製品への添加量は0.2～0.5％の範囲が妥当である．

保存性と熟成風味の発現に主に関与する成分は亜硝酸塩である．しかし，昨今の低塩下傾向では，食塩の防腐効果は期待できない．亜硝酸塩の抗菌作用の中でも，とくにボツリヌス菌に対する作用はよく知られている．また，肉色素をニトロソ化することでヘム鉄中の鉄が関与する非酵素的脂質酸化を抑制する作用もあ

る．

　亜硝酸塩を添加し塩漬すると熟成風味が発現するが，風味形成には50 ppm以上の添加が必要とされ，風味の強さは濃度に依存する．なお，食肉製品では亜硝酸塩が生体内で第2級アミンと反応して発がん性のニトロソアミンを生成する可能性から，残存亜硝酸根は70 ppmを超えてはならない．

　塩漬方法には乾塩漬法，湿塩漬法およびピックル注入法の3種類がある．乾塩漬法はひき肉や肉塊に直接塩漬剤をすり込ませる方法であり，ソーセージ類のエマルジョンキュアリングや，ベーコン，生ハムの塩漬に利用される．湿塩漬法は塩漬剤を溶解したピックルにハムなどの原料肉を浸漬する方法であるが，塩漬時間やスペースをとるので現在はほとんど利用されていない．ピックル注入法はピックルを原料肉内部に注入する方法で，多針型ピックルインジェクターとタンブリングマシンのセットで利用される．タンブリングマシンは注入した塩漬剤の食肉組織への浸透性を高め，塩溶性タンパク質の溶出に効果を発揮する．

2） 細切・混合

　原料肉をグラインダーで細切し，カッターやミキサーで混合する工程は，ソーセージ類の物性を決定するうえでとくに重要である．細切操作の留意点は，食肉の細胞組織の破壊と肉温の上昇を防止することである．このためには，鋭利なナイフと，プレートとナイフのすり合わせのよいグラインダーの使用が求められる．

　カッターは細びきタイプの，ミキサーは粗びきタイプのソーセージの混合に用いられる．カッター操作で塩溶性タンパク質の溶出は完了し，食肉タンパク質，脂肪小塊，添加氷水からなるソーセージエマルジョンが形成される．カッティング中の肉温上昇は塩溶性タンパク質の抽出性の低下と，抽出したタンパク質の熱変性をまねき，結着性が著しく低下する．

3） 乾燥・燻煙

　乾燥は製品表層部の水分を除去し，煙成分の付着などの燻煙効果を高めるための操作である．燻煙は燻煙臭・燻煙色の付与，酸化防止，保存性の向上を主目的に，サクラ，カシ，ナラ，ヒッコリー，ブナなどの硬木を用いて行う．燻煙中の成分であるフェノール類やカルボニル類が食肉タンパク質と反応し，その結果生成する独特の燻煙臭やメイラード反応によって形成される燻煙色は，嗜好性を高めるとともにその製品を特徴付ける．煙成分の中には抗菌作用や抗酸化作用を有するものがあり，保存性も高める．燻煙は温度によって冷燻法（10〜30°C），温

燻法 (30～50℃), 熱燻法 (50～80℃), 焙燻法 (80～120℃) に区分される.

4) 加 熱

加熱の目的は筋肉タンパク質の熱凝固, 肉色素の固定, 食味の完成および殺菌であり, 一般にスモークハウス内で乾燥, 燻煙, 蒸煮, 冷却という一連の工程で処理される. 中心温度 63℃ で 30 分またはこれと同等以上の加熱が義務付けられており, この条件では大部分の病原性細菌は死滅する. また, 結着性も 65～80℃ にかけて最大となる.

一方, 1993 年, 食品衛生法の規格基準の改正により, 新たに製造が認められた特定加熱食肉製品では, *Salmonella* の死滅を対象とした加熱条件と *Clostridia* の発芽・発育を抑制した昇温および冷却条件が定められている. 高温-短時間加熱より低温-長時間加熱のほうが官能特性にすぐれ, ドリップロスも少ないが, ロースト臭が発現しにくい. 〔沼田正寛〕

b. 食肉製品の種類

食肉製品とは食肉 (畜肉および家禽肉, 家兎肉) を主要原料とした加工食品のことで, ハム, ソーセージ, ベーコン, およびコンビーフその他, 乾燥肉, 燻製肉, ハンバーグ, ミートボールなどがあり, それらの食肉含有率は 50% 以上である. また, 食肉加工品は一般的には食肉製品と同じ意味で用いられているが, ハム, ベーコン, ソーセージの意味に多く用いられている (表 2.8).

食肉製品は 1993 年の食品衛生法の改正において, 生ハム類, セミドライソーセージ類, ローストビーフなどの規格基準が新規に設定され, 衛生的見地から規格上 4 つに大きく分類されている. さらに食肉製品の製造基準では, 製品分類ごとに原材料肉, 塩漬や加熱方法などの詳細が決められている (表 2.9). 日本農林規格 (JAS 規格) では, ハム類, ソーセージ類, ベーコン類, プレスハム, 混合プレスハム, 混合ソーセージに大別され, さらにその使用する肉種, 部位, 原材料, 製造方法, 形態などによって定義づけられている. 1995 年には, 食肉製品に特定 JAS 規格が制定された. 一定期間以上, 塩漬・熟成, 特有の風味を醸成させた食肉製品として熟成ハム類, 熟成ソーセージ類および熟成ベーコン類が規格された. しかし, 国際的な共通した名称とは必ずしも一致してはいない. ここでは JAS 規格に関して説明を行うことにする.

1) ハ ム

ハムとは本来ブタのもも肉, およびもも肉を加工した製品のことであるが, わ

2.7 食肉の加工技術と食肉製品

表2.8 食肉および食肉製品の分類

食肉		食肉製品						その他食肉を含む加工品
		ハム，ソーセージ，ベーコン，その他これらに類するもの						
	食肉半製品	食肉ハム，食肉ソーセージ，食肉ベーコンおよび食肉コンビーフ					その他の食肉製品	
鳥獣の肉および内臓など	食肉（鳥獣の肉および内臓など）の含有率が50％を超える半製品	1. 非加熱食肉製品として販売するもの 2. 乾燥食肉製品として販売するもの 3. 特定加熱食肉製品として販売するもの 4. 加熱食肉製品として販売するもの						1. 食肉含有率50％以下の半製品 例）生シューマイ，生ギョーザ など 2. 食肉含有率50％未満の製品 例）ハンバーグ，ミートボール，ギョーザ，ナゲット，唐揚げ，てんぷら など 3. 食肉含有率にだわらず，社会通念上，惣菜として流通するもの 例）トンカツ，大和煮，甘露煮，シューマイ，コロッケ，ギョーザ，ナゲット，唐揚げ，てんぷら など
		食肉ハム	食肉ソーセージ	食肉ベーコン	食肉コンビーフ	ほい焼肉	乾燥肉	食肉を50％以上含む
枝肉 カット肉 味付肉 スライス肉 つけもの ひき肉 生ハンバーグ など	トンカツ用 味付肉 つけもの 生ハンバーグ など	ロースハム ボンレスハム ショルダーハム ラックスハム 骨付ハム 生ハム プレスハム など	ウインナーソーセージ フランクフルトソーセージ ボロニアソーセージ リオナソーセージ ドライソーセージ セミドライソーセージ 加圧加熱ソーセージ など	ベーコン ロースベーコン ショルダーベーコン ミドルベーコン サイドベーコン など	コンビーフ ニューコンビーフ など	ローストビーフ ローストポーク 焼き豚 など	ビーフジャーキー ポークジャーキー 干し肉 など	ハンバーグ ミートボール ナゲット メンチカツ など
ほかの食品と一緒に単に集めたものとして寄せ集めたものは食品の素材として当該食肉の部分は食肉として取り扱う		1. 食肉製品をさらに細切，乾燥など簡易な加工を施したものも食肉製品とする 2. 食肉製品にほかの食品をさらに寄せ集めたものは，当該食肉製品の部分は食肉製品とする 3. ただし，食肉製品をさらに調理，加工し，ほかの食品としたものは食肉製品とはいわない（ハムサラダ，ハムサンド，弁当など）						

（食品衛生法に基づく見解）

表 2.9 食肉製品の規格基準

規格基準 / 品目	成分規格 (微生物規格は別紙) 亜硝酸根	水分活性	pH	原料食肉	解凍整形温度	製造基準 方法	肉温	水分活性	使用添加物など	加熱, 殺菌 加熱殺菌	燻煙, 乾燥 燻煙乾燥	保存基準
乾燥食肉製品	0.07 g/kg以下	0.87未満									50°C以上 20°C以下	常温
非加熱食肉製品 肉塊製品	0.07 g/kg以下	0.95以上		4°C以下 pH 6.0以下	10°C以下	①乾塩法 ②塩水法 ③一本針注入法	5°C以下	亜硝酸Naを使用する場合 0.97未満	亜硝酸Na を使用する場合 Na 200 ppm以上, 食塩 6%以上 15%以上②,③ 亜硝酸Naを使用しない場合 食塩 6%以上①		亜硝酸Naを使用する場合 50°C以上 または 20°C以下	4°C以下
非加熱食肉製品 ひき肉製品		0.95未満	5.0未満		10°C以下 長径20 mm以下に切断				亜硝酸Na 200 ppm以上, 食塩, 塩化カリウム 3.3%以上, 塩抜きは5°C以下の飲用適の水を用いて, 換水しながら行う		20°C以下 で20日間以上	10°C以下
非加熱食肉製品 ひき肉製品			0.91未満									10°C以下
非加熱食肉製品 ひき肉製品		0.96未満	5.3未満									常温
非加熱食肉製品 ひき肉製品			4.6未満									
非加熱食肉製品 ひき肉製品		0.93未満	5.1未満									
特定加熱食肉製品	0.07 g/kg以下	0.95未満		単一肉塊 4°C以下 pH 6.0以下	10°C以下	①乾塩法 ②塩水法			塩抜きは5°C以下の飲用の水を用いて, 換水しながら行う. 調味料などを使用する場合は, 食肉の表面にのみ塗布	55°C97分 ～63°C瞬時		4°C以下
加熱食肉製品 包装後加熱	0.07 g/kg以下									63°C 30分～		10°C以下
加熱食肉製品 加熱後包装	0.07 g/kg以下											10°C以下

(食品衛生法より抜粋)

表2.10 ハムの規格

規格	品名	骨付ハム	ラックスハム	ボンレスハム	ロースハム	ショルダーハム	ベリーハム
加工方法	燻煙	○	○	○	○	○	○
	加熱			○	○	○	○
使用原料肉の部位	肩					○	
	ロース		○				
	もも	○	○	○			
	ばら						○
ケーシングの使用		−	+	+	+	+	+

（日本農林規格より抜粋）

が国では豚肉の単一の塊を加工したもので，ブタの部分肉を整形し，塩漬し，ケーシングなどに充てんし，燻煙，乾燥，加熱などをした製品をいう．JAS規格における適用の範囲は，骨付ハム，ボンレスハム，ロースハム，ショルダーハム，ベリーハムおよびラックスハムの6種類で，使用する部位によって，もも肉はボンレスハム，ロース肉はロースハム，肩肉はショルダーハム，ばら肉はベリーハムという．さらに，製法上加熱の有無，別の表現では「燻煙または乾燥のみ」あるいは「燻煙と加熱をした」製品に分けることができ，「燻煙または乾燥のみ」の製品には骨付ハムとラックスハムがある（表2.10）．なお，骨付ハムはブタの骨付もも肉を塩漬し，燻煙または乾燥したもので，ラックスハムはブタの肩肉，ロース肉またはもも肉を整形し，塩漬し，ケーシングなどで包装した後，低温で燻煙したものと定義されており，いわゆる「生ハム」と称されるものである．

ロースハムはロース肉を用いるところからきた，わが国独特の製品である．外国ではハムといえばボンレスハムをさし，わが国ではロースハムをさす．

2) ソーセージ

各種畜肉，家兎肉，家禽肉，特殊な製品には内臓類，血液，その他の副産物を加えたものを原料とし，調味料や香辛料を加えカッターなどで粗切りあるいは細切りし練り合わせたものを各種のケーシングに充てんし，燻煙し，または燻煙しないで，加熱または乾燥した製品をいう．種類は原料肉配合，ひき肉の大きさ，加熱・乾燥の程度，香辛料の配合，ケーシングの種類，製品の形態などで区別されている．さらに，副原料に魚肉，鯨肉を使用したものでその含有率が15％以上50％未満のものは混合ソーセージとして区別を明確にしている．

ⅰ）**クックドソーセージ**　ソーセージのうち，湯煮または蒸煮により加熱したものをいう．さらに，ケーシングの種類と製品の太さにより，牛腸を使用したものまたは製品の太さが36 mm以上のものをボロニアソーセージ，豚腸を使用したものまたは製品の太さが20 mm以上36 mm未満のものをフランクフルトソーセージ，羊腸を使用したものまたは製品の太さが20 mm未満のものをウインナーソーセージという．ただし，原料畜肉類として豚肉のみを使用したものにあっては，ポークソーセージ（ボロニア），ポークソーセージ（フランクフルト）およびポークソーセージ（ウインナー）という．そのほか，使用する原材料によりリオナソーセージ，レバーソーセージ，レバーペーストがある．

　ⅱ）**セミドライソーセージ，ドライソーセージ**　塩漬した原料畜肉類を使用し，加熱し，または加熱しないで乾燥したものであって，水分が55％以下のものをセミドライソーセージ，加熱しないで乾燥したものであって，水分が35％以下のものをドライソーセージという．ただし，原料畜肉類として豚肉および牛肉のみを使用したものにあっては，それぞれソフトサラミソーセージおよびサラミソーセージという．

　ⅲ）**加圧加熱ソーセージ**　ソーセージのうち，120℃で4分間加圧加熱する方法またはこれと同等以上の効力を有する方法により殺菌したものをいう．

　ⅳ）**無塩漬ソーセージ**　ソーセージのうち，使用する原料畜肉類，原料臓器類または原料魚肉類を塩漬していないものをいう．

　3）**ベーコン**

　ベーコン類は，ブタの部分肉を整形し，塩漬し，燻煙したもので，加熱しないのが特徴である．使用する部位によって，ばら肉はベーコン，ロース肉はロースベーコン，肩肉はショルダーベーコン，胴肉はミドルベーコン，半丸枝肉はサイドベーコンという．ハムとの違いは，骨付ハムは例外として，ケーシングに入れないで燻煙したものとして区別している．

　4）**プレスハム**

　プレスハムは豚肉のほか，牛肉，馬肉，羊肉などの肉片をケーシングに充てんし，ハムのように1つの肉塊からできたようにしたもので，次のように定義されている．

　肉塊を塩漬したものまたはこれにつなぎを加えたもの（つなぎの占める割合が20％を超えるものを除く）に調味料，香辛料などを加えて混合し，ケーシングに充てんした後，燻煙し，湯煮もしくは蒸煮したもの，または燻煙しないで，湯

煮もしくは蒸煮したものをいう．肉塊とは畜肉を切断したもので，10g以上のものをいい，つなぎとは畜肉もしくは家兎肉，家禽肉をひき肉としたものまたはこれらに澱粉，小麦粉，コーンミール，植物性タンパク質，脱脂粉乳などを加えて練り合わせたものである．さらに，主原料（50％以上）が畜肉で，副原料に魚肉，鯨肉を使用したものは混合プレスハムとして区別を明確にしている．

5) その他

その他の食肉製品としては，焼豚，ローストポーク，ローストビーフなどのばい焼肉がある．ローストビーフは食品衛生法の改正により，主に特定加熱食肉製品の規格基準に基づいて製造されている．コンビーフはわが国では牛肉をほぐして調味した缶詰製品である．ビーフジャーキー，ポークジャーキーなどは薄くスライスした乾燥食肉製品である．プレスハムの JAS 規格に適合せず，肉塊が小さくつなぎの割合が多い製品をチョップドハムという．そのほか，ローフ，パテ，テリーヌなどはソーセージの一種である．　　　　　　　　〔井　手　　弘〕

2.8　食肉・食肉製品の安全性

a．食品衛生行政の動向とリスク管理の仕組み

1) 食品衛生行政の動向

ブドウ球菌の産生するエンテロトキシンによる大規模食中毒，病原性大腸菌 O-157 による広域食中毒，国内での牛海綿状脳症（BSE）罹患牛の発見，および農畜産物の産地虚偽問題などが多発し，食に対する安全性・信頼性が消費者から厳しく問われている．このような背景を受け，2003年には食品の安全性を確保することを任務として，「食品安全基本法」が施行され，内閣府に「食品安全委員会」が創設された．また，消費者を保護する「消費者保護基本法」が改正されて，2004年に消費者がより自立するための支援をすることを目的として「消費者基本法」が制定された．その後も，事故米の不正転用事件など食品の安全性・信頼性を脅かす事件が発生したため，消費者の衣食住の安全性や安全確保を目的として，2009年に「消費者庁」と「消費者委員会」が内閣府に設置され，「消費者安全法」が制定された．

2) トレーサビリティシステムとHACCPによるリスク管理

食品の安全性は，食品衛生行政と内閣府食品安全委員会が担当するリスク分析・評価・管理，およびリスクコミュニケーションで確保される．「トレーサビリティシステム」とは，消費者に対して食品の生産・加工・流通などの各段階に

表2.11 食肉製品における食品衛生上の標準的な危害原因物質（小久保，2000）

化学的危害物質	アフラトキシン[a]，抗菌性物質[b]，抗生物質，殺菌剤，洗浄剤，添加物[c]，内寄生虫用剤の成分である物質[d]，ホルモン剤の成分である物質[e]
生物的危害物質	黄色ブドウ球菌（*Staphylococcus aureus*），カンピロバクター・ジェジュニ，およびカンピロバクター・コリ（*Campylobacter jejuni/coli*），クロストリジウム属菌（*Clostridium*），サルモネラ属菌（*Salmonella*），セレウス菌（*Bacillus cereus*），旋毛虫，腸炎ビブリオ[f]，病原大腸菌，腐敗微生物
物理的危害物質	異物

[a] 香辛料を原材料として用いる場合に限る．
[b] 化学的合成品であり，原材料（乳，食肉など）またはこれらの加工品に含まれるものに限り，抗生物質を除く．
[c] 食品衛生法第7条第1項の規定により使用基準が定められたものに限り，殺菌剤を除く．
[d],[e] 食品衛生法第7条第1項の規定により残留基準の定められたものであって，原材料に含まれるものに限る．
[f] 原材料（魚介類，クジラ）またはこれらの加工品に含まれるものに限る．

おける履歴に関する正確な情報を開示・提供できるシステムであり，製造物責任法（PL法）の成立とともに小売業者にとっても重要課題となっている．EUではBSEリスクに対応するため，2000年からすべてのウシと牛肉（枝肉，四分体，部分肉）にトレーサビリティが義務づけられている．わが国でも2003年に「牛の個体識別のための情報の管理及び伝達に関する特別措置法」が公布され，国内で生まれたすべての牛と輸入牛に10桁の個体識別番号を付け，出生からと畜までの履歴がデータベースに記録されるように義務付けられた．さらに2004年より，販売業者および焼肉レストランなどの特定料理提供業者らは，牛肉の加工・流通それぞれの段階で仕入れの相手先などを帳簿に記録・保存することが求められている．

　HACCPシステム（厚生労働省では総合衛生管理製造過程と呼称）は，高度の安全性が要求される宇宙食を開発するためにアメリカ航空宇宙局（NASA）が考案した食品の汚染を防止するための画期的な衛生管理システムである．食品の原材料から製造，加工，保存，流通を経て消費者にいたるまでの各工程・段階で発生する危害を調査・分析し，危害防止のための重要管理点（CCP）を定め，連続的に監視するシステムである．食肉製品では1997年5月に食品衛生法施行令において，制御すべき危害原因物質が示された（表2.11）．今後，消費者がよ

表2.12 食肉製品の微生物規格，保存基準

	E. coli	大腸菌群	黄色ブドウ球菌	サルモネラ属菌	クロストリジウム属菌	保存基準
乾燥食肉製品	陰性	-	-	-	-	A_w* 0.87 未満のもの…常温保存可能
非加熱食肉製品	100/g 以下	-	1000/g 以下	陰性	-	(1)肉塊のみを原料食肉とする場合 　A_w 0.95 以上のもの…4°C以下 　A_w 0.96 未満のもの…10°C以下 (2)肉塊のみを原料食肉としない場合**
特定加熱食肉製品	100/g 以下	-	1000/g 以下	陰性	1000/g 以下	A_w 0.95 以上のもの…4°C以下 A_w 0.95 未満のもの…10°C以下
加熱食肉製品 ①加熱後包装 ②包装後加熱	陰性 -	- 陰性	1000/g 以下 -	陰性 -	- 1000/g 以下	10°C以下，ただし，製品中心部を120°C，4 分加熱したものは常温保存可能

* 水分活性
**10°C以下で保存：pH が 5.0 未満のもの，A_w が 0.91 未満のもの，製品温度を 15°C以上で燻煙（乾燥）させたものは pH が 5.4 未満かつ A_w が 0.91 未満，pH が 5.3 未満かつ A_w が 0.96 未満のもの．常温で保存可能：pH が 4.6 未満のもの，pH が 5.1 未満かつ A_w が 0.93 未満のもの．

り安全な食品を安心して消費することができるようにするためには，HACCPシステムのモニター結果と合わせて，トレーサビリティシステムの構築が求められている．

b．微生物に対する安全性
1） 食肉を汚染する微生物

食肉の安全性を確保するために，ウシ，ブタなどのと殺解体処理は「と畜場法」，ブロイラーなどの家禽では「食鳥検査法」，食肉の加工・販売にいたっては，「食品衛生法」により法的に規制されている．食肉表面はと殺解体後，家畜自体，作業員，あるいはと殺施設環境などにより，微生物汚染を受ける．汚染レベルはと殺システムの自動化，衛生管理水準の程度およびと殺後の貯蔵温度，湿度条件によって決定される．汚染細菌は，食肉を腐敗・変敗させる「品質劣化菌」とヒトの安全性を脅かす「食中毒細菌」とに分類される．品質劣化菌として

表2.13 食肉，食肉製品で問題となる病原性微生物の特徴（小久保，2000）

菌種名	発育温度(°C)	発育pH	発育最低 Aw	熱抵抗性(D値：分)	ヒトでの発症菌量	食品中の許容菌量
Salmonella	5～46	4.5～8.0	0.94	60°C：3～19 65.5°C：0.3～3.5	10^4～10^9	<1/25 g
Campylobacter jejuni/coli	30～47	5.5～8.0	0.98	50°C：1.95～3.5 60°C：1.33(ミルク中)	10^2～10^5	<1/25 g
Staphylococcus aureus	6.5～46	5.2～9.0	0.86	60°C：2.1～42.35 65.5°C：0.25～2.45	10^5～10^6	<10^2/g
腸管出血性病原大腸菌 O-157	2.5～45	4.4～9.0	0.95	65.5°C：0.14	>10～10^2	<1/25 g
Yersinia enterocolitica	0～44	4.6～9.0	0.94	62.8°C：0.24～0.96 （ミルク中）	10^7～>10^9	<10^2/g
Listeria monocytogenes	0～44	4.5～9.5	0.9	60°C：2.61～8.3 70°C：0.1～0.2	>10^3～10^5	<1/25 g
Clostridium perfringens	10～50	5.0～9.0	0.93～0.95	98.9°C：26～31 （芽胞）	10^6～>10^{11}	<10^2/g
C. botulinum：タンパク分解	10～48	4.6～8.5	0.93	121°C：0.23～0.3 （芽胞）	$3×10^2$	<1/g
C. botulinum：非タンパク分解	3.3～40	5.0～8.5	0.97	82.2°C：0.8～6.6 （芽胞）		
Bacillus cereus	6～48	4.9～9.3	0.93～0.95	85°C：32.1～75 （芽胞）	10^5～10^{11}	<10^2/g
Vibrio parahemolyticus	5～45	4.5～11.0	0.94	Salmonellaよりも短い	10^4～10^9	<10^2/g

は，*Pseudomonas*, *Achromobacter* (*Moraxella*, *Acinetobacter*), *Lactobacillus*, *Micrococcus*, *Microbacterium* および *Enterobacteriacea* などが報告されている．通常，菌数が 10^8～10^9 レベルに達すると，異臭を伴い腐敗にいたる．

2） 食肉製品の衛生規格基準と問題となる微生物

ハム・ソーセージなどの食肉製品を製造するための工程ユニットは，塩漬，細切・混合，充てん，乾燥・燻煙，加熱・冷却および包装工程からなる．製品特性や製法により，食肉製品は乾燥食肉製品，非加熱食肉製品，特定加熱食肉製品，加熱食肉製品の4種類に大別される．食衛法第7条の規定に基づき，これらの食肉製品には成分規格，製造標準および保存基準が個別に定められている（表2.12）．1995年5月の食品衛生法の改正により，HACCP認定工場においては，製造標準の規定が免除されることになった．

食肉および食肉製品で重篤な問題を起こす恐れのある微生物を表2.13に示す．日本ではリステリア菌による食中毒発症例は確認されていないが，諸外国では多数報告されており，その大半は妊婦，乳幼児，高齢者であった．欧米では生ハムのほか，ソーセージ，ホットドッグでリステリア症の大規模な発生があった．日本では2000年夏に，輸入生ハムからリステリア菌が検出され，業者による自主回

表2.14 食肉中に残留する動物用医薬品の基準値（2009年1月1日現在，数値はppm以下を示す）

	牛肉	豚肉	鶏肉		牛肉	豚肉	鶏肉
（抗生物質）				（内寄生虫用剤）			
オキシテトラサイクリン＋				イソメタミジウム	0.10	−	−
テトラサイクリン＋	0.2	0.2	0.2	イベルメクチン	−	−	−
クロルテトラサイクリン				クロサンテル	1.0	−	−
ゲンタマイシン	0.1	0.1	−	ジクラズリル	−	−	0.5
ストレプトマイシン＋				チアベンダゾール＋			
ジヒドロストレプトマイシン	0.6	0.6	0.6	5 ヒドロキシチアベンダゾール	0.10	0.10	0.05**
スピラマイシン	0.2	0.2	0.2	トリクラベンダゾール	0.20	−	−
スペクチノマイシン	0.5	0.5	0.5	ナイカルバジン	−	−	0.2
セフチオフル	1.0	1.0	−	フルベンダゾール	−	0.010	0.20
チルミコシン	0.1	0.1	−	アルベンダゾール	0.10	0.10	0.10
ネオマイシン	0.5	0.5	0.5	モキシデクチン	0.02	−	−
ベンジルペニシリン	0.05	0.05	0.05	レバミゾール	0.01	0.01	0.01
（合成抗菌剤）				（内部・外部寄生虫用剤）			
カルバドックス	−	nd*	−	エプリノメクチン	0.10	−	−
サラフロキサシン	−	−	0.01	（ホルモン剤）			
スルファジミジン	0.10	0.10	0.10	ゼラノール	0.002	0.002**	0.002**
ダノフロキサシン	0.20	0.10	0.20	トレンボロンアセテート	0.002	−	−

＊：不検出，＊＊：暫定基準．

収がなされた．本菌は耐塩性，耐酸性で低温増殖性を有することから，長期に低温貯蔵する食品に対しては十分な配慮が必要である．病原性大腸菌では，牛肉の腸管出血性大腸菌（EHEC：Enterohemorrhagic *Esherichia coli*）O-157 による汚染が大きな問題となっている．本菌による感染症は先進国を中心に増加し，世界的問題となっている．わが国でも 1996 年に，大阪府堺市で起きた学校給食による大量食中毒で有名になったが，その後，「カイワレ大根」，「ビーフ角切りステーキ」，「牛タタキ」を原因とする事例が発生している．本菌は 65℃で 5 分以上の加熱で殺菌されることから，食材や調理器具の洗浄，熱湯消毒が有効な手段である．

c．添加物の安全性
1） 食品添加物

食品添加物は，食品衛生法第 4 条では「食品の製造の過程において又は食品の加工若しくは保存の目的で，食品に添加，混和，浸潤その他の方法によって使用する物をいう」と定義されている．生肉には添加物の使用は禁止されている．現

在，ハム，ソーセージ類に使用される食品添加物は発色剤，保存料，結着補強剤，着色料，酸化防止剤，調味料などである．発色剤として使用される亜硝酸塩が酸性条件下でジメチルアミンと反応して発がん性のある N-ニトロソジメチルアミンを生成することから，1970年代に食肉製品に使用される亜硝酸塩について，安全性が議論されたことがあった．しかし畜肉中には二級アミンがほとんど存在しないことから食肉製品に亜硝酸塩を用いても，N-ニトロソ化合物の発生はほとんど検出限界以下であり，問題はないとされている．食品衛生法では製品中に亜硝酸根として 70 ppm 以下になるよう発色剤の使用基準が定められている．

その他の保存料（ソルビン酸），結着補強剤（重合リン酸塩など），着色料（コチニール色素など），酸化防止剤（アスコルビン酸ナトリウムなど），調味料などに関しては，食品添加物としての安全性試験を満たしており問題はない．添加物の安全性は実験動物による各種の毒性試験（単回投与毒性，反復投与毒性，変異原性，生殖毒性，催奇形性，発がん性，神経毒性，免疫毒性試験など）により確認され，一日摂取許容量（ADI：acceptable daily intake，ヒトの体重1kg当たりの mg 数）により使用基準が定められている．

2) アレルギー物質について

アレルギー物質を含む食品に起因する健康被害を防止するために，アレルギー物質を含む食品の表示制度が 2002 年 4 月 1 日から義務付けられた．表示が必要な物質として現在 25 品目が指定され，特定原材料 7 品目（卵，乳，小麦，えび，かに，そば，落花生）については，すべての流通段階での表示が義務付けられ，またその他の特定原材料に準じる 18 品目（あわび，いか，いくら，オレンジ，キウイフルーツ，牛肉，くるみ，さけ，さば，大豆，鶏肉，バナナ，豚肉，まつたけ，もも，やまいも，りんご，ゼラチン）についても，原材料として含む旨を可能な限り表示することが推奨された．微量原材料については，特定原材料などの総タンパク量として数 $\mu g/ml$ または数 $\mu g/g$ 含有レベル未満を含有する食品については表示を不要とした．この考え方は，微量汚染，キャリーオーバー，加工助剤についても適用される（4.2 節参照）．

3) 食肉（牛肉，豚肉，および鶏肉）中の動物用医薬品などの残留基準値

畜水産食品中に残留する動物用医薬品については，2006 年 5 月からポジティブリスト制度が施行され残留基準値が多く設定された．これらの最新情報については厚生労働省ホームページから入手できる．なお 2009 年 1 月現在の主な食肉中の動物用医薬品などの残留基準値を表 2.14 に示す．以上のほか，食肉の安全

性にはダイオキシンなどの環境汚染物質の食肉への汚染防止，飼料の安全性確保，鳥インフルエンザウイルスの感染防止などの課題がある．　　〔根 岸 晴 夫〕

文　　献

2.1　食肉の生産と消費

1) Devine, C.E.：(1989) Meat Production and Processing (Purchas, R.W., et al., eds.), p. 187, New Zealand Society of Animal Production.
2) FAO Statistical Databases：(2004)
3) Gurkan, A.A.：(1999) 45 th ICoMST, vol.1, 2.
4) Jensen, W., et al., eds.：(2004) Encyclopedia of Meat Sciences, vol.1〜3, Elsevier Academic Press.
5) 中井博康：(1996)肉の科学(シリーズ〈食品の科学〉，沖谷明紘編), p. 24, 朝倉書店．
6) 農畜産業振興事業団：(2006) 畜産の情報（国内編）．

2.2　食肉の構造

1) Frewein, J., et al.：(1914) Lehrbuch der Anatomie der Haustiere. Band I Bewegungsapparat, pp. 230-504, Paul Parey.
2) Hedrick, H.B., et al.：(1994) Principles of Meat Science, Kendall/Hunt Publishing.
3) クルスティッチ，R. 著，藤田恒夫監訳：(1981) 立体組織図譜，西村書店．
4) 山本啓一・丸山工作：(1986) 筋肉，化学同人．

2.3　食肉成分のサイエンス

1) Aberle, E. D., et al.：(2001) Principles of Meat Science, 4th ed., Kendall/Hunt Publishing.
2) 天野慶之ら編：(1980) 食肉加工ハンドブック，光琳．
3) Arihara, K., et al.：(2001) *Meat Sci.*, **57**, 319.
4) Boldyrev, A., et al.：(1999) *Neuroscience*, **94**, 571.
5) 細野明義・鈴木敦士：(1989) 畜産加工（改訂版），朝倉書店．
6) 伊藤敞敏ら編：(1998) 動物資源利用学，文永堂出版．
7) Lawrie, R. A.：(1998) Lawrie's Meat Science, 6th ed., Woodhead Publishing.
8) 文部科学省科学技術・学術審議会資源調査分科会編：(2005) 五訂増補日本食品標準成分表—脂肪酸成分表編，国立印刷局．
9) Morimatsu, F., et al.：(1996) *J. Nutr. Sci. Vitaminol*, **42**, 145.
10) 森田重廣監修：(1992) 食肉・肉製品の科学，学窓社．
11) 中江利孝編著：(1986) 乳・肉・卵の科学—特性と機能—，弘学出版．
12) 沖谷明紘編：(1996) 肉の科学（シリーズ〈食品の科学〉），朝倉書店．
13) Okumura, T., et al.：(2004) *Biosci. Biotechnol. Biochem.*, **68**, 1657.
14) Pariza, M. W., et al.：(1979) *Cancer Lett.*, **7**, 63.
15) Pearson, A. M., et al.：(1987) Muscle and Meat Biochemistry, Academic Press.

16) Saiga, A., et al.：(2003) *J. Agric. Biol. Chem.*, **51**, 1741.
17) Saiga, A., et al.：(2003) *J. Agric. Biol. Chem.*, **51**, 3661.
18) Voet, D. and Voet, J. G.：(1995) Biochemistry, 2nd ed., John Wiley.
19) 山本啓一・丸山工作：(1986) 筋肉，化学同人．

2.4 食肉の保健的機能性

1) Arihara, K.：(2004) Encyclopedia of Meat Sciences (Jensen, W., et al., eds.), p 492, Elsevier Academic Press.
2) 有原圭三：(2005) 畜産コンサルタント，**41**，18．
3) Arihara, K.：(2006) Advanced Technologies for Meat Processing (Toldra, F. and Nollet, M.L., eds.), p. 245, CRC Press.
4) 藤巻正生：(1999) 機能性食品と健康，裳華房．
5) 林　利哉・伊藤肇躬：(2000) 食肉の科学，**41**，121．

2.5 筋肉から食肉への変換

1) Matsuishi, M., et al.：(2000) *Animal Sci. J.*, **71**, 409.
2) Matsuishi, M., et al.：(2001) *Animal Sci. J.*, **72**, 498.
3) 西村敏英：(1998) 栄養と健康のライフサイエンス，**3**, 778．
4) Nishimura, T.：(1998) *Food Sci. Technol. Int. Tokyo*, **4**, 241.
5) Nishimura, T., et al.：(1988) *Agr. Biol. Chem.*, **52**, 2323.
6) Nishimura, T., et al.：(1995) *Meat Sci.*, **39**, 127.
7) 奥村朋之ら：(2002) 日本畜産学会報，**73**, 291．
8) Okumura, T., et al.：(2004) *Biosci. Biotechonl. Biochem.*, **68**, 1657.
9) 島　圭吾：(2002) 食肉の科学，**43**, 1．
10) 髙橋興威：(1996) 食肉の科学，**37**, 3．
11) Terasaki, M., et al.:(1965) *Agr. Biol. Chem.*, **29**, 208.

2.6 食肉の加工特性

1) Bandman, E.：(1987) The Science of Meat and Meat Products, 3rd ed. (Price, J.F. and Schweigert, B.S., eds.), p. 76, Food and Nutrition Press.
2) Brewer, M.S.：(2004) Encyclopedia of Meat Sciences, vol.1 (Jensen,W., et al., eds.), p. 242, Elsevier Academic Press.
3) Claus, J.R., et al.：(1994) Muscle Foods, Meat Poultry and Seafood Technology (Kinsman, D.M., et al., eds.), p. 113, Chapman and Hall.
4) Cornforth, D.P. and Jayasingh, P.：(2004) Encyclopedia of Meat Sciences, vol.1 (Jensen, W., et al., eds.), p. 249, Elsevier Academic Press.
5) Motzer, E.A., et al.：(1998) *J. Food Sci.*, **63**, 1007.
6) Muguruma, M., et al.：(2003) *Meat Sci.*, **63**, 191.
7) 長野　敬：(1991) ローン生化学（吉田賢右監訳），p. 121，医学書院．
8) 永田致治：(1995) 食品の変色の化学（木村　進ら編著），p. 388，光琳．
9) Offer, G., et al.：(1987) In Proc. 4th Int. Symp. On Water in Foods, Banff, Canada,

    Marcel Dekker.
10) 岡山高秀ら：(1995) 日本食品科学工学会誌，**42**，498．
11) 坂田亮一：(2001) 食肉の科学，**42**，110．
12) Wismer-Pedersen, J.：(1987) The Science of Meat and Meat Products, 3rd ed. (Price, J.F. and Schweigert, B.S., eds.), p. 151, Food and Nutrition Press.

2.7 食肉の加工技術と食肉製品

1) 天野慶之ら：(1980) 食肉加工ハンドブック，光琳．
2) Bowers, J.A., et al.：(1987) *J. Food Sci.*, **52**, 533.
3) Dethmers, A.E., et al.：(1975) *J. Food Sci.*, **40**, 491.
4) Gray, J.I. and Pearson, A.M.：(1984) *Adv. Food Res.*, **29**, 24.
5) Ingram, M.：(1974) Proc. Int. Symp. Nitrite Meat Prod., 63.
6) Morita, J., et al.：(1983) *J. Fac. Agr. Hokkaido Univ.*, **61**：364.
7) Mottram, D.S. and Rhodes, D.N.：(1974) Proc. Int. Symp. Nitrite Meat Prod., 161.
8) 日本食肉研究会編：(1992) 食肉用語事典，食肉通信社．
9) 農林水産省食品流通局品質課監修：(1987) 日本農林規格品質表示基準食品編，中央法規出版．
10) Ockerman, H.W. and Wu, Y.C.：(1990) *J. Food Sci.*, **55**, 1255.
11) Poste, L.M.：(1986) *J. Food Sci.*, **43**, 1198.
12) 齊藤不二男ら：(1982) 食肉加工の実際，食品資材研究会．
13) Samejima, K., et al.：(1986) *Meat Sci.*, **18**, 295.
14) 食品衛生研究会編：(1990) 食品衛生関係法規集，中央法規出版．
15) Tarladis, S.R.：(1961) *J. Am. Oil Chem. Soc.*, **38**, 479.

2.8 食肉・食肉製品の安全性

1) 日高　徹・湯川宗昭：(2001) 食品添加物事典（改訂増補版）食品化学新聞社．
2) 金子精一：(1971) ニューフードインダストリー，**13**，76．
3) 小久保彌太郎：(2000) HACCP における微生物危害と対策（春田三左夫編），p. 52, 中央法規出版．
4) 松田友義：(2001) 農林統計調査，**51**，11．
5) 三輪　操：(1996) 肉の科学（シリーズ〈食品の科学〉，沖谷明紘編），p. 181，朝倉書店．
6) 永田致治：(1986) 乳・肉・卵の科学―特性と機能―（中江利孝編），p. 146，弘学出版．
7) 中澤弘幸・堀江正一：(1998) 食品に残留する動物用医薬品の新知識，食品化学新聞社．
8) 中澤宗生：(2001) 防菌防黴，**29**，697．
9) 日本食肉加工協会ら：(1993) ハム・ソーセージ関連三大法規，食肉通信社．
10) Pegg, R.B. and Shahidi, F.：(2000) Nitrite Curing of Meat, p. 175, Food and Nutrition Press.
11) 鮫島　隆：(2001) 防菌防黴，**29**，245．
12) 高橋興威：(1983) ニューフードインダストリー，**25**，20．
13) 鶴身和彦：(2001) 食品衛生研究，**51**，27．

3. 卵のサイエンス

3.1 卵の生産と消費

a. 生産動向

　第二次世界大戦により壊滅的な打撃を受けたわが国の養鶏業は，戦後7年目の1952年に鶏卵の生産量が初めて戦前の水準を超え，その後も急激に増加を続けた．鶏卵生産量は1965年に100万tに達し，1980年には200万tを突破した．1992年には250万tを超えたが，以後，鶏卵の消費は増加せず，今日にいたるまで250万t前後の水準にある（図3.1）．

　鶏卵は物価の優等生にたとえられるが，その背後には養鶏業者の熾烈な競争が存在した．生産性に劣る規模の小さな養鶏家が減少し，1981年に18万6500戸あった養鶏家は2004年には4000戸にまで激減した．養鶏業者の寡占化は，アメリカやヨーロッパのように，わが国においても将来に渡り進行するものと予想される．

3.1 卵の生産と消費

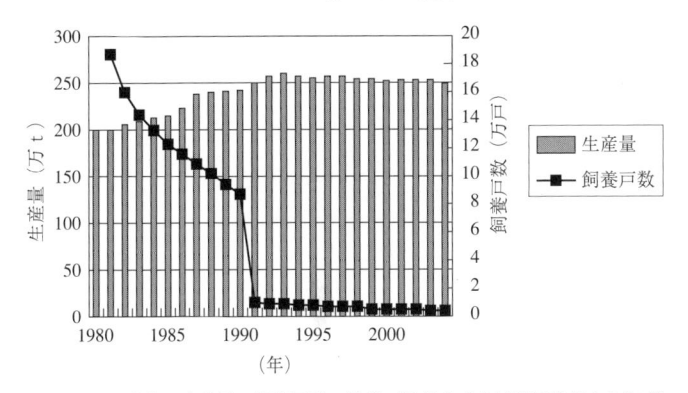

図 3.1 鶏卵の生産量と飼養戸数の推移（農林水産省統計情報部より作成）
注) 1991年以降300羽未満の飼養戸数を除く．1998年以降1000羽未満の飼養戸数を除く．

表 3.1 主要国の年間一人当たりの鶏卵消費量（個）

国 名	1980年	1990年	2000年	2002年
日本	270	310	328	325
アメリカ	273	235	258	254
フランス	250	263	264	248
イタリア	191	217	219	223
ドイツ	285	253	223	217
スウェーデン	213	210	197	187
カナダ	227	191	188	185
オランダ	191	176	180	184
イギリス	235	169	173	176
オーストラリア	214	148	155	152

(International Egg Commision より作成)

b. 消費動向

2002年におけるわが国の年間一人当たりの鶏卵消費量は325個であり，先進国の中では突出して多い（表3.1）．欧米先進国では鶏卵消費の深刻な低迷があげられる．かつての鶏卵の消費といえば，所得水準の高い欧米先進国に限られていたが，アメリカではすでに50年以上も前に消費の減少が起こっており，イギリス，ドイツ，カナダ，およびオーストラリアなどでも20〜30年前に消費のピークが現れている．

わが国の一人当たりの鶏卵消費量は，この10年間ほぼ横ばい状態である．消費の内訳をみると家庭の消費が年々減少している反面，外食，ホテル，加工卵向けの業務・加工用の消費が着実に増え続けている．　〔黒田南海雄〕

3.2 卵の成分のサイエンス（機能と構造）

鶏卵を構成する卵白，卵黄，卵殻，卵殻膜の組成は，ニワトリの種や齢，飼料成分によって変動するが，通常の白色レグホーンの場合，重量比で，卵白が約60％，卵黄が約30％，卵殻と卵殻膜が約10％を占める．全卵，卵白，卵黄の成分組成を表3.2に示す．

a. 卵 白

卵白は鶏卵の約60％を占め，タンパク質が全卵白固形分の90％以上を占める．卵白タンパク質の種類と特性を表3.3に示してある．卵白は卵黄を包み，抗プロテアーゼ活性や抗菌活性を持つ成分が含まれている．また，外部からの保護機能を示すとともに，受精卵の胚発生時の栄養貯蔵の機能を果たしている．そのため，卵白はタンパク質栄養価の最もすぐれたタンパク質の一つであり，タンパク質の栄養性の指標となるタンパク質スコアにおける基準タンパク質とされている．

1) オボアルブミン

オボアルブミン（ovalbumin）は，卵白タンパク質の50％以上を占める．385残基のアミノ酸からなる分子量4万5000の一本鎖タンパク質であり，N-末端のグリシン残基はアセチル化されている．分子内に糖鎖とリン酸基を有する．主にマンノース型の糖鎖が N-グリコシド結合により291番目のアスパラギン残基（Asn^{291}）に結合している．リン酸基の結合には，不均一性がある．オボアルブミン1分子に，2残基のリン酸を含むものをA1，1残基のリン酸を含むものをA2，そしてリン酸基を含まない分子種をA3とよび，それらは電気泳動により相互分離される．A1，A2，A3の存在割合は85：12：3であり，それぞれの等電点は4.72，4.75，4.82である．リン酸化の部位は Ser^{68} と Ser^{344} である．これらのリン酸基はアルカリホスファターゼおよび酸性ホスファターゼの基質とな

表3.2 鶏卵の成分組成（％，科学技術庁資源調査会，2001）

	水 分	タンパク質	炭水化物	脂 質	ミネラル
全 卵	74.7	12.3	0.9	11.2	0.9
卵 白	88.0	10.4	0.9	0	0.7
卵 黄	51.0	15.3	0.8	31.2	1.7

3.2 卵の成分のサイエンス（機能と構造）

表 3.3 卵白タンパク質の組成と特性（Nakamura and Doi, 2000）

	組成（重量%）	分子量	等電点	糖鎖の有無	特性
オボアルブミン	54	45×10^3	4.7	有	リンタンパク質
オボトランスフェリン	12〜13	77.7×10^3	6.0	有	鉄結合性, 抗菌性
オボムコイド	11	28×10^3	4.1	有	トリプシンインヒビター
オボムチン	1.5〜3.5	$0.23 \sim 8.3 \times 10^6$	4.5〜5.0	有	粘稠性
リゾチーム	3.4〜3.5	14.3×10^3	10.7	無	細胞壁溶解
G2グロブリン	4.0 ?	9×10^3	5.5	有	−
G3グロブリン	4.0 ?	49×10^3	5.8	有	−
オボインヒビター	0.1〜1.5	49×10^3	5.1	有	セリンプロテアーゼインヒビター
オボグリコプロテイン	0.5〜1.0	24.4×10^3	3.9	有	−
オボマクログロブリン	0.5	$0.76 \sim 0.9 \times 10^6$	4.5〜4.7	有	抗原性
シスタチン	0.05	12.7×10^3	5.1	無	チオールプロテアーゼインヒビター
アビジン	0.05	68.3×10^3	10.0	有	ビオチン結合性

り，これらの酵素によって脱リン酸化される．

　分子内にオボアルブミン1分子当たり4個のシステイン残基，2個のシスチン残基を含み，4個のシステイン残基はそれぞれ分子内における存在状態が異なり，反応性に違いがある．これらのチオール基の状態識別試薬などとの反応性を指標にして，オボアルブミン分子構造の変化や状態の違いを知ることができる．オボアルブミンは結晶化法により比較的容易に精製が可能であるため，古くから研究が行われているが，その生理機能については依然不明である．

　オボアルブミンは，セリンプロテアーゼの阻害タンパク質「セルピン（Serpin, serine proteinase inhibitor）」と構造が似ており，いわゆるセルピンスーパーファミリーに属するが，プロテアーゼ阻害活性は見出されていない．セルピンはプロテアーゼと結合すると分子の一部が切断され，その切断部がセルピン分子内に挿入され，プロテアーゼと結合可能な状態になると考えられている．オボアルブミンの場合，セルピンと同様な構造をとり，オボアルブミン分子の一部（図3.2のP1部分）がプロテアーゼによる切断を受けるにもかかわらず，切断部のオボアルブミン分子内への挿入が生じない．その理由として，セルピンの場合，切断部分の空間配置を変える折れ曲がりの部分（ヒンジ部分）がトレオニン残基であるが，オボアルブミンではこの箇所がアルギニン残基であり，切断部分の空間配置を変えることができない．そのために切断部分の挿入が起こらず，プロテアーゼ阻害活性を示すことができないものと推定されている．

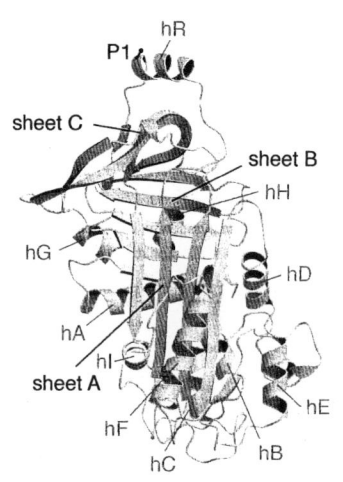

図3.2 オボアルブミンの構造
(Yamasaki, et al., 2001)
3つのβシート構造と10個のαヘリックス構造からなり，P1はセルピンの場合の切断部位に対応する（本文参照）．

　枯草菌が産生するタンパク質分解酵素ズブチリシンをオボアルブミンに作用させるとヘプタペプチド（Glu^{346}-Ala-Gly-Val-Asp-Ala-Ala^{352}）が切り出される．この限定加水分解を受けたオボアルブミンがプラクアルブミンである．オボアルブミンは未変性の場合，トリプシンによる加水分解をほとんど受けないが，加熱などの変性処理を行うと容易に分解を受けるようになる．また，pH 4においてペプシンを作用させると，His^{23}-Ala^{24}のみが限定的に加水分解される．これらのプロテアーゼに対する感受性も分子構造の変化を知るための指標となりうる．卵を長期間貯蔵すると卵殻から炭酸ガスが蒸散して，卵白のpHが上昇する．この高いpHのためオボアルブミン分子構造が変化して，熱変性温度が上昇することが知られている．この熱安定化オボアルブミンはS-オボアルブミンとよばれ，実験室的にはpH 10において55℃でオボアルブミンを一晩放置することにより生成する．この変化の機構の詳細は不明であるが，分子表面電荷のわずかな変化が原因と考えられている．

　2） オボトランスフェリン

　オボトランスフェリン（ovotransferrin）はコンアルブミン（conalbumin）ともよばれる．分子量7万8000の糖タンパク質であり，ほぼ同サイズの2つの

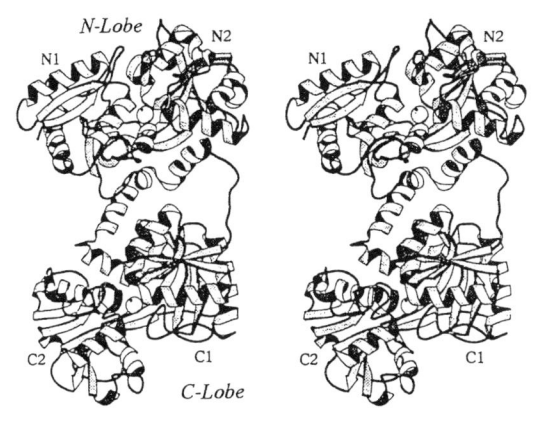

図3.3　オボトランスフェリンの構造（Hirose, 2000）

機能単位（ローブ）から構成されており，それぞれN-ローブ，C-ローブとよばれている．それぞれのローブ間はアミノ酸10残基からなるペプチド鎖でつながっている．N-ローブおよびC-ローブは，それぞれ2つのドメインとそれをつなぐヒンジ領域で構成されている．各ローブは，多くの分子内ジスルフィド結合によって安定化されているが，遊離のチオール基やリン酸基は存在しない．

　血清トランスフェリンや乳や唾液に存在するラクトフェリンと同様に鉄結合能を有し，オボトランスフェリン1分子当たり2つの鉄イオン（Fe^{3+}）が結合する．鉄イオンは2つのドメインとヒンジ領域にある配位子を介してタンパク質分子と結合している．すなわちドメインのアミノ酸残基（チロシン2残基，ヒスチジン1残基，アスパラギン酸1残基，アルギニン1残基），ならびに1分子の炭酸イオンと結合する．生理的pH（pH 7.4）以上では2分子の鉄を完全に結合することができるが，pHの低下に伴い徐々に鉄錯体が崩壊する．pH 5.5以下になると錯体は完全に崩壊し，鉄イオンを遊離する．銅，亜鉛，アルミニウム，コバルト，マンガンなど鉄以外の金属との結合も認められるが，鉄との結合が最も強い．オボトランスフェリンは比較的低い温度で熱変性を起こすが，金属と結合したホロ型は安定構造をとり，変性温度が上昇して変性剤の効果を受けにくくなる．鉄結合能によって，オボトランスフェリンは細菌の増殖に必要な鉄をうばい，細菌による感染に対して防御効果がある．卵白が抗菌活性を示すのは，このオボトランスフェリンの効果によるところが大きい．

3） オボムコイド

オボムコイド (ovomucoid) は，分子量2万8000の，Kazal型トリプシンインヒビターである（1948年にKazalによって，ウシ膵臓より初めて結晶として分離されたセリンプロテアーゼインヒビターと類似の構造を持つインヒビターをKazal型とよぶ）．186残基のアミノ酸からなり，9つの分子内ジスルフィド結合を持つ糖タンパク質である．糖鎖は20～25%を占め，N-アセチルグルコサミン，マンノース，ガラクトース，N-アセチルノイラミン酸からなる．糖鎖はアスパラギン残基にN-グルコシド結合を介して結合している．オボムコイド分子は3つのドメインⅠ，Ⅱ，Ⅲからなり，ニワトリオボムコイドではトリプシン阻害の活性中心はドメインⅡに局在し，活性中心のアミノ酸残基はアルギニンである．ニワトリ以外では，トリプシンのほかにキモトリプシン活性も阻害するものもあるが，トリプシン類似のセリンプロテアーゼであるプラスミン，エラスターゼや金属プロテアーゼであるコラーゲナーゼとは相互作用をしない．

4） リゾチーム

リゾチーム (lysozyme) は細菌細胞壁に存在するN-アセチルムラミン酸とN-アセチルグルコサミン間の$\beta 1 \rightarrow 4$結合を加水分解する酵素である．溶菌作用を有し，卵白の感染防御因子の一つと考えられている．リゾチームは鶏卵以外にも，動植物，微生物界に広く存在し，基質特異性や分子量の違いから，T4型リゾチーム（バクテリオファージT4のリゾチームに代表される．N-アセチルムラミン酸にペプチドが結合した部位を加水分解），g型リゾチーム（ガチョウ卵白リゾチームに代表される．N-アセチルムラミン酸へのペプチド結合にかかわらず分解する），キチン型リゾチーム（パパイヤリゾチームに代表される．キチンを主に分解する），そしてc型リゾチーム（鶏卵卵白リゾチームを代表とする．N-アセチルムラミン酸とN-アセチルグルコサミン間の$\beta 1 \rightarrow 4$結合のみならず，キチンも分解する）の4群に大別されている．

リゾチーム（鶏卵卵白）は129個のアミノ酸からなる一本鎖ポリペプチドであり，分子内ジスルフィド結合が4カ所，分子量1万4300，等電点11の塩基性タンパク質である．ペニシリンの発見者であるフレミングにより，抗菌活性を有する酵素として発見され，塩基性条件下でNaClの添加により，容易に結晶化する．古くから研究が進み，X線結晶解析により初めて構造決定が行われた酵素でもある．Glu^{35}およびAsp^{52}が触媒基である．グラム陽性菌が基質となるが，グラム陰性菌も作用を受けることが報告されている．これは，酵素触媒として で

はなく，リゾチーム分子の特定の箇所が膜脂質と直接相互作用することが推定される．また，リゾチームは甘味を示し，その閾値（味刺激を引き起こす限界濃度）は約 $20\,\mu M$ である．この甘味活性は加水分解活性とは関連がない．鶏卵リゾチームのみならず，ガチョウ，ダチョウ卵白などの g 型リゾチームも甘味性を示す．

5） オボムチン

ムチンは一般的に，動物の上皮細胞や粘膜，唾液腺などの外分泌腺から分泌される粘液性物質であり，水に難溶性の高分子量糖タンパク質である．オボムチン（ovomucin）はムチンの一つであり，糖含量 10～20% の糖タンパク質である．2～3 μm の繊維状構造体を形成し，ゲル状組織となっている．卵白の粘稠性はこのムチンの特性による．可溶性オボムチン（分子量約 8.3×10^6）と不溶性オボムチン（分子量約 2.3×10^7）が存在し，前者は 40 の α-サブユニットと 3 つの β-サブユニット，後者は 84 の α-サブユニットと 20 の β-サブユニットからなる．卵白は濃厚卵白（40～60%），内水様卵白（卵黄に近いところに局在，20～40%），および外水様卵白（卵殻に近いところに局在，10～40%）に分けられるが，可溶性オボムチンは内水様卵白と外水様卵白に多く含まれ，不溶性オボムチンは濃厚卵白に主として含まれる．

各サブユニット間はジスルフィド結合を介して超巨大分子を形成している．β-サブユニットは α-サブユニットより多くの糖鎖を含む．α-サブユニットはヘキソース（6～7%），ヘキソサミン（7～8%），N-アセチルノイラミン酸（0.3～0.8%）を含み，β-サブユニットはヘキソース（18～20%），ヘキソサミン（18～22%），N-アセチルノイラミン酸（11～15%）を含む．α-サブユニットは 2087 個のアミノ酸残基からなり，N-末端はリジン，N-，C-末端領域にはシステイン残基を多く含む．オボムチンはヒト小腸ムチン MUC 2 と構造が非常によく似ているが，ヒト小腸ムチン MUC 2 にみられるようなドメインの直列繰返し配列がない．また，抗ウイルス活性，抗腫瘍活性を持つ．卵の長期保存によって濃厚卵白の水様化がみられるが，これはオボムチンの構造変化によるものと考えられている．

6） その他のタンパク質

i） G_2 グロブリン，G_3 グロブリン　　G_2 グロブリン（G_2 globulin）および G_3 グロブリン（G_3 globulin）は，分子量がそれぞれ 3 万 6000，4 万 5000 であり，卵白の起泡性に重要な役割を担っている．生物学的機能に関しては不明であ

る．

ii) オボインヒビター オボインヒビター（ovoinhibitor）はオボムコイドとは異なるタンパク質であり，分離も容易である．分子量は4万8000であり，Kazal型トリプシンインヒビターである．細菌，真菌のセリンプロテアーゼを阻害する．

iii) オボグリコプロテイン オボグリコプロテイン（ovoglycoprotein）は酸性糖タンパク質であり，分子量は2万4400である．生物学的機能は不明である．

iv) オボマクログロブリン オボマクログロブリン（ovomacroglobulin）は分子量が76万および90万であり，オボムチンに次ぐ巨大分子量のタンパク質成分である．血液中のα_2-マクログロブリンと同族であり，プロテアーゼを捕捉することによりその活性を阻害する．

v) シスタチン シスタチン（cystatin）はプロテアーゼインヒビターであり，パパインやフィシンの活性を阻害する．分子量は1万2700であり，高い熱安定性を示す．

vi) アビジン アビジン（avidin）は分子量1万5600のサブユニット4つからなる糖タンパク質であり，各サブユニットは128個のアミノ酸残基からなる．ビタミンB群のビオチンと結合し不活性化するが，卵白中の量がきわめて少ないために，卵白の栄養価を損なうことはない．きわめて安定であり，酸性条件下では高圧滅菌処理によっても失活しない．各サブユニットに1分子のビオチンが結合する性質（アビジン-ビオチン反応）を利用して，ビオチン結合抗体の生化学分野での高感度検出に用いられている．

b．卵　黄

卵黄（yolk）を超遠心分離機で遠心処理をすると，沈殿の顆粒画分と上澄のプラズマ画分に分かれる．顆粒画分のほうにはタンパク質が多く含まれ，プラズマ画分には脂質の存在割合が大きいが，いずれの画分においてもタンパク質は脂

表3.4 卵黄中の顆粒画分とプラズマ画分の成分組成（重量%）（Nakamura and Doi, 2000）

画　分	卵黄中の含量	水　分	タンパク質	脂　質	ミネラル
顆　粒	22	44	34	19	3
プラズマ	78	49	9	41	1

質と強固に結合して，乳化状態で存在する．脱脂したタンパク質はほとんどが不溶性である．

顆粒画分には，リポビテリン（高密度リポタンパク質）が70%，ホスビチンが16%，リポビテレニン（低密度リポタンパク質）が12%含まれる．一方，プラズマ画分には，リポビテレニン（低密度リポタンパク質）86%，リベチン14%が含まれる．

1）リポビテリン

リポビテリン（lipovitellin，高密度リポタンパク質（HDL：high density lipoprotein））は卵黄タンパク質の約1/6を占め，分子サイズは 4×10^5 Da であり，タンパク質（複数の成分）80%と脂質20%で構成されている．リポビテリンの脂質を除いたタンパク質部分である α-および β-リポビテリンは，前駆体であるビテロゲニンから生じる．肝臓において合成され卵母細胞内に輸送されたビテロゲニンがプロテアーゼによる切断を受け，その生成物としてリポビテリンとホスビチンが生じる．α-リポビテリンと β-リポビテリンの存在比は2：1である．いずれも糖タンパク質であるが，シアル酸の含量が大きく異なる．α-リポビテリンは β-リポビテリンの約6倍のシアル酸を含む酸性タンパク質である．また，両リポビテリン間の脂質およびリン酸含量は異なるが，アミノ酸組成および脂質組成はきわめて似ている．リポビテリンの表面構造はリポビテレニン（低密度リポタンパク質）と異なる．リポビテリンを脱脂処理すると不溶化する．

2）ホスビチン

ホスビチン（phosvitin）は高度にリン酸化された酸性タンパク質であり，糖鎖も結合する複合タンパク質である．N-末端アミノ酸はアラニンであり，精製したホスビチンは水溶性である．電気泳動的に異なる2つの成分，α-ホスビチンと β-ホスビチンからなる．両者の違いはリン酸と糖含量の違いによる．リン酸はセリン残基に結合し，ホスホセリン残基を形成している．8残基のホスホセリン残基が連続する箇所が分子内にいくつか存在し，このリン酸基の2残基当たり1つの鉄イオンが配位結合する．全リン酸基に鉄が結合していないため，摂取したほかの食品中の鉄分と結合することがある．ホスビチンはペプシンやトリプシンの作用を受けにくく，しかも熱安定であるため加熱調理においても容易に変性しない．したがってホスビチンによる鉄の捕捉は鉄の栄養有効性を下げ，しばしば卵黄による鉄分の吸収阻害の原因となる．

3) リポビテレニン

リポビテレニン (lipovitelenin, 低密度リポタンパク質 (LDL: low density lipoprotein)) は密度が 0.98 であり, 正確には超低密度リポタンパク質 (very low density lipoprotein) の範疇に入るが, 低密度リポタンパク質とよばれている. 卵黄乾燥体の 60% 以上を占め, タンパク質 (複数の成分) 11%, 脂質 89% である. 脂質は, トリアシルグリセロール 70%, リン脂質 26%, コレステロール 4% からなる. 単一組成ではなく, 化学組成の違いから低密度リポタンパク質 1 と低密度リポタンパク質 2 に分画され, さらにそれぞれ 5 つのタンパク質成分が含まれている. 脂質を除いたアポ部のタンパク質は糖タンパク質であり, N-末端アミノ酸はリジン, C-末端アミノ酸はグルタミン酸である.

4) リベチン

リベチン (livetin) は脂質を含まない, 水溶性の糖タンパク質群である. 3 つの成分, α-, β-, γ-画分からなるとされるが, α, β 画分は不均一であり, 多くのタンパク質成分を含む. α 画分は血清アルブミン, β 画分はビテロゲニンの C-末端フラグメント, および γ 画分は免疫グロブリンである.

c. その他 (卵殻, 卵殻膜)

1) 卵殻

卵殻 (eggshell) 部は最外部のクチクラ層, 内側部分のスポンジ基質と乳頭突起, さらにその内側, すなわち卵白と接している卵殻膜で構成される. クチクラは約 10 μm の厚さでスポンジ基質に開いている気孔をおおい, 外からの細菌や水の浸入を防ぐが, 空気は透過する. クチクラはタンパク質を主成分とし, 少量の糖質と脂質を含んでいて, 水洗などにより容易に除去されるので, 水による卵の洗浄は菌の進入などを可能とし, 保存性に問題をまねく (3.4 節参照). 卵殻は 95% 以上がミネラルからなり, 炭酸カルシウムが主成分である. そのほかに少量の炭酸マグネシウムとリン酸カルシウムを含む. クチクラと卵殻には, プロトポルフィリン色素が含まれ, 卵殻の色はこの色素の量による. 色素の量と卵白, 卵黄の特性は無関係である.

2) 卵殻膜

卵殻膜 (shell membrane) は内膜と外膜からなり, それぞれ 50 μm, 15 μm の厚さである. いずれも三次元の繊維状の網目構造 (図 3.7(a) 参照) をしており, 外部からの菌の侵入などを阻止する. 70% が有機物, 10% がミネラル, 20

％が水分である．有機物の主成分はコラーゲン，デスモシン，ノンエラスチンなどのタンパク質である．少量の脂質や糖質を含む． 〔北畠直文〕

3.3 卵の形成と卵成分の生合成

卵は，卵黄，卵白，および卵殻などから構成される（図3.4）．卵黄は，生物学的にいう卵（卵子）であり，卵巣で卵黄成分を血清中から取り込みながら成長，成熟し排卵される．卵黄は図3.4に示すように中心部の白色卵黄とその外側で濃淡の層状構造を持つ黄色卵黄からなる．その後，卵は卵管内に移行して，卵管細胞から分泌される卵白成分に包み込まれ，カラザ層，内水様卵白，濃厚卵白，外水様卵白とよばれる構造が形成され，最後に卵殻膜および卵殻によって被覆されて放卵される（図3.5，3.6）．

a. 卵 黄
1）卵胞成長

産卵鶏の卵巣には，卵子の前駆細胞である卵母細胞を包み込んだ多くの卵胞が存在する．卵胞の大きさは直径1mm以下の小さなものから最大で直径数cmに達するものまでさまざまである．1mm程度の小さな卵胞は月から年の期間を経てきわめてゆっくり成長し，その後約2カ月かけて直径1cm程度に成長する．とくに排卵前の7〜11日は，最も急速な成長がみられる期間で，直径で1cm程度のものが数cmまで，重量で1g程度のものが15〜20gにも増加する．このよ

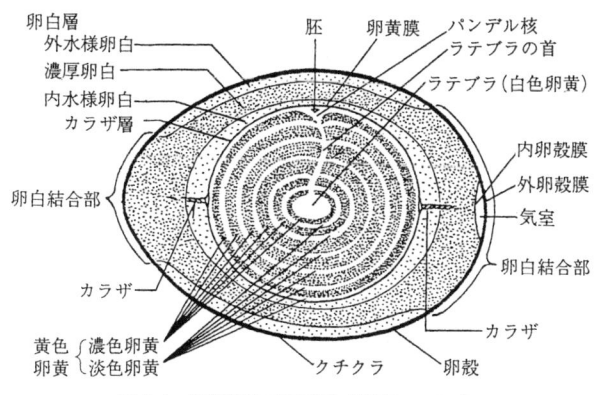

図3.4 新鮮鶏卵の断面図（佐藤ら，1989）

170　　　　　　　　　　　　　　3．卵のサイエンス

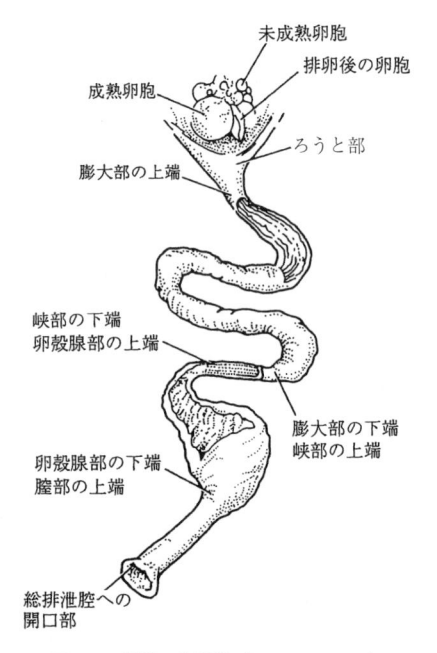

未成熟卵胞
排卵後の卵胞
成熟卵胞
ろうと部
膨大部の上端
峡部の下端
卵殻腺部の上端
膨大部の下端
峡部の上端
卵殻腺部の下端
膣部の上端
総排泄腔への開口部

図3.5　卵管の各部位（Johnson, 1986）

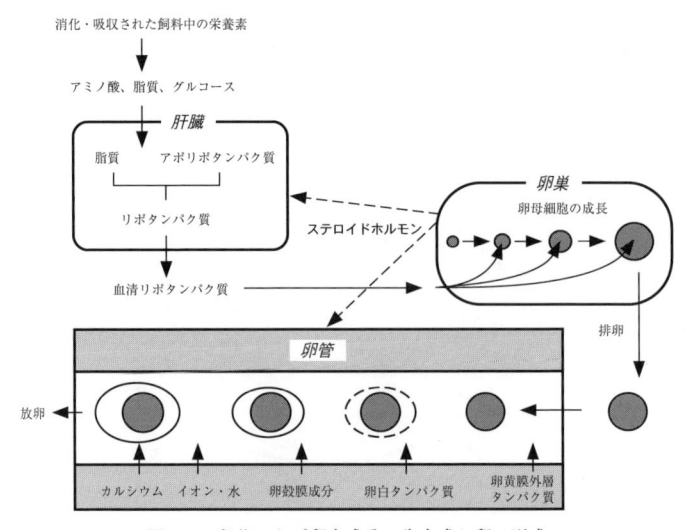

消化・吸収された飼料中の栄養素
アミノ酸、脂質、グルコース
肝臓
脂質　アポリポタンパク質
リポタンパク質
ステロイドホルモン
卵巣
卵母細胞の成長
血清リポタンパク質
排卵
卵管
放卵
カルシウム　イオン・水　卵殻膜成分　卵白タンパク質　卵黄膜外層タンパク質

図3.6　卵黄および卵白成分の生合成と卵の形成

うな卵胞の急速な成長は，2）に示すように母鶏血流中に存在する卵黄タンパク質の前駆体が卵胞の毛細血管から卵母細胞内へ大量に移行することによる．卵母細胞は，胚発生のための栄養となる卵黄成分を細胞内に大量に蓄積した1つの細胞で，放卵された鶏卵の卵黄に相当する部分である．卵胞の成長とともに卵母細胞の周囲に卵黄膜内層に相当するペリビテリン膜が形成される．卵黄膜内層を構成するタンパク質は哺乳類卵透明帯を構成するタンパク質と類似の構造を持ち，主に卵胞顆粒膜細胞で合成されるが，一部は，肝臓で合成され血流に乗って卵巣に輸送される．

2） 卵黄成分の生合成と卵母細胞への集積

卵黄の主要成分は高密度リポタンパク質（HDL）や低密度リポタンパク質（LDL）に代表されるリポタンパク質で，これらの前駆体は産卵鶏肝臓の肝実質細胞でいくつかのホルモンの制御下で合成され，血流中に分泌される．血流に乗って卵巣まで輸送された前駆体タンパク質は，卵母細胞の周囲に密に分布する卵胞毛細血管から血管外に移行し，基底膜，顆粒膜細胞層からなる卵胞上皮を横切って卵母細胞表層まで到達する．卵母細胞形質膜上に存在する受容体に結合して受容体介在エンドサイトーシスにより卵母細胞内に取り込まれ，卵母細胞内でのタンパク質分解酵素によるプロセッシングを受けた後，卵黄成分として卵黄顆粒（グラニュール）あるいは卵黄プラズマに蓄積される．

エストロゲンの作用により合成が誘導されるビテロゲニンは，産卵鶏の血清中に特異的に検出されるリポタンパク質で，卵黄顆粒の主成分である高密度リポタンパク質（リポビテリン・ホスビチン複合体）と卵黄プラズマに存在するβ-リベチン糖タンパク質の前駆体である．肝臓で合成されたアポビテロゲニンと脂質成分は，複合体を形成してリポタンパク質であるビテロゲニンとなり，血流中に分泌される．卵巣まで輸送されて受容体介在エンドサイトーシスにより膜に包まれた小胞として卵母細胞内に取り込まれる．この小胞は，卵母細胞内のプロテアーゼ（カテプシンD）を含む別の小胞と融合し，そのプロテアーゼによってビテロゲニンのポリペプチドが限定分解され，その結果，リポビテリンとホスビチンの会合体およびβ-リベチン糖タンパク質が生成する（卵母細胞内でのプロセシング）．ビテロゲニンのN-端側フラグメントのリポビテリン・ホスビチン会合体は格子状に配列し結晶性卵黄顆粒（グラニュール）となる．一方，C-端側フラグメントのβ-リベチン糖タンパク質は前駆体から遊離し，血清アルブミン（α-リベチン），免疫グロブリンG（IgG，γ-リベチン）などのほかの血漿由来

のタンパク質とともに卵黄プラズマ中に存在する．

卵黄 LDL の前駆体である血清 VLDL は，apolipoprotein II (apoVLDLII) と apolipoprotein B (apoB) を主要なアポタンパク質としており，ビテロゲニンと同様，エストロゲンによるこれらの遺伝子の転写活性化によって肝臓での合成が誘導される．血清 VLDL は卵母細胞形質膜に存在するビテロゲニン・VLDL 受容体に結合し，ビテロゲニンと同様にエンドサイトーシスにより卵母細胞内に取り込まれる．その後，apoB はプロテアーゼによる限定分解を受けるが，apoVLDLII の分子量には変化がないことが報告されている．

主要卵黄タンパク質の中で，γ-リベチンとしての免疫グロブリン G (IgG) は，肝臓ではなく血流中を循環するリンパ球によって合成分泌されるという点でほかの卵黄タンパク質とは異なる．血液中には主要免疫グロブリンとして IgM と IgG が存在するが，卵黄中には IgG しか存在しない．また，卵黄は血清よりも高濃度の IgG を含む．これらの事実から，卵黄 IgG は血清 IgG が特異的な受容体を介して卵母細胞内に集積したものと考えられている．ニワトリの IgG は哺乳類の IgG とは構造（アミノ酸配列）が異なっており IgY と名づけられた．卵黄 (yolk) の抗体であるから IgY と名づけられたわけではない．

種々のビタミン結合タンパク質や血清アルブミン，トランスフェリンなどは恒常的に肝臓で合成されており，通常の血液成分として存在する．いずれの卵黄タンパク質前駆体も卵巣の毛細血管から漏出し，卵母細胞形質膜の特異的受容体タンパク質を介したエンドサイトーシスにより細胞内に取り込まれると考えられている．

3） 排　　卵

血清から卵母細胞への卵黄成分の選択的輸送により急速に成長した卵胞では，排卵が近づくにつれてステロイドホルモン産生系の変動が起こり，それにより卵胞壁中のタンパク質分解酵素が活性化される．この酵素により卵胞のスチグマ (stigma) とよばれる部分での組織タンパク質の分解が起こり，ペリビテリン膜におおわれた卵子（配偶子としての卵）が卵胞外に放出される（排卵）．排卵後の卵子が卵管ろうと部で受け取られた後，卵管内を輸送される間に卵黄膜外層，卵白，卵殻膜，卵殻が形成される．ニワトリ卵子の受精がどの時点で起こるのかは正確には明らかにされていないが，卵黄膜外層が形成された後の卵子には精子が侵入できないことから，排卵後の非常に短い時間に卵管ろうと部付近で起こると推定されている（図 3.5 および図 3.6 参照）．

b. 卵白および卵殻

1） 卵白成分の生合成と卵白の形成

卵黄（卵子）が卵管内をろうと部から膨大部，峡部，卵殻腺部に順次移動する間に卵黄膜外層，卵白，卵殻膜，卵殻が形成される．卵白の主要部分は卵管膨大部（magnum）で形成される．この部位では腺構造が発達しており，管状および上皮様の2種の腺細胞の存在が確認されている．管状腺細胞がオボアルブミン，オボトランスフェリンなどの卵白主要タンパク質を，上皮様腺細胞はアビジンを合成し卵管内腔に分泌することが知られている．分泌されたタンパク質は卵黄の周囲に貯留しつつ卵管内を移動し，膨大部を通過し終えた時点では卵白の体積の1/2程度しかないことから，このときの卵白タンパク質はかなり濃厚な溶液と考えられる．卵管腺細胞で常時合成される卵白構成タンパク質は，いったん細胞内の分泌顆粒に蓄積された後，卵黄が卵管内を移動することによる機械的刺激を受け，開口分泌（エキソサイトーシス）により細胞外に分泌されると推定されている．

卵管腺細胞による卵白タンパク質の生合成も，卵黄リポタンパク質と同様にエストロゲンやプロゲステロンなどのステロイドホルモンによって誘導される．卵白タンパク質の卵管特異的でステロイドホルモンに依存した生合成は，ステロイドホルモン受容体を中心にした転写因子により遺伝子の転写レベルでの調節を受けている．卵管で合成されるオボトランスフェリンと肝臓で合成される血清トランスフェリンは同一遺伝子産物であり，オボトランスフェリン遺伝子は卵管のみならず肝臓でも発現している．一方，卵管特異的に発現するオボアルブミンは，肝臓で合成される血清アルブミンとは異なる遺伝子の産物であり，タンパク質の構造に類似性はない．

2） 卵殻膜および卵殻の形成と放卵

卵管峡部では内卵殻膜および外卵殻膜が形成される．この部位に存在する腺細胞が卵殻膜の前駆体タンパク質を合成，分泌すると予想されるが，卵殻膜の特徴的な格子状繊維構造が形成される機構は明らかではない．卵殻膜でおおわれた卵黄と卵白は哺乳類の子宮に相当する卵殻腺部に移動し，ここで卵形成が完成する．まず卵管の管状腺細胞から分泌された Na^+，K^+，Cl^- などのイオンが卵殻膜を通って卵白に移行し，その浸透圧変化に伴い15gほどの水が卵白に流入する．その後，カルシウムが分泌され，卵殻膜の表面で石灰化が起こり炭酸カルシウムを主成分とする卵殻が形成される．このようにして卵の形成が完了すると卵

殻腺部の筋肉が収縮・弛緩し卵は膣部に押し出される．さらに膣部の蠕動運動などにより総排泄腔を通って体外へ放出されることにより放卵（産卵）が終了する．

〔松田　幹〕

3.4　卵の品質と貯蔵

a．鮮度判定

1）気　室

産卵直後から卵の気孔より二酸化炭素や卵白の水分が放出され，それにかわって空気が卵の内部に入り，気室（図3.4参照）が大きくなる．鮮度が悪くなるにつれて気室が大きくなるが，太陽光線を通し透視しても観察しにくく，また，食塩水に浸漬して気室が大きい場合は卵が塩水に浮かぶことから鮮度を判定すると

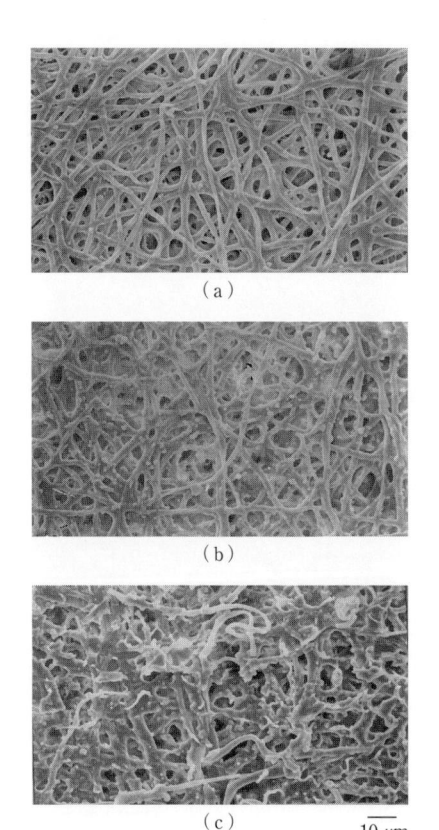

図3.7　鮮度低下に伴うウズラ卵の卵殻膜の構造変化（小川，1998）
(a)新鮮卵，(b)4℃で1カ月保存した卵，(c) 37℃で1カ月保存した卵．

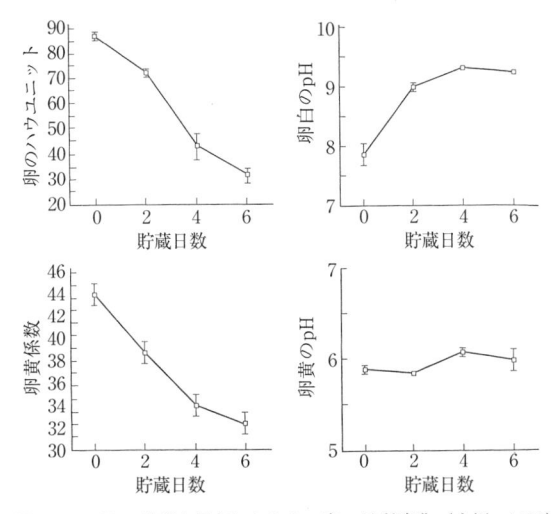

図3.8 25°Cで鶏卵を保存したときの卵の品質変化（小川, 1998）

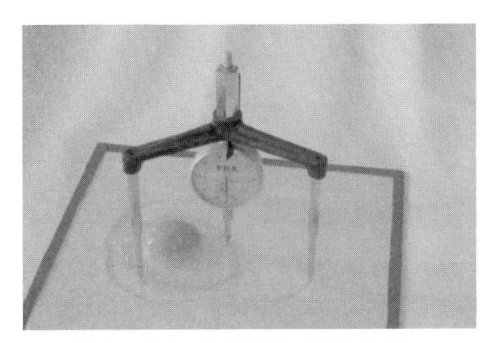

図3.9 卵白の高さ測定器（小川, 1998）

もいわれるがこれも判断しにくい．気室の大きさはゆで卵にすることで判定するしかない．

2） 卵殻・卵殻膜

卵殻（図3.4参照）がざらざらしていることが新鮮卵の指標とされてきたが，産卵時に分泌され表面を被覆する粘質物（乾燥したクチクラ）がざらざらの原因である．クチクラは水や摩擦で容易にはがれ，また多くの場合洗卵が行われているため，新鮮卵であっても卵殻の表面はざらざらしていない．このことから卵殻の表面状態は鮮度判定の指標にはならない．

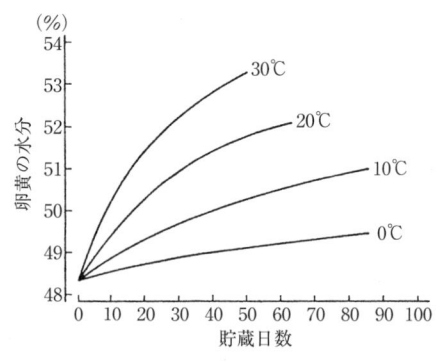

図 3.10 鶏卵を保存中の卵黄水分の変化（佐藤ら，1989）

鮮度の低下による卵殻膜（図 3.4 参照）の変化を走査電子顕微鏡で観察すると，外卵殻膜を構成しているタンパク質性の繊維が切断され，部分的に丸く凝集している箇所が存在する（図 3.7）。このような繊維構造の破壊により，卵の内外間の気体や水分の通過がより促進され，鮮度低下がいっそう進むと考えられる．

3）卵　　白

粘稠性が高い濃厚卵白は，鮮度の低下とともに卵白構成タンパク質のオボムチンの構造変化が起こり粘稠性が低い水様卵白に変化する．オボムチンの構造変化は，産卵直後，空気中と卵殻中の二酸化炭素分圧の差異により卵白から二酸化炭素が放散され，卵白 pH が産卵直後の約 7 の中性から pH 9.5 のアルカリ性に変化する（図 3.8）からと考えられている．卵白の鮮度低下の指標として「卵白係数」があり，これは卵を割卵し，濃厚卵白の高さ（図 3.9，卵白の高さ測定器）を濃厚卵白の広がりの長径と短径の平均値で除したものである．新鮮卵の卵白係数は 0.14～0.17 で，鮮度が悪くなると小さくなる．卵白係数のほかに卵白の鮮度低下の指標として卵の重さを考慮した指標に「ハウユニット（H. U.：Haugh Unit）」がある．ハウユニットは濃厚卵白の高さ（H mm）と卵の重さ（W g）から次の式によって求められるが，簡略に計算する計算尺もある．

$$H.U. = 100 \cdot \log(H - 1.7 W^{0.37} + 7.6)$$

新鮮卵のハウユニットは 80～90 であり，鮮度が低下すると小さくなる（図 3.8）．アメリカ農務省における卵の品質基準は，H.U. 72 以上を AA，71～55 を A，54～31 を B，30 以下を C とし，AA，A を食用，B を加工用，C を一部加

工用と認定している．

鮮度の低下している卵をゆで卵にしたときの卵白の弾力性は，新鮮なものに比べて小さくなる．これは卵白主要構成タンパク質であるオボアルブミンが，鮮度が低下している卵白では熱に安定なS-オボアルブミンになり，加熱によるゲル化が遅くなり，固まりにくくやわらかいゆで卵になるためである．

4）卵　黄

鮮度が低下すると卵黄膜が脆弱（ぜいじゃく）化し膜透過性の増加や膜強度の低下が起こる．これにより卵白から卵黄に水分が移動し，卵黄中の水分が増加する（図3.10）ことで卵黄の体積が増加し，割卵したときに卵黄の高さが低くなる．卵黄の鮮度の指標として「卵黄係数」があり，これは割卵した卵黄の高さを卵黄の直径で除し，100を乗じたもので，新鮮卵で36～45程度である．鮮度の低下により値は小さくなる（図3.8）．卵黄のpHはおよそ6.0であり，鮮度低下による影響はほとんどみられない．

鮮度が低下している卵をゆで卵にしたときの卵黄の表面は緑黒色化を呈する．これは鮮度の低下した卵白タンパク質からは硫化水素が発生しやすく，卵黄タンパク質から遊離した鉄と結合して硫化鉄ができるためである．

5）カ ラ ザ

カラザは，卵殻との接触による微生物の侵入を防ぐために，卵黄を中央に維持する役目がある．カラザはオボムチンなどのタンパク質からなり，鮮度の低下とともに脆弱化する．カラザの脆弱化と濃厚卵白の水様化により卵黄は上に移動して卵殻膜と接触しやすくなり，卵外部からの微生物汚染を受けて腐敗しやすくなる．

b．微生物汚染

1）殻 付 き 卵

鶏卵による食中毒にかかわる細菌としては，サルモネラ菌，病原性大腸菌，ブドウ球菌，カンピロバクター，エルシニア，バチルス，連鎖球菌，コリネバクテリウムなどがあるが，鳥類は一般にサルモネラ菌感染率が高い動物である．殻付き卵の汚染経路としては生体内汚染と生体外汚染がある．

生体内汚染は水，飼料，ネズミやゴキブリなどを介し，胆嚢，卵巣，卵管が汚染されることで汚染された卵が産卵されてくる場合である．この対策としては飼料の殺菌および滅菌，殺虫などの環境整備が必要である．

生体外汚染は盲腸内に存在するサルモネラ菌により総排泄孔が汚染され，産卵時にサルモネラ菌が卵殻に付着する場合である．卵殻に付着したサルモネラ菌は乾燥していれば死滅するが，卵内に侵入することも多い．気孔からの微生物の侵入はわずかな湿気とともに起こることから，卵殻の表面が濡れていることは卵の汚染のうえでの危険因子となる．

サルモネラ菌は10℃で増殖速度が遅くなり，4℃ではまったく増菌しないことから，卵は4℃以下に保存することが安全面から重要なことである．気温が上昇する夏場には増殖速度が速く，調理加工方法は卵白，卵黄が完全に凝固するまで加熱を行う必要がある．これによりサルモネラ菌は死滅して食中毒の心配もなくなることから，幼児や高齢者にはとくに調理方法を配慮することが望ましい．

2) 液 卵

加工用として殻付き卵を割卵した液全卵，液卵白，液卵黄の液状卵（液卵）が使用されているが，生液卵は微生物に汚染されやすいことから加熱殺菌が施されている．日本では液卵白は55〜57℃で3.5分，液全卵および卵黄は60〜65℃で3.5分の条件で加熱殺菌が行われている．

3) 乾 燥 卵

液卵を噴霧乾燥（スプレードライ）したものが乾燥卵である．乾燥卵白においてはサルモネラ菌は失活しないという報告がある．乾燥前に殺菌を行わない乾燥卵白は，乾燥後に乾熱滅菌処理が行われている．

4) 凍 結 卵

全卵，卵黄，卵白中に存在するサルモネラ菌は−18℃で凍結保存してもほと

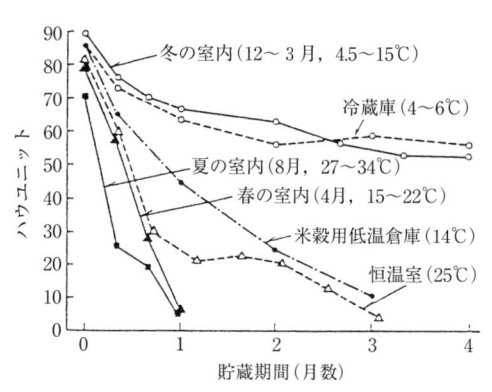

図3.11 異なる温度で保存した卵のハウユニットの変化（佐藤ら，1989）

んど死滅，損傷しないので注意が必要である．

5）加工品

サルモネラ菌はpHが9以上か4.5以下では増殖しない．水層におけるpHが低いマヨネーズではサルモネラ菌が死滅するが，食酢の割合を減らしたマヨネーズではサルモネラ菌やその他の病原微生物や一般の腐敗細菌が死滅せずに増殖をしている場合があるので，注意が必要である．ティラミスのように加熱工程がない洋菓子などでは，原料卵にサルモネラ菌が存在した場合，常温保管をするとサルモネラ菌の増殖が起こり危険である．しかし，加熱工程を経ているババロアやカスタードクリームなどではサルモネラ菌は失活している．

c．卵の貯蔵技術

鮮度を維持するためには微生物の繁殖の抑制や気孔からの二酸化炭素や水分の放散防止が必要である．

1）低温貯蔵

新鮮卵を4℃前後での低温条件下で保存した場合，3カ月後のハウユニット（H.U.）は60で，これは食用としての基準を満たしている（図3.11）．4℃前後

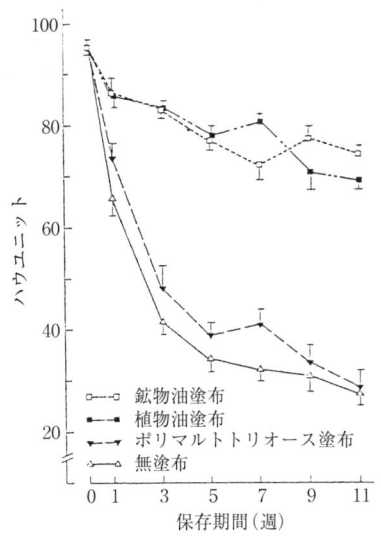

図3.12 塗布剤を卵殻に塗布した卵を25℃で保存したときのハウユニットの変化
（小川，1998）

の貯蔵は微生物の増殖やタンパク質の変性を抑制し，水分活性が低くなることで水分蒸発量が少なくなり，鮮度低下を抑制する．ただし，低温から室温に卵を移動させると卵殻の表面に凝縮水ができ，これが微生物侵入の媒体となりうることから湿度を考慮するか，低温から室温への移動後は早急に卵を使用することが望ましい．また，相対湿度（RH）を70～80％に保つことで，カビの増殖を抑えつつ卵内部からの水分蒸発も抑制することができる．低温貯蔵での鮮度保持を有効に行うためには，洗卵・乾燥後に15℃以下に保存し，流通時にもこの温度を維持するコールドチェーンの実施が必要である．

2) 卵殻のコーティング

蒸発による水分の損失や炭酸ガスの放出を減少させるために種々のタイプの油を卵殻に塗布する方法がある．これにより卵重の減少，卵白のpHの上昇，タンパク質変性が抑制され，品質の低下が遅れる．この塗布剤の使用は日本で実用としては行われていないが，流動パラフィンやアセチル化モノアシルグリセロールを卵殻に塗布することにより，卵の品質を抑制することができる（図3.12）．

〔小川宣子〕

3.5 卵の加工適性と加工卵

a. 卵 の 物 性

卵は栄養価が高く，万人に好まれる食品である．また鮮やかな卵黄色は食欲をそそる．卵にはこのような風味，色調といった嗜好上の特性だけでなく，熱凝固

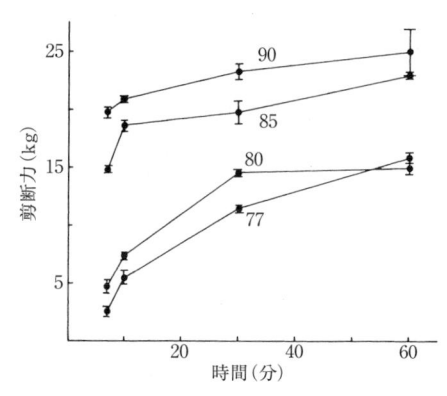

図3.13 卵白の凝固に及ぼす時間と温度（77, 80, 85, 90℃）の影響（Beveridge, et al., 1980）

性, 起泡性, 乳化性というユニークな機能も合わせ持つため, 多くの食品に利用されている.

1) 熱凝固性

卵を加熱すると卵タンパク質の球状構造がほぐれ, タンパク質分子が糸状に伸びて新たな結合を作る. さらに加熱をつづけると, 結合部が多くなるとともに結び目も強くなり, 大量の水を保水するようになる.

卵白と卵黄では変性温度と凝固温度が異なる. 卵白は55℃で白濁し始め, さらに温度を上げるとゼリー状になり, 80℃で固いゲルを形成する. 一方, 卵黄は65℃で粘度が上昇し, 70℃で粘りのあるゲルとなり, 75℃で固いゲルを作る. 卵白がゼリー状で卵黄がねっとりと固まったいわゆる「温泉卵」は, この卵白と卵黄の温度によるゲルの差異を利用したゆで卵の一種で, 70℃の湯に殻付き卵を20〜30分加熱して作る.

卵の熱凝固性に及ぼす要因をあげると, 次の通りである.

i) 温度, 時間 加熱温度が高いほど, また, 加熱時間が長いほどタンパク質分子の結合が多く, 強固となるので, 固いゲルを作る(図3.13).

ii) 濃度 卵液濃度が低いと加熱しても卵タンパク質分子の結合部分が少なく, そのため保水性の悪い, やわらかなゲルとなる. 卵は水と自由に希釈できる特性があり, 卵液濃度を変えることで茶碗蒸しやプリンなどの食品組織の固さを好みに応じて調整できる.

iii) pH タンパク質は等電点付近で凝固しやすい性質がある. 例えば卵白の主要タンパク質であるオボアルブミンは等電点のpH 4.8で最も固まりやすく, 等電点から離れるにしたがって固まりにくくなる. しかし, 卵白はpH 12以上の強アルカリになると, 加熱しなくてもピータンの卵白のように透明で弾力のあるゲルを形成する. pH 2.3以下の強い酸性領域では, 卵白は加熱してもゲル化しない.

iv) ショ糖 ショ糖の添加は加熱による卵タンパク質の熱変性を遅らせ, 凝固温度を上げる. したがってカスタードプリンの場合, ショ糖の配合量を増やすと, 凝固に要する加熱時間が長くなる. 同様に, 卵焼きにショ糖を添加すると, やはり凝固温度が高まってゆっくり固まり, ふっくらした状態に仕上がる.

v) 無機塩類 卵液を透析して脱塩すると, 加熱しても凝固しなくなる. 茶碗蒸しやカスタードプリンは卵液濃度が20〜25%と低いにもかかわらず比較的よく固まるのは, 出し汁中の食塩に由来するNa^+や牛乳のCa^{2+}, Na^+,

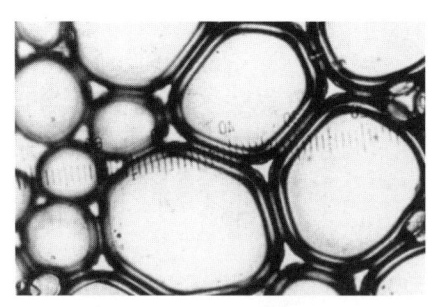

図3.14　卵白泡の顕微鏡写真

K^+ などの無機イオン類が卵の凝固を促進しているからである．

2）起　泡　性

　一般に溶液を泡立て，その安定性を保持するには，①溶液の表面張力が小さいこと，②泡の膜に存在するタンパク質が攪拌と空気の接触によって十分に変性していること，③泡同士が合体しないこと，などの条件がそろっていなければならない．卵白は非常にすぐれた起泡剤であるが，卵白成分の中でもとくにグロブリンとオボムチンが泡立ちに重要なはたらきをしていると考えられる．グロブリンは卵白の表面張力を下げて起泡を容易にし，オボムチンは形成した卵白泡に粘りを与え，泡の安定化に寄与している．卵白泡は図3.14のように，変成したタンパク質の膜の中に空気を閉じ込めている．

　卵の起泡に影響を及ぼす要因は，次の通りである．

　ⅰ）温　度　表面張力は温度の影響を受けやすく，冷蔵庫から出した直後の卵は泡立ちが悪い．とくに全卵は温度が低いと脂肪の一部が固まって粘度を増すので，25℃くらいに温めてから起泡するのがよい．卵白の起泡は全卵ほど温度による影響を受けないので，むしろ10℃くらいの低い温度で泡立てたほうが，固くて破泡しにくい泡が得られてよい．

　ⅱ）ショ糖　ショ糖の添加は，卵液の水分をうばって粘りを与えるので起泡は遅くなる．しかし気泡が細かくなり，固さも増してくるので破泡しにくい泡を作る．メレンゲやケーキを作る際に，卵液にショ糖を加えてから起泡するのはこの理由による．

　ⅲ）油　バターやサラダ油のような油脂は卵白の起泡性を著しく阻害する．また卵黄にも30％くらいの脂肪が含まれているので，やはり卵白の起泡をさまたげる．そこで起泡に用いる卵白には，できるだけ卵黄の混入を抑えなければな

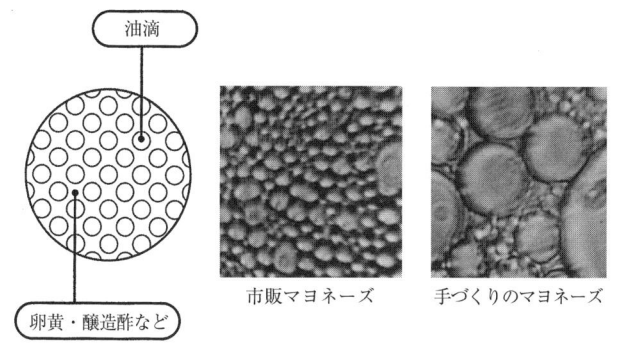

図 3.15 マヨネーズ粒子の顕微鏡写真（キユーピー（株））

らない．

iv) pH 卵白は等電点に近いほど泡立ちやすい．しかし等電点近くまで酸を加えると酸味が強く，味に影響の出ることがある．そこで，pH の調整は食酢やレモン汁を用いて 6～7 の弱酸性にするのがよい．

3) 乳　化　性

タンパク質はアミノ酸残基に由来する親水基と疎水性基の両方を分子内に保有するので，界面活性作用を有するものが多い．卵白にも乳化作用が認められるが，卵黄に比べるときわめて弱い．卵黄特有の強い乳化力はレシチン単独の作用ではなく，レシチンとタンパク質が結びついたリポタンパク質に由来する．卵黄は親水性，親油性バランス（HLB 価，10 が親水基と親油基のバランスが等しく，0～10 が親油性，10～20 が親水性を示す）が 12.4 なので O/W 型のエマルジョンを作る．卵黄は大量の油を乳化させるだけでなく，酸や食塩に対しても強い安定性を示す．

マヨネーズは卵黄の乳化性を利用した代表的な食品である．安定したマヨネーズを作るには卵黄で 5% 以上，全卵で 10% 以上の配合が必要である．マヨネーズを安定化させるには，分散している油滴粒子を細かくしなければならない．同一配合でも手作りのマヨネーズは，コロイドミルで乳化した市販のマヨネーズよりも分離しやすい．これは手作りのマヨネーズの粒子の方が市販のものより 10 倍くらい粒子径が大きいからである（図 3.15）．

卵黄はアイスクリームミックスを起泡させ，滑らかな組織を作る．また保存中に氷結晶の生成を抑える作用がある．卵黄はアイスクリームの風味付けとともに

図3.16 高速割卵機（キユーピー(株)）

乳化剤としても広く使われている．

b. 卵の加工技術

加工卵とは鶏卵を割って中身を全卵または卵黄，卵白に分離して取り出し，場合によっては加塩，加糖などしてから殺菌処理をし，チルドで流通させたり，凍結あるいは乾燥したものである．2003年度におけるわが国の加工卵の生産量は，殻付卵換算で47万tである．一方，海外からも凍結卵，乾燥卵の形態で，殻付卵に換算して4万5000tを輸入している．

1) 液　　卵

液卵は加工卵のなかでは最もシンプルな製品である．殺菌処理の有無によって未殺菌物と殺菌物に分けられる．食品衛生法による細菌規格は殺菌物でサルモネラ菌陰性/25g，未殺菌物で細菌数100万以下/gである．また未殺菌の加工卵を使用して食品の製造や加工，調理を行う場合には，サルモネラ菌による食中毒を防ぐ目的で70℃，1分以上の加熱殺菌が義務づけられている．

割卵作業は，規模の大きい加工卵専門工場では高速の割卵機で行われる．割卵機の能力は最新の機種で約500〜600個/分で，卵黄と卵白が自動的に分離される（図3.16）．

液卵の殺菌は1t未満の小規模の場合は，加熱・冷却ジャケット付きのタンクに入れてプロペラで攪拌しながらバッチ式で行う．これより処理量が多くなると加熱・冷却・熱交換部からなるプレート式殺菌機で連続的に行うのが一般的である．殺菌条件は連続式の場合で，全卵では60℃，3.5分以上，卵黄では61℃，

図 3.17 スプレードライヤー（スペンスカ社）

3.5分以上，卵白では56℃，3.5分以上である．加塩，加糖すると加熱による卵液のダメージを防げるが，一方では細菌の耐熱性も増加してくるので，上記の条件より高めの殺菌温度に設定しなければならない．

2）凍 結 卵

液卵を－15℃以下に凍結したものが凍結卵である．卵黄は凍結によって低密度のリポタンパク質（LDL）が変性して，解凍後に粘度が急激に上昇する．この現象は「卵黄の凍結ゲル化」とよばれ，物性面においても乳化性，起泡性，熱凝固性に悪い影響を及ぼす．したがって，卵黄や全卵製品の凍結には，5～10%の食塩や10～20%のショ糖を加えることが多い．

3）乾 燥 卵

卵の乾燥はスプレードライヤーを使った噴霧乾燥法が一般的である（図3.17）．噴霧するには加圧ノズル方式または回転円盤方式が用いられ，微粒子化した卵液は140～170℃の熱風を送った乾燥室内で瞬時に乾燥される（図3.17）．

卵の乾燥で問題になるのは全卵，卵黄，卵白に含まれている微量のグルコースと卵タンパク質がメイラード反応を起こし，褐変化，不溶化，異臭の原因となることである．また全卵，卵黄の乾燥品はリン脂質の1種であるホスファチジルエタノールアミンのアミノ基とグルコースが反応して，同様に上記のような品質低下の原因となる．そこでこれらの反応を抑え，製品を安定化させる目的で乾燥前に卵から「グルコースの除去（脱糖）」が行われる．脱糖方法には乳酸菌を使っ

てグルコースを乳酸などに変える細菌脱糖法，パン用酵母によってアルコールと炭酸ガスに変換する酵母脱糖法，グルコースオキシダーゼでグルコン酸に酸化する酵素脱糖法などがある．全卵，卵黄製品は卵液を加熱殺菌してから噴霧乾燥する．一方，脂質劣化の心配のない卵白製品は，噴霧乾燥後容器に充てんし，60～65℃に設定された熱蔵庫に入れ，5～10日間熱蔵殺菌するのが一般的である．

〔黒田南海雄〕

3.6 卵の機能成分と利用

鶏卵は牛乳と並んで栄養学的にきわめてすぐれた食品の一つであるが，両者の生物学的な役割はまったく異なる．牛乳は仔牛の生育に必要な栄養成分を与えるものであるが，鶏卵（受精卵）はふ化条件さえ整えばヒヨコが生まれる．すなわち卵はカプセルに入った休止生命体で，次世代の生物を作るために必要なあらゆる物質を必要にして十分なだけ備えている．

近年，鶏卵成分の単離と生理機能の解明が進み，鶏卵は単に食用としてだけでなく，多くの生理活性物質の有用資源として注目されている（表3.5）．また，産卵鶏の生理を利用して，ビタミンやミネラルなどの有用成分を濃縮蓄積した栄養強化卵が市販されている．ここでは，鶏卵に含まれる種々の機能成分の中で，実際の食品に利用されている卵黄抗体，シアル酸，ペプチド，リン脂質，および栄養強化卵について説明する．

表3.5 鶏卵成分の生理機能と用途

部　位	成分名	生理機能および用途
卵　殻	炭酸カルシウム	カルシウムの供給
卵殻膜	卵核膜タンパク質	2価金属イオン結合作用
卵黄膜 カラザ	シアル酸	インフルエンザウイルスの感染阻害や抗炎症剤， 抗がん剤，去痰（きょたん）剤などの合成原料（医薬品）
卵　白	オボアルブミン オボトランスフェリン リゾチーム	タンニン酸アルブミン（下痢止め剤） 鉄イオンの輸送 抗菌活性，抗炎症活性（風邪薬，目薬）
卵　黄	ホスビチン 卵黄抗体（IgY） 卵黄油 ホスファチジルコリン	鉄イオンの捕捉 親鳥由来の免疫グロブリン（感染症の予防） アラキドン酸，DHA，コレステロールの供給 アセチルコリンの供給源（老人性痴呆症の改善効果）

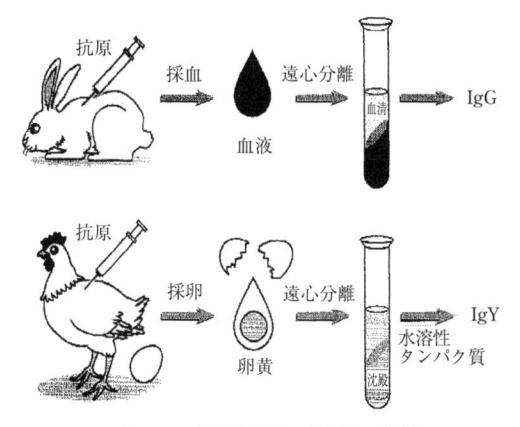

図 3.18 特異的抗体の調製法の比較

a．卵黄抗体（IgY）

抗体は免疫グロブリン（Ig, immunoglobulin）とよばれる一群の糖タンパク質で，魚類以上の動物の体液（血液，唾液，鼻腔液，乳汁など）および卵中に存在する．動物は体内に侵入してきた細菌，ウイルス，異種タンパク質などの非自己物質（抗原）に応答して，それらと結合する免疫タンパク質（特異的抗体）を血液中に産生し生体を防御する．特異的抗体は，対応する抗原に対して特異的に結合し，抗原の感染力や毒性を消去する機能を発現する．

哺乳類の抗体は，その構造および機能により5つのクラス（IgG, IgM, IgA, IgD, IgE）に分類される．一方，鳥類（ニワトリ）の血液には，哺乳類の IgG, IgM および IgA に相当する抗体が存在する．これらの抗体は卵中にも存在し，卵白には IgM および IgA が，そして卵黄には γ-リベチンとして IgG のみが含まれる．鳥類の抗体は，哺乳類の IgG と比較して分子量が大きい，等電点が異なる，哺乳類の補体や S. aureus の産生する Protein A との結合性がない，などの違いがあり IgY と命名されている．また，卵黄中に存在する抗体であり卵黄抗体ともよばれている．

鳥類は親鳥が獲得した免疫を子孫に伝えるため血液抗体を IgY として卵黄に移行・蓄積する．したがって，産卵鶏を免疫動物として利用すれば，さまざまな抗原に対する特異的抗体を鶏卵中に生産できる（図3.18）．現在，特異的抗体（ポリクローナル IgG）の調製はウサギ，ヤギなどの哺乳動物を抗原で免疫し，それらの血液から精製され，主に研究試薬や臨床検査薬用抗体として利用されて

いる．これに対し，鶏卵から特異的抗体を得る方法は，採血の必要がなく，ニワトリは大量飼育が可能で飼育コストが安く，産卵鶏1羽が1年間に産生する鶏卵からウサギ約30匹の血液IgGに相当するIgYが得られるなどの利点を有し，従来法にかわる特異的抗体調製法として注目されている．また，食品である鶏卵から大量の特異的抗体が得られることから，その新しい利用法として，感染症の病原体に対するIgYを経口投与することにより，口腔内あるいは消化管内の病原体付着感染を予防する利用法が実用化されている．

1） 研究試薬や臨床検査薬としての利用

鶏卵卵黄から調製される特異的IgY抗体はウサギやヤギなどの血液IgG抗体の代替として研究試薬や臨床検査薬用抗体として利用することができる．例えば，IgY抗体を用いるヒト血清中のIgG抗体およびIgM抗体の免疫定量法や，病原性ウイルス（インフルエンザウイルス，パピローマウイルス，ロタウイルスなど）や植物病原ウイルスの検出法が可能となる．また，プロスタグランジン，活性型ビタミンD，オクラトキシンAなどの低分子抗原に対するIgYが，それらの免疫学的定量に有用であったとの報告もある．さらに，ヒトの血漿カリクレイン，トランスフェリン，肝細胞成長因子などに対するIgYが調製され，その臨床検査試薬への応用が検討されている．さらに，従来，哺乳動物間では抗原性が低く，抗体の調製が困難であった物質に対しても鳥類を利用すれば高力価の特異的抗体の調製が可能で，RNAポリメラーゼⅡ，ヒトインスリン，副甲状腺ホルモン，ヒトパピローマウイルスのがん遺伝子産物などに対するIgYが調製され，臨床検査薬としての利用が検討されている．

2） 免疫吸着体としての利用

免疫吸着体とは特異的抗体を不溶性の担体に結合させたもので，それを用いた免疫親和性クロマトグラフィー（immunoaffinity chromatography）は，抗原として用いたタンパク質を一段階で高純度に精製できる技術として有用である．まだIgYを用いた研究例は少ないが，牛乳やチーズホエーから牛ラクトフェリンを精製した例，マウス血清からIgG抗体を精製した例などの報告がある．また，医療分野では，免疫吸着体を用いて感染症患者の血液中に存在する細菌性毒素やリポ多糖類を除去する血液浄化法が検討されている．大量調製が困難で，高価な哺乳動物のIgG抗体を用いる免疫吸着体の実用化は問題が多かったが，IgY抗体は大量調製が容易であることから，今後，IgY固定化免疫吸着体を用いた抗原タンパク質の高純度精製法や血液浄化法の実用化が期待されている．

3) 卵黄抗体による受動免疫

　免疫機能を利用する生体防御には，能動免疫と受動免疫という概念が知られている．能動免疫は予防接種として古くから実用化され，感染力をなくした抗原（ウイルス，細菌など）を体内に接種して，血液中に特異的抗体を作らせ，生体防御に役立てる方法である．一方，外部から非自己の抗体を投与し，生体防御に役立てるのが受動免疫の概念である．抗毒素血清や抗病原菌血清を注射して毒素の中和や感染症を治療する血清療法が受動免疫の応用例である．

　卵黄抗体を用いた受動免疫としては，それを直接体内に投与する方法（血清療法），および経口的に投与する方法（経口受動免疫法）がある．血清療法としては，ニワトリの法定伝染病であるニューカッスルウイルス病の予防やヘビやサソリ毒素の中和が検討され，IgY 抗体の有用性が確認されている．一方，経口受動免疫法は，皮膚，口腔内，消化管内の局所に病原体が付着して発病する，いわゆる付着感染の予防に効果的である．例えば，アクネ菌（*P. acnes*）に対する特異的 IgY はニキビ菌の増殖を抑制する効果を有し，ニキビの予防抗体として期待されている．また，虫歯菌（*S. mutans*）に対する IgY は，同菌の歯面への付着を阻害してプラーク形成を抑制するため，虫歯予防抗体として食品に配合されている．近年，胃潰瘍や胃がんを起こすピロリ菌（*H. pylory*）に対する IgY が調製され，経口投与によるピロリ菌の除菌抗体として機能性ヨーグルトへ配合されている．さらに，ヒトロタウイルス（乳幼児の下痢症病原体）に対する IgY を小児下痢症患者に経口投与する臨床試験が実施され，IgY の下痢症予防効果が確認されている．

　なお，畜産分野では，大腸菌やロタウイルスに対する IgY が下痢予防飼料として実用化されている．また，栽培漁業の分野でも，ニジマスの病原体に対する IgY が調製され，感染実験でそれを配合した飼料の疾病予防効果が確認されてい

N-アセチルノイラミン酸
（Neu5Ac）

N-グリコリルノイラミン酸
（Neu5Gc）

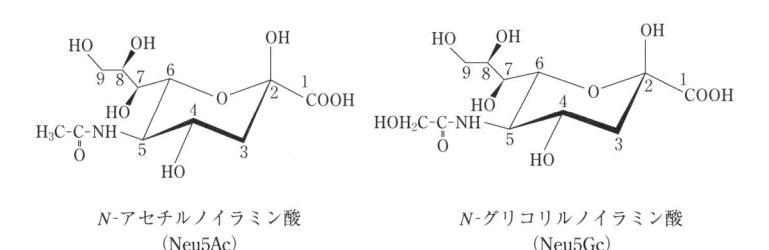

図 3.19　主要なシアル酸の化学構造

る．

b. シアル酸

シアル酸はウイルスや動物細胞の細胞表面にあって，糖タンパク質や糖脂質などの複合糖質糖鎖の非還元末端に存在する．シアル酸とはノイラミン酸のアシル誘導体の総称で，主要なものとして N-アセチルノイラミン酸（Neu 5 Ac）と N-グリコリルノイラミン酸（Neu 5 Gc）がある（図 3.19）．その構造はいずれもカルボキシル基を有する酸性糖であり，ウイルスや細胞表面に存在するレセプター糖鎖の機能，細胞間の情報伝達機能など，種々の生理作用に関与している．哺乳動物の初乳中にもシアル酸を結合した多種類のミルクオリゴ糖（MO）が存在する（表 1.9 参照）．

鶏卵中のシアル酸は Neu 5 Ac であり，鶏卵 1 kg 当たりに約 0.5 g のシアル酸が含まれ，とくにカラザや卵黄膜の含量が高い．しかし，その絶対量は卵黄に多く，鶏卵全体のシアル酸の 78% が卵黄に存在する．その存在形態は，卵白中のオボムチンや卵黄中のホスビチンなどの糖タンパク質の糖鎖末端を構成している．また，卵黄中にはシアリルオリゴ糖やシアリルオリゴ糖ペプチドが遊離の状態で存在する．シアリルオリゴ糖ペプチドの生理機能としては，哺乳期のラットに経口投与した場合の学習能力の向上や，ロタウイルス感染阻害活性に関する報告がある．

近年，シアル酸の誘導体を化学的・酵素的に合成することが可能になり，インフルエンザウイルスのシアリダーゼ阻害剤として合成されたシアル酸アナログ（4-guanidino-NeuAc 2 en）は感染細胞からのインフルエンザウイルスの出芽を阻害し，抗インフルエンザ薬（商品名：リレンザ）として日本でも利用されている．また，抗炎症剤や抗がん剤として期待されているシアリルルイス X 型糖鎖の誘導体や去痰（きょたん）作用を有する N-アセチルノイラミン酸ナトリウムが医薬品として注目されている．

c. ペプチド

近年の栄養学では，アミノ酸単独よりもそれらが 2～4 個結合したペプチドを摂取するほうが，腸管から迅速に吸収されることが知られている．そして，食品タンパク質由来のペプチドが傷病者や手術後の経口・経管流動食や過激なスポーツ後のアミノ酸補給飲料として利用されている．鶏卵タンパク質は，卵白および

卵黄ともに必須アミノ酸量を充足し，栄養価が高くペプチド原料としてすぐれている．現在，卵白を食品用酵素で加水分解して調製した卵白ペプチドや，脱脂卵黄から調製した卵黄ペプチドが市販されている．これらのペプチドは，加水分解時に苦味の発生が少ない酵素を利用して低分子化されたもので，アレルゲン性が低減化もしくは消失し，溶解性にすぐれ，耐熱性を有し，飲料向けの理想的な素材である．

ペプチドの利用としては，その栄養機能に加えて生理機能も注目されている．現在，カゼインホスホペプチド（CPP）のカルシウム吸収促進効果や鰹節由来のオリゴペプチドの血圧降下作用が特定保健用食品に利用されている．鶏卵タンパク質由来のペプチドでは，オボアルブミン由来ペプチド（オボキニン）の血圧降下作用，ホスビチン由来ホスホペプチドのカルシウム吸収促進効果，オボムチン由来硫酸化糖ペプチドのマクロファージ活性化効果や抗腫瘍効果，グラム陰性菌にも抗菌活性を示す卵白リゾチーム由来のペプチドなどについて応用研究が進められている．

d．リン脂質（卵黄レシチン）

鶏卵卵黄は約30％の脂質を含み，それは「低密度リポタンパク質（LDL）」と「高密度リポタンパク質（HDL）」として存在する．卵黄脂質は，65％が中性脂質で，30％がリン脂質，ほかに約4％のコレステロールからなり，そのリン脂質の84％がホスファチジルコリンである．食品業界では，一般的に食品由来のリン脂質を「レシチン」と総称している．大豆レシチンと卵黄レシチンが代表的であるが，ホスファチジルコリン含量は卵黄レシチン（84％）のほうが大豆レシチン（33％）と比較してきわめて高い．

卵黄リン脂質の生理機能としては，ラットを用いた動物実験で血清総コレステロール値の上昇抑制およびコレステロール吸収阻害効果が見出されている．また，卵黄リン脂質中のホスファチジルコリンは神経伝達物質であるアセチルコリンの前駆体として注目されている．アルツハイマー型の痴呆症患者では，脳内のアセチルコリン量が顕著に減少している．その治療を目的として卵黄リン脂質の経口投与で，脳内のコリンやアセチルコリン濃度が顕著に増加する結果が報告されている．さらに，アルツハイマー型の痴呆症患者に卵黄リン脂質とアセチルコリン合成酵素の活性を高めるビタミンB_{12}を併用した臨床試験でも，65％の患者に改善効果が認められている．

e. 栄養強化卵

鶏卵は理想的な栄養食品であり，食物繊維とビタミンC以外の主要な栄養素をバランスよく含む．栄養強化卵は，これらの栄養素に加え，さらにビタミン，ミネラル，必須脂肪酸などを強化したものである．その調製は，栄養素を添加した飼料を産卵鶏に与え，それらを効率よく鶏卵へ移行させて作られている．一般的に飼料中に添加した脂溶性ビタミンは主として卵黄部に，水溶性ビタミンは卵黄や卵白にも移行する．栄養素の中でも鶏卵へ移行しやすいものとしにくいものが知られている．ヨウ素，フッ素，マンガンなどのミネラル類，水溶性および脂溶性ビタミン類，リノール酸，α-リノレン酸，イコサペンタエン酸（EPA），ドコサヘキサエン酸（DHA）などの不飽和脂肪酸は容易に移行するが，カルシウム，マグネシウム，鉄，ビタミンC，アミノ酸などは移行しにくい．なお，高度不飽和脂肪酸は卵黄中のリン脂質の構成脂肪酸として取り込まれる．

現在，商業ベースでは，ヨウ素，ビタミンA，D，E，葉酸，リノール酸，α-リノレン酸，EPA，DHA，鉄などの栄養強化卵が市販されている．以下に代表的な栄養強化卵について述べる．

1） 栄養機能食品

2001年4月，厚生労働省は栄養機能食品と特定保健用食品からなる保健機能食品制度を創設した．その中で，通常の食生活で不足しがちな栄養成分の補給や補完ができる食品を栄養機能食品として，特定の栄養素を一定の基準範囲で含む食品に栄養機能の表示を認めた．栄養機能食品はいわゆる規格基準型の食品で，特定保健用食品のように厚生労働省の個別審査を必要としない．表3.6に栄養機能表示が認められた栄養成分およびその上限値と下限値，それに表示できる栄養機能や注意喚起表示をまとめた．通常，生鮮食品は栄養機能食品として認められないが，栄養強化卵は生産方法が加工食品に近いという理由で例外的に認められた．現在，栄養機能食品としてビタミンDやEおよび葉酸強化卵が市販されている．今後は，この制度の運用により，従来から販売されている種々の栄養強化卵が淘汰され，国民の健康の保持増進に役立つ「栄養機能鶏卵食品」が開発されるであろう．また，将来的には脂肪酸やハーブ類の成分などの栄養素にも，それら栄養素の基準範囲が決められ，多くの栄養強化卵に栄養機能の表示が行われるであろう．

2） ヨウ素強化卵

ヨウ素は主として海草類に多く含有される．ヒトが摂取したヨウ素はほとんど

表3.6 栄養機能食品としての栄養素基準範囲（食品100g当たり）と認められる栄養機能表示

名　称	上限値*	下限値**	許容上限摂取量***	栄養機能表示
カルシウム	600 mg	250 mg	2500 mg	カルシウムは，骨や歯の形成に必要な栄養素です
鉄	10 mg	4 mg	40 mg	鉄は，赤血球を作るのに必要な栄養素です
ナイアシン	15 mg	5 mg	30 mg	ナイアシンは，皮膚や粘膜の健康維持を助ける栄養素です
パントテン酸	30 mg	2 mg	（－）****	パントテン酸は，皮膚や粘膜の健康維持を助ける栄養素です
ビオチン	500 μg	10 μg	（－）	ビオチンは，皮膚や粘膜の健康維持を助ける栄養素です
ビタミンA	2000 IU	600 IU	5000 IU	ビタミンAは，夜間の視力の維持を助ける栄養素です ビタミンAは，皮膚や粘膜の健康維持を助ける栄養素です
ビタミンB_1	25 mg	0.3 mg	（－）	ビタミンB_1は，炭水化物からのエネルギー産生と皮膚や粘膜の健康維持を助ける栄養素です
ビタミンB_2	12 mg	0.4 mg	（－）	ビタミンB_2は，皮膚や粘膜の健康維持を助ける栄養素です
ビタミンB_6	10 mg	0.5 mg	100 mg	ビタミンB_6は，タンパク質からのエネルギー産生と皮膚や粘膜の健康維持を助ける栄養素です
ビタミンB_{12}	60 μg	0.8 μg	（－）	ビタミンB_{12}は，赤血球の形成を助ける栄養素です
ビタミンC	1000 mg	35 mg	（－）	ビタミンCは，皮膚や粘膜の健康維持を助けるとともに抗酸化作用を持つ栄養素です
ビタミンD	200 IU	35 IU	2000 IU	ビタミンDは，腸管でのカルシウムの吸収を促進し，骨の形成を助ける栄養素です
ビタミンE	150 mg	3 mg	600 mg	ビタミンEは，抗酸化作用により，体内の脂質を酸化から守り，細胞の健康維持を助ける栄養素です
葉　酸	200 μg	70 μg	1000 μg	葉酸は，赤血球の形成を助ける栄養素です 葉酸は，胎児の正常な発育に寄与する栄養素です

* 栄養機能食品に配合される栄養成分を一日当たりに摂取できる最大限度量．
** 栄養機能食品に配合される栄養成分を一日当たりに摂取できる最小限度量．
*** 長期にわたって摂取し続けても障害が現れない一日当たりの摂取上限量．
**** 健康障害を引き起こさない最大上限摂取量が報告されていないなどのため，許容上限摂取量が策定されていない．

尿中に排泄されるが，吸収されたものは甲状腺ホルモン（チロキシン）の構成成分となる．尿中のヨウ素排泄量と甲状腺腫出現頻度の関係が調べられ，一日の排泄量が50μg以下になると甲状腺腫が発生することが知られている．そのため，

欠乏症を起こさないためのヨウ素所要量は100μg/日と設定されている．

産卵鶏の飼料にヨウ化ナトリウム，または海藻でヨウ素を添加すると鶏卵中のヨウ素含有量が増加する．現在，市販されているヨウ素強化卵は，鶏卵1個当たり，約0.8 mgのヨウ素を含有する．その生理機能としては，ヨウ素が有機ヨウ素として取り込まれ，高コレステロール，皮膚炎，成人病，アレルギー疾患などの改善が報告されている．

3) EPA・DHA強化卵

1979年，グリーンランドのイヌイットは魚類などからEPAやDHAを多く摂取しているので血栓性疾患が少ないことが報告されて以来，EPAやDHAがある種のがん，心筋梗塞，炎症性疾患などの予防に役立つという多くの報告がある．EPAやDHAは高度不飽和脂肪酸であるため，酸化を受けやすく不安定であるが，鶏卵中では卵黄のリン脂質の構成脂肪酸として存在し，酸化されにくく安定である．通常，EPAやDHA強化卵を生産するためには，それらを多く含有する魚粉や魚油を飼料に添加する．魚油（EPA 18％，DHA 12％含有）を飼料に5％配合することにより，その投与8週後には，卵黄100 g当たり，EPA 50～100 mg，DHA 1000～1500 mgが移行し，無添加飼料ではEPAは検出されずDHAの含有量は300 mgであったとの報告がある．産卵鶏の嗜好性を考慮すると，魚油を多量に与えることは飼料摂取量の低下をもたらす．この改善策として，魚油を乳化油脂の形態にすることで魚臭を改善し，飼料へ配合する方法が開発されている．

4) α-リノレン酸強化卵

リノール酸（C 18：2）とα-リノレン酸（C 18：3）はヒトの体内で合成できない脂肪酸（必須脂肪酸）である．リノール酸はn-6系の多価不飽和脂肪酸で，コレステロールの低下作用を有する．しかし，その過剰摂取は生体内で同じn-6系のアラキドン酸（C 20：4）を増加させて，それがプロスタグランジンやロイユトリエンなどの炎症性メディエーターを産生し，がんやアレルギー，心臓病，脳卒中などの病気を誘発する要因であると問題視されている．一方，α-リノレン酸はn-3系の多価不飽和脂肪酸で，生体内では同じn-3系のEPA，DHAへ酵素的に変換され，その摂取はアラキドン酸からの炎症性メディエーターのはたらきを抑制し，がん，高コレステロール血症，血栓症，免疫過敏症などの予防や改善効果を有する．

現在，日本人は，食生活の欧米化に伴いリノール酸の摂取量が過剰傾向にあ

り，それに伴う生活習慣病の増加が懸念されている．先進諸国では，健康の維持と増進にかかわる脂質摂取ガイドラインを設定し，その中で多価不飽和脂肪酸摂取量のn-6系/n-3系比を4以下に減らすように指導している．この観点から開発されたものが α-リノレン酸強化卵である．その調製は，α-リノレン酸含有量の多い植物種子（シソ，エゴマ，アマニ）やその抽出油脂を添加した飼料が利用される．α-リノレン酸などの多価不飽和脂肪酸は非常に酸化されやすく，植物油脂としてよりも植物種子の形態で飼料に配合することが望ましい．α-リノレン酸強化卵の調製例としては，アマニ種子を飼料に10%添加することにより，無添加の鶏卵と比較して約12倍の α-リノレン酸を含む強化卵が得られたとの報告がある．通常の鶏卵の脂肪酸バランス（n-6系/n-3系比）は約10であるが，この比を約1に調整した α-リノレン酸強化卵が Canadian Designer Egg として市販されている． 〔八田 一〕

文　　献

3.1　卵の生産と消費

1) International Egg Commision (http://www.international egg.com)
2) 農林水産省(http://www.maff.go.jp/)

3.2　卵の成分のサイエンス（機能と構造）

1) Hirose, M.：(2000) *Biosci. Biotechnol. Biochem*., **64**, 1328.
2) Ibrahim, H.R., et al.：(2001) *J. Biol.Chem*., **276**, 43767.
3) 科学技術庁資源調査会編：(2001) 五訂食品成分表，大蔵省印刷局．
4) Masuda, T., et al.：(2001) *J. Agric. Food Chem*., **49**, 4937.
5) 中村　良編：(1998) 卵の科学（シリーズ〈食品の科学〉），朝倉書店．
6) Nakamura, R. and Doi, E.：(2000) Food Proteins, Processing Applications (Nakai, S. and Modler, H. W., eds.), p. 171, Wiley-VCH.
7) 渡邊乾二：(2001) 日本食品科学工学会誌，**48**，877．
8) Yamasaki, M., et al.：(2002) *J. Mol. Biol*., **315**, 113.

3.3　卵の形成と卵成分の生合成

1) 今井　清：(1980) 食卵の科学と利用（佐藤　泰編），pp. 1-17，地球社．
2) Johnson, A.L.：(1986) Avian Physiology (Sturkie, P. D., ed.), pp. 403-431, Springer-Verlag.
3) 松田　幹：(1998) 卵の科学（シリーズ〈食品の科学〉，中村　良編），pp. 30-41，朝倉書店．
4) 佐藤　泰ら：(1989) 卵の調理と健康の科学，弘学出版．

3.4 卵の品質と貯蔵

1) 小川宣子：(1998) 卵の科学（シリーズ〈食品の科学〉，中村　良編)，pp. 104-112，朝倉書店．
2) 佐藤　泰ら：(1989) 卵の調理と健康の科学，弘学出版．

3.5 卵の加工適性と加工卵

1) 浅野悠輔・石原良三編著：(1985) 卵—その化学と加工技術—，光琳．
2) Burley, R.W. and Vadehra, D.V.：(1989) The Avian Egg—Chemistry and Biology—, John Wiley.
3) 今井忠平：(1983) 鶏卵の知識—その保蔵と加工の科学—，食品化学新聞社．
4) 今井忠平ら：(1999) タマゴの知識，幸書房．
5) 中村　良編：(1998) 卵の科学（シリーズ〈食品の科学〉)，朝倉書店．
6) 佐藤　泰編著：(1980) 食卵の科学と利用，地球社．
7) 佐藤　泰ら：(1989) 卵の調理と健康の科学，弘学出版．
8) Stadelman, W.J. and Cotterill., O.J.：(1995) Egg Science and Technology, The Haworth Press.

3.6 卵の機能成分と利用

1) Elmans, A. M.：(1978) The Thyroid, p. 537, Harper and Row.
2) Fujita, H., et al.：(1996) *Peptides*, **16**, 785.
3) Hatta, H., et al.：(1997) *Caries Res.*, **31**, 268.
4) Hatta,H., et al.：(1997) Hen Eggs；Their Basic and Applied Science (Yamamoto, T., et al., eds.), p. 151, CRC Press.
5) 八田　一ら：(1998) 卵の科学（シリーズ〈食品の科学〉，中村　良編)，p. 147，朝倉書店．
6) 平野和彦・八田　一：(1998) 卵の科学（シリーズ〈食品の科学〉，中村　良編)，p. 113，朝倉書店．
7) Hisham, R., et al.：(2001) *J. Biol. Chem.*, **276**, 43767.
8) 細野明義ら編：(2002) 畜産食品の事典，朝倉書店．
9) Itzstein, M., et al.：(1993) *Nature*, **363**, 418.
10) Jiang, B. and Mine, Y.：(2000) *J. Agric. Food Chem.*, **48**, 990.
11) Jiang, Y., et al.：(2001) *J. Nutr.*, **131**, 2358.
12) Koketsu, M.：(1997) Hen Eggs；Their Basic and Applied Science (Yamamoto, T., et al., eds.), p. 117, CRC Press.
13) Li-chan, et al.：(1998) *J. Food Biochem.*, **22**, 179.
14) Lonardo, Di A., et al.：(2001) *Arch. Virol.*, **146**, 117.
15) Masuda, Y., et al.：(1998) *Life Sciences*, **62**, 813.
16) Mine, Y., et al., eds：(2005) Nutraceutical Proteins and Peptides in Health and Disease, CRC Press.
17) 中村　良編：(1998) 卵の科学（シリーズ〈食品の科学〉)，朝倉書店．

18) Seung, et al.：(2000) *J. Agric. Food Chem.*, **48**, 110.
19) Shafiqul, et al.：(2001) *J. Pediatr. Gastroenterol. Nutr.*, **32**, 19.
20) Surai, P. F. and Sparks, N. H. C.：(2001) *Food Sci. Technol.*, **12**, 7.
21) 谷　久典・大石一二三：(1998) *New Food Industry*, **40**, 65.
22) Tanizaki, H., et al.：(1997) *Biosci. Biotechnol. Biochem.*, **61**, 1883.
23) Vejaratpimol, et al.：(1999) *J. Biosci. Bioeng.*, **87**, 161.
24) Watanabe, K., et al.：(1998) *J. Agric. Food Chem.*, **46**, 3033.
25) Yamamoto, T., et al., eds.：(1997) Hen Eggs ; Their Basic and Applied Science, pp. 117-133, CRC Press.

4. 最近の畜産物利用分野での諸問題

4.1 遺伝子組換え作物と家畜飼料の問題

わが国の家畜飼料の自給率は，2005年度で純国内産飼料率が25.1％，粗飼料自給率が74.5％，濃厚飼料自給率が10.8％であり，多くの飼料穀物は海外からの輸入に頼っている．日本の粗粒穀物（トウモロコシ，コウリャン，大麦，エン麦，ライ麦，粟および雑穀）の輸入量は世界一の約2000万tであり，日本の家畜生産がいかに海外に依存しているかがわかる．粗粒穀物の主たる輸入先は，アメリカ，オーストラリア，中国およびカナダであり，例えば，トウモロコシの約88％はアメリカから輸入されている．

地球上の人口は現在約63億人であるが，2050年には約100億人になると推計されている．世界中で生産している穀物を，世界各国が今の規模で家畜の飼料などに使っていくと，このままでは飼料用穀物は確実に不足することになる．世界の農耕地面積は，30年前に12.7億haあったが，その後の30年間でも耕作可能面積はわずか6％しか増えていない．家畜飼料の耕地面積の増加率から考えても，これ以上の飼料穀物の飛躍的な増産は望めない段階にきており，今後は生産が消費に追いつかなくなる可能性が高い．また，飼料作物の既存の育種改良技術でも，すでに品種改良は限界に達しており，これ以上の飛躍的な増産は望めなくなっている．また，消費者は，鶏卵や食肉生産において，農薬残留の少ない低農薬飼料を使用することを強く求め始めている．

以上のような世界情勢から，遺伝子組換え（GM：genetically modified）作物という農薬使用量が少なく化学肥料をあまり必要としない新しい飼料作物を，バイオテクノロジーの遺伝子組換え技術を用いて作出していくという考え方が生まれた．今の段階からすぐれたGM作物を開発して増産態勢を進めておき，将来における家畜の飼料確保を確実にしようとする試みである．

GM作物とは，大豆やトウモロコシに対してある種の酵素遺伝子を注入し，作物中で発現させることにより，特殊な農薬に対する抵抗性（除草剤耐性）や害虫抵抗性，病害抵抗性などを持たせ，生産性を高めるなどの遺伝子操作を施した農作物をさす．世界的にみると，モンサント社（アメリカ），デュポン社（アメリカ），ダウケミカル社（アメリカ），バイエルクロップサイエンス社（ドイツ）お

4.1 遺伝子組換え作物と家畜飼料の問題

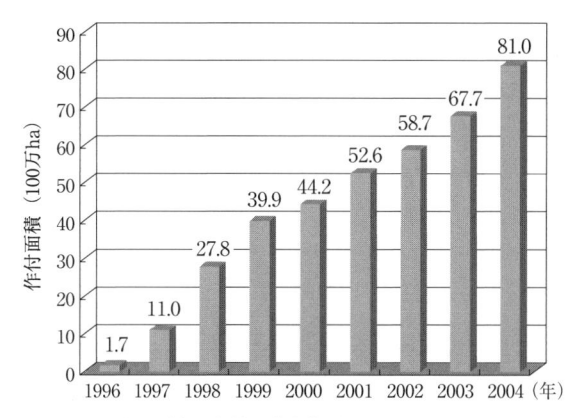

図4.1 世界の遺伝子組換え農作物（GMO）の作付面積の推移

よびシンジェンタシード社（スイス）など少数の多国籍企業がこのGM作物の研究開発を盛んに進めている．例えば，大豆やトウモロコシでは「ラウンドアップ・レディ」というモンサント社の商品が世界的に有名であるが，使用されている技術は特許で独占されている．これらの独占状態は，将来にわたる一部企業による作物種子の寡占状態につながる危険性を含んでいるという指摘もある．

世界のGM作物の栽培状況は年々増加しており，すでに2004年の作付面積は8100万haであり，1999年の約2倍に急増している（図4.1）．また，生産されるトウモロコシの約14%，大豆の約56%，ワタの約28%およびナタネの約19%は，すでにGMであり，とくに大豆ではGM（組換え体）とGM-free（非組換え体）を分別すること自体が難しくなりつつある．世界最大の農産物輸出国であるアメリカにおいては，大豆の87%，トウモロコシの52%およびワタの79%はすでにGMであり，主たる農産物になりつつある．

2005年の段階では，農林水産省により組換えDNA技術応用飼料（GM飼料）として5作物で合成39品種（ナタネ15品種，トウモロコシ11品種，大豆4品種，ワタ6品種，テンサイ3品種）が，またGM飼料添加物としては4品目が使用許可されている．わが国でのGM飼料の安全性の確認は，「組換え体利用飼料の安全性評価指針」に基づいて実施され，2007年4月からは安全性審査を法的に義務づけることとし，「飼料及び飼料添加物の成分規格等に関する省令」を改正した．

わが国では「家畜がGM作物を消化・分解してしまうから，安全性に問題は

表4.1 EU主要国における家畜用GM飼料に対する対応

国 名	各国対応の内容（2004年時点）
イギリス	GMトウモロコシの国内商業栽培を条件付きで解禁（2004年3月）．バイエル社の除草剤耐性トウモロコシT25（Chardon LL）の栽培開始，ウェールズ州やスコットランド州では反対．
イタリア	EU最大の有機農産物生産国/スローフード運動の発祥地．基本的にはGMコンタミネーションを理由に反対．EUの食品安全庁（EFSA）は，北イタリアのパルマに設置．
スペイン	EU域内で唯一のGMO作物商業栽培国．害虫抵抗性のBtトウモロコシの栽培は許可され生産性を上げており，農家にも好評．栽培面積は1998年の2万haから2004年の10万haに5倍増大．
フランス	基本的には，GMOに反対．しかし，GMO作物の承認・採用には慎重であるべきだが，世界の貧しい人々に食糧を提供し，新しい製薬の可能性を持つ研究は継続すべきとの立場をとる．
ドイツ	2004年1月にGMOの国内栽培と販売を認可する法案に合意し，2月に法案は成立．有機作物などとの共存を前提とした責任ある商業栽培に向けた第一歩を踏み出した．

ない」というのが基本的な見解であるが，例えばノルウェー政府の場合は「食品や家畜飼料に含まれるDNAは胃腸から吸収され，さらに子孫への影響も示す動物実験報告がある」という見解で反対している．EU諸国の中でもGM作物に対する各国の対応は様々であり，表4.1にその概要を示した．EUでは，食品と同様に飼料にも遺伝子組み換え体を使用しているかどうかの表示と，トレーサビリティ（追跡可能性）を義務付ける新しい制度をスタートさせている．食料自給率の高いEUであっても，飼料用原料の1/3はEU域外からの輸入に頼らざるを得ない現状であり，飼料用に輸入される大豆や大豆粕のほとんどは，遺伝子組換え不分別品を利用している．

一方，2005年12月に厚生労働省で安全性審査手続きを経たGM食品は，7作物（ジャガイモ，大豆，テンサイ，トウモロコシ，ナタネ，ワタ，アルファルファ）で合計73品種にのぼる．また，GM食品添加物はキモシン（チーズの凝乳酵素），α-アミラーゼ（α-1,4-グルコシド結合を切るエンド型糖化酵素），リボフラビン（ビタミンB_2・栄養強化剤・着色料），プルラナーゼ（α-1,6-グルコシド結合を切るエンド型糖化酵素），リパーゼ（脂肪分解酵素）およびグルコアミラーゼ（α-1,4-グリコシド結合を切るエキソ型糖化酵素）の6種で，合計13品目である．しかし，わが国の納豆は国産の非遺伝子組換え大豆を使用している

と強調する商品で占められ，組換えキモシンにいたっては日本のチーズ産業ではいまだ使用例がないというように，わが国では一般的にGM作物やGM食品に対する消費者の反応は厳しい．食品における「GM使用に対する表示」は，組換え体DNAの残留や新たなアレルゲンタンパク質（アレルギーの原因となる抗原性タンパク質）の有無の検査結果を根拠としている．しかし，表示対象は「主な原材料」に限定されていることから，実際に表示対象となる食品数は非常に少なく，全食品中の1割程度にしかならない点を問題視する意見がある．

〔齋藤忠夫〕

4.2 食物アレルギーとアレルゲン食品の表示問題

a．畜産物によるアレルギー

1） 乳と卵

　畜産物の中で，牛乳と卵は主要なアレルギー原因食品として古くから知られている．1998年の厚生労働省による即時型食物アレルギーの調査では，牛乳アレルギー患者は乳幼児で高頻度にみられるが，成長とともに軽減あるいは完治する例が多いことが報告されている．一方，卵アレルギー患者は幼児だけでなく，小児から成人にいたるまで幅広い年齢層で認められ，全食物アレルギーの中で，原因食品となる頻度が最も高い食品である．いずれの食品においてもその原因物質はタンパク質である．牛乳アレルギーではカゼインおよび乳清タンパク質のいずれもアレルギー誘発物質であるが，鶏卵アレルギーでは卵白タンパク質が主要な原因物質である．また，鶏卵アレルギー患者では，医薬品に使用されている卵白リゾチームによってもアレルギー症状が誘発される場合がある．

2） 肉とゼラチン

　食肉によるアレルギー症例は牛乳アレルギーや卵アレルギーに比べてはるかに少ないが，牛肉，豚肉，鶏肉でのアレルギー発症例が報告されている．原因タンパク質としては，筋原線維タンパク質よりも，食肉組織中の酵素や血清由来タンパク質が主要なものと考えられている．また，コラーゲンより調製されるゼラチンは，ゲル状の菓子類（グミなど）に多く用いられているが，最近，グミアレルギーの原因成分として同定された．ゼラチンアレルギーは，ワクチンや医薬品の安定剤や賦形剤として用いられるゼラチンが本来の原因物質とも考えられている．

b. アレルギー物質を含む食品の表示
1) 食品衛生法に基づく表示義務

2001年3月,「食品衛生法施行規則」および「乳および乳製品の成分規格等に関する省令」が一部改正され,2002年4月1日以降に製造,加工,または輸入されるもので,以下に示すような特定の原料を含むものについてはそのことを表示することが義務づけられた.消費者の健康危害の発生防止という観点から,食物アレルギーを引き起こすことが明らかな食品のうち,とくにアレルギーの発症数,重篤度が高いと判定された5品目の食品(小麦,ソバ,卵,乳,ラッカセイ)について,これらを原材料として含むことの表示が義務化された.この5品目は「特定原材料」とよばれ,その中には,代表的な畜産食品である乳と卵が含まれる.また,過去に一定の頻度で重篤な健康危害を起こした食品であることが明らかにされた19品目の食品は「特定原材料に準ずるもの」とよばれ,法的な拘束力はないが,これらを原材料として含むことを可能な限り表示するように努めることになっている.この特定原材料に準ずるものに該当する畜産食品としては,牛肉,鶏肉,豚肉,ゼラチンがある(2.8節c項2)参照).

2) 特定原材料としての「乳」および「卵」を含む食品の表示

2002年の表示義務に関しては牛乳のみを対象としており,当面は山羊乳,めん羊乳などのウシ以外の乳には適応されない.乳を原材料として含む食品は,「乳,乳製品,又は乳及び乳製品を主原料とする食品」と「乳を原料とする加工食品」に大別される.前者は,すでに定められている「乳及び乳製品の成分規格等に関する省令」(乳等省令)の規定に従って表示が行われるが,これらは乳が主原料であることから一見して乳を含む食品であることが認知できるため問題はない.一方,後者の場合は,「乳」そのものを原材料として含む場合と「乳製品」を原材料として含む場合があるが,いずれの加工食品についても,用いられている乳および乳製品の種類別に記載することになっている.

卵については,鶏卵でアレルギーを引き起こす患者はほかの鳥類の卵でもアレルギー症状を起こす場合がある(交差反応性がある)ことから,鶏卵に加えて,アヒルやウズラの卵などの一般に使用される食用鳥卵も表示義務の対象となっている.また,全卵のみならず,卵黄と卵白に分離されたものを原材料に用いた場合,さらに,生卵,液卵,粉末卵,凍結卵などを原材料として用いた場合にも「卵」を使用していることの表示が必要である.

〔松田　幹〕

4.3 機能性食品と特定保健用食品

わが国の平均寿命は 81.9 歳（2002 年国連統計）と世界で最も高く，少子高齢化が進んでいる．平均寿命がのびる一方で糖尿病，高血圧や肥満などの生活習慣病も増加傾向にある．国民の多くは健やかな老後を送るために「食生活と健康」に関心をよせ，健康志向の動きが活発となり，日々摂取する食品に対する概念が欧米型の「エネルギー摂取」から東洋型の「医食同源」などの体調制御の考え方に変化しつつある．

食品には，栄養素としてのはたらき（一次機能），ヒトの五感に訴えるはたらき（二次機能）および体調を整えるはたらき（三次機能）がある．食品の第三次機能に着目して生体調節機能のはたらきを十分に発現できるように設計・加工された食品を，一般に「機能性食品」とよぶ．1991 年，厚生省（当時）により栄養改善法（当時，2007 年に廃止）に基づき，「特定保健用食品」（トクホ，FOSHU：food for specific health uses）に関する制度が世界に先駆けて創設された．特定保健用食品は，特定の成分の示すプラス効果や安全性が医学・栄養学的に証明され，保健の用途と効果の表示を許可された食品であり，図 4.2 に示した認定マーク（許可証票）を表示できる．

図 4.2 特定保健用食品に使用が許可される表示マーク（許可証票）

2002 年，コーデックス（FAO/WHO 合同国際食品規格委員会）が健康強調表示（health claim）に関する検討を活発に行い，厚生労働省では「保健機能食品制度」を制定し，いわゆる健康食品の中で一定の条件を満たすものを「保健機能食品」（food with health claims）とした．保健機能食品は，食品の目的や機能性などの違いにより，個別許可型の「特定保健用食品」（トクホ，FOSHU）と規格基準型の「栄養機能食品」（food with nutrient function claims）の 2 つに分かれた．

2005 年 2 月には，特定保健用食品の中で現行の特定保健用食品の許可の際に必要とされる科学的根拠のレベルには届かないが，一定の有効性が確認される食

```
                    保健機能食品
        ┌─────────────────────────────┐
┌───────┬─────────────┬─────────────┬───────────┐
│ 医薬品 │ 特定保健用食品 │ 栄養機能食品 │ 一般食品  │
│(新指定医│ (個別許可型) │ (規格基準型) │(いわゆる健│
│薬部外品 │             │             │康食品を含 │
│を含む) │             │             │む)       │
└───────┴─────────────┴─────────────┴───────────┘
```

┌ - - - - - - - - - ┐
  条件付き
  特定保健用食品
└ - - - - - - - - - ┘

┌ - - - - - - - - - ┐
  特定保健用食品
  (規格基準型)
└ - - - - - - - - - ┘

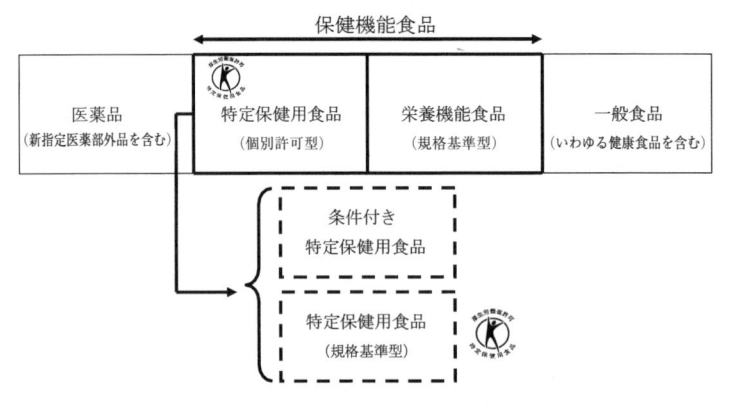

図 4.3 保健機能食品の位置づけと新しい食品制度の創設
保健機能食品制度の創設について (2002 年)
条件付き特定保健用食品制度の創設 (2005 年)
特定保健用食品 (規格基準型) の創設 (2005 年)

表 4.2 特定保健用食品の主な表示内容，食品の種類および関与成分

表示内容	食品の種類	保健機能成分（関与成分）
おなかの調子を整える食品	<u>発酵乳</u>，<u>乳酸菌飲料</u>，清涼飲料水，<u>粉末清涼飲料</u>，<u>テーブルシュガー</u>	<u>乳酸菌類</u>，フラクトオリゴ糖，キシロオリゴ糖，大豆オリゴ糖，<u>乳果オリゴ糖</u>，<u>ガラクトオリゴ糖</u>
コレステロールが高めの方に適する食品	清涼飲料水，ビスケット，食用調理油	大豆タンパク質，キトサン，ジアシルグリセロール
血圧が高めの方に適する食品	清涼飲料水，<u>乳酸菌飲料</u>，粉末スープ	杜仲葉配糖体，<u>カゼイン</u>および鰹節由来ペプチド
ミネラルの吸収を助ける食品	<u>清涼飲料水</u>，豆腐	クエン酸リンゴ酸カルシウム，<u>カゼインホスホペプチド</u>
血糖値が気になる方に適する食品	清涼飲料水，粉末清涼飲料	難消化性デキストリンなど
虫歯の原因になりにくい食品	チョコレート，ガム，飴	マルチトール，パラチノース，茶ポリフェノール
食後の血中の中性脂肪を抑える食品	食用調理油	ジアシルグリセロール，グロビンタンパク質
体脂肪がつきにくい食品	食用調理油	ジアシルグリセロール
骨の健康が気になる方に適する食品	ビタミン剤，大豆製品	ビタミン K_2，大豆イソフラボン

表中の下線は，乳成分および乳酸菌が関与しているものを示す．

品については「条件付き特定保健用食品」が新設された．この許可商標は，図 4.2 のマーク中央に「条件付き」と追加表記される．さらに，これまでの許可件数が多く，科学的根拠が蓄積したもので個別審査をせずに許可手続きの迅速化を図った「特定保健用食品（規格基準型）」も創設された（図 4.3）．

2005年12月現在では，567商品がトクホとして許可販売されている．特定保健用食品の代表的な表示内容，商品および関与成分については表4.2に示す．表示内容（強調表示区分）は，「おなかの調子を整える」や「コレステロールを低下させる」など具体的な内容に分けられており，消費者は目的の特定保健用食品を容易に選ぶことが可能である．

厚生労働省から特定保健用食品の認可を受けるには，培養細胞や動物を使用した「安全性の試験」や「どのような効果があるのか」などの動物試験が不可欠である．しかし，動物試験の結果は，ヒトとは根本的に違っているので，確実にヒトでの効果を調べるためには，健康なヒトに投与した「ヒト食品試験」が必須である．この試験は，「医薬品の臨床試験の実施の基準に関する省令」という規則に定められた要件を満たしている病院で実施される．特定保健用食品は食品の機能を引き出した「病気の予防」が目的であり，薬ほど強力な効果はないかわりに，「薬害」のような副作用はきわめて少ない．

特定保健用食品の中には，乳，乳製品および乳酸菌などに関与する商品がきわめて多いのが特徴である．例えば，特定の乳酸菌株（*L. casei* シロタ株：ヤクルト菌や *L. rhamnosus* GG：LGG菌など）や，ビフィズス菌株（*B. longum* BB 536など）により乳を発酵させた発酵乳（ヨーグルト）などは66商品，ラクトース（乳糖）を利用して製造したオリゴ糖（ガラクトオリゴ糖，乳果オリゴ糖など）を添加した41商品，乳タンパク質由来の機能性ペプチド（カゼインホスホペプチド：CPP，血圧降下性ペプチド：ラクトトリペプチドなど）を添加した22商品，乳酸菌の代謝物（γ-アミノ酪酸やプロピオン酸菌代謝物）を添加した6商品がある．これらの乳および乳酸菌関連の167商品は，全567商品全体の約24％と1/4を占めている．また，全体的には「おなかの調子を整える商品」の構成比が最も多くなっているのも特定保健用食品の特徴である．

2005年からは条件付きおよび規格基準型の特定保健用食品も創設されたので，今後これらの商品開発研究や新製品の件数はさらに増加するものと考えられる．これらの食品を購入することにより，国民全体が健全な食生活を考える機会が増え，栄養成分のバランスを自然にとる習慣が生まれれば，自発的なQOL向上と健やかな高齢社会の実現につながるものと期待されている．　　〔齋藤忠夫〕

4.4 牛海綿状脳症（BSE）・口蹄疫と食肉の問題

a. 牛海綿状脳症

牛海綿状脳症（BSE）は，「異常型プリオンタンパク質（PrP^{sc}）」によって引き起こされるウシの伝達性海綿状脳症（プリオン病）である．狂牛病ともよばれる．ヒトでは，クロイツフェルト-ヤコブ病（CJD, Creutzfeldt Jacob disease），ヒツジではスクレーピーとよばれる．この病気に侵された動物の脳の神経細胞や神経網は，空洞化し，病理組織切片が海綿状を呈する．また，この病気は潜伏期間が長く，運動失調，掻痒（そうよう）症状などの神経症状を呈し，数カ月で死にいたる致死性の神経変性疾患である．正常な動物の多くの組織で発現している「プリオンタンパク質（PrP^c）」が，なんらかの原因で構造変化し，凝集しやすくなり，タンパク質分解酵素に対しても抵抗性を示す性質を獲得するようになる．これが，プリオン病原体の PrP^{sc} である．ヒトへの感染は完全には否定されていないが，低いと考えられている．

BSE は，1986年11月にイギリスで初めて確認された．BSE 病原体で汚染された肉骨粉を含むレンダリング飼料を食べたことが原因であると考えられている．日本では，2001年9月に千葉県で初めて BSE が確認された．それ以来，2005年末までにわが国では22頭の BSE 患畜（死亡牛を含む）が確認されている．日本で初めて BSE が確認されたときは，牛肉消費量は激減し（図4.4），食肉業界は大きな打撃を受けた．しかし，以下に述べる BSE 対策により，消費量は徐々に回復している．

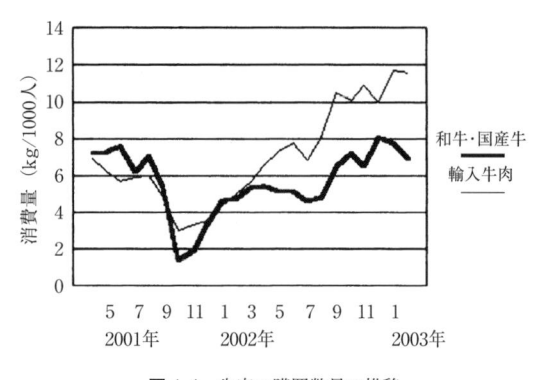

図4.4 牛肉の購買数量の推移

日本では，国内で BSE が確認された後，安全な牛肉の供給を行うため，ただちに「全頭検査体制」を実施するとともに，検査に合格したすべてのウシからも「特定危険部位」である頭部（舌および頬肉を除く），せき髄ならびに回腸遠位部（盲腸から 2 m の部位）を除去することを義務付けた（厚生労働省ホームページ (http://www.mhlw.go.jp/topics/bukyoku/iyaku/syoku-anzen/index.html) より）．

　2003 年 12 月には，アメリカで BSE が確認され，アメリカからの牛肉輸入を禁止した．わが国では，食品安全委員会でアメリカ産牛肉の安全性を慎重に検討した結果，2005 年 12 月から，20 カ月齢以下のウシで，特定危険部位が確実に除去された場合に限り，牛肉やその加工品の輸入を認めることとした．

　しかし，その後，特定危険部位の混入のある牛肉輸入が発覚し，ふたたび輸入が禁止（2006 年 1 月）になるなど，アメリカからの牛肉輸入問題は混迷している．

b．口蹄疫

　口蹄疫は，口蹄疫ウイルスを病原体とした伝染病である．ウシ，メンヨウ，ブタなどの偶蹄類家畜が，このウイルスに感受性がある．これらの家畜が感染すると，突然の発熱の後，口や蹄の皮膚，粘膜に水泡が形成され，食欲の低下や口から多量の唾液を流し，足を引きずるような症状を示す．非常に伝播力が強く，空気伝播により広範な地域に流行する．口蹄疫は，ヒトに感染することはない．

　日本では，2000 年 3 月に 92 年ぶりに口蹄疫が確認され，大きな被害が出た．発生したときには，発生農場での口蹄疫ウイルスを根絶するとともに拡大防止を徹底した．まず，家畜，飼料，敷料を処分するとともに畜舎の完全消毒を実施した．また，空気伝播による感染拡大を防止するために，発生農場を中心とした一定地域内の家畜移動を禁止した．さらに，同地域に通じる主要幹線道路で車両の消毒を実施した．

　今回発生した口蹄疫ウイルスは，DNA 解析より，東アジアから輸入された飼料によると推定された．今後の検疫体制強化と危機管理体制強化により，安定した食肉の供給を維持することが大切である．　　　　　　　　　　〔西村敏英〕

4.5　鳥インフルエンザと鶏卵・鶏肉の安全性

　「鳥インフルエンザ」は，ヒトのインフルエンザウイルスとは別の A 型インフ

ルエンザウイルスによる鳥類のウイルス感染症である．このうち感染したトリが死亡したり，全身症状を発症したりと，とくに強い病原性を示すものを「高病原性鳥インフルエンザ」とよび，1878年にイタリアで初めて確認された．ニワトリ，シチメンチョウ，ウズラなどが感染すると，全身症状を起こし，神経症状（首曲がり，元気消失など），呼吸器症状，消化器症状（下痢，食欲減退など）などが現れ，鳥類が大量に死亡することもまれではない．一方，ときに毛並みが乱れたり，産卵数が減ったりするような軽い症状にとどまる感染を引き起こすものは，「低病原性鳥インフルエンザ」とよばれる．低病原性のものは，例年のように集団発生が報告されているが，高病原性のような被害は報告されていない．最近になり，まれにではあるが，ヒトも鳥インフルエンザウイルスに感染することが報告された．しかし，鳥類において高病原性であっても，ヒトでは必ずしも重症になるとは限らない．

　食品としての鳥類（鶏肉や鶏卵）を食べたことによって，ヒトが感染した例は2005年8月現在で報告がない．日本では，高病原性鳥インフルエンザは家畜伝染病（法定伝染病）であり，発生した場合にはトリでの感染拡大防止のため，殺処分，焼却または埋却，消毒などのまん延防止措置が実施されるので，市場に出荷される可能性はない．また，感染鳥やその卵が万が一食品として市場に出回り，それを食べて消化管にウイルスが入ったとしても，ヒトの腸管には鳥インフルエンザのリセプター（受容体）はなく，食品としての鶏肉，鶏卵などからの感染のリスクはきわめて低いと考えられる．さらに，ウイルスは適切な加熱により死滅するため，加熱調理などにより安全性は高まる（国立感染症研究所感染症情報センターホームページ (http://idsc.nih.go.jp/disease/avian_influenza/QA051221.html) より）．

〔松田　幹〕

索　引

ア　行

IMP　121, 127
IgG　9, 172
IgY　172, 187
アイスクリーム　52, 183
アイスクリームミックス　183
アイスミルク　52
I帯　103
I-タンパク質　116
アイラグ　64
アクチン　105, 113, 114, 132, 134
アクトミオシン　114, 134, 136, 142
アクネ菌　189
Achromobacter　151
亜硝酸塩　141, 142, 154
亜硝酸塩焼け　141
亜硝酸根　141
アシル脂質　18
L-アスコルビン酸ナトリウム　142
アセチルCoA　35
アセチルコリン　191
N-アセチルノイラミン酸　190
アセトアルデヒド　62
アセプティック　40
あつみのある酸味　128
アナンダマイド　124
アビジン　166, 173
apoB　172
apoVLDL II　172
アマニ種子　195
アミノカルボニル反応　131
アミノ酸の取込み　33

アミノペプチダーゼ　130
アメリカ航空宇宙局（NASA）　77
アラキドン酸　194
アルカリホスファターゼ　160
アルコール　64
アルコールテスト　69
アルコール・乳酸発酵乳　61, 64
アルデヒド化合物　130
α-アクチニン　105, 113, 116
アルブテンシンA　84
アレルギー物質　154
アレルゲン食品　201
アンジオテンシンII　80
アンジオテンシン変換酵素（ACE）　80
アンセリン　121, 122
安全性　149, 153
安定剤　53

EST　43
硫黄化合物　130
育児用調整粉乳　51, 92
移行乳　9
異常型プリオンタンパク質　206
異常肉　126
異性化乳糖　88
一日摂取許容量（ADI）　154
一戸当たりの飼養頭数　6
一酸化窒素（NO）　142
一酸化窒素ミオグロビン　140
一般的な衛生管理事項　77
遺伝子組換え（GM）作物　198
遺伝的変異体　24, 25

イノシン　121, 128
イノシン酸（IMP）　128
EPA　194
EPA・DHA強化卵　194
インフルエンザウイルス　188
飲用乳の表示に関する公正競争規約　39
飲用乳消費量　3

ヴィーリ　57
ウインナーソーセージ　148
牛海綿状脳症（BSE）　100, 148, 206
ウシの泌乳期間　8
ウシミルクオリゴ糖　15
うま味　127
　　――の相乗作用　129

衛生管理プログラム　77
栄養機能食品　192, 203
栄養強化卵　192
液卵　178, 184
　　――の殺菌　184
ACE阻害活性　81
ACE阻害活性ペプチド　82
エージング　48, 49
S-S結合　27
3′-SLラクトン　86
S-オボアルブミン　162
SGLT 1　38
STAT 5 a　31
SPC法　73
A帯　103
HA　77
HACCP　102, 149
HACCPシステム　75, 77, 149
HACCPプランの7原則を

含む12手順　77
HLB価　183
HTST法　41
ATP　114,121,125,133,136
ADP　121
ATP分解酵素　126
ATP法　73
N-ロープ　28,163
ABO式血液型　16
F-アクチン　115
FAS　35
FAT　35
FABP　35
F-タンパク質　116
MSG　128
MFGM　36
M線　103
M-タンパク質　105,113,116
エムデン・マイヤーホフ・パルナス経路　56
エラスチン　116
LTLT法　41
遠心分離機　48
塩漬　140,142,147
塩漬剤　133
Enterobacteriacea　151
塩溶性の筋肉構造タンパク質　133

O-157　152
横紋構造　108
オキシミオグロビン　139
オステオポンチン　28
O/W型のエマルジョン　183
おなかの調子を整える食品　89
オーバーラン　54
オピオイドアンタゴニスト　82
オピオイドペプチド　82
オボアルブミン　160,173,181
オボインヒビター　166
オボキニン　191
オボグリコプロテイン　166

オボトランスフェリン　162,173
オボマクログロブリン　166
オボムコイド　164
オボムチン　165,182
オレイン酸　118
温加塩法　136
温泉卵　181

カ　行

解硬　127
回腸遠位部　207
解糖系酵素　112
加塩バター　49
化学価　117
化学的危害物質　150
かきとり式　41
加工乳　39
加工卵　184
可視吸光スペクトル　138
カスタードプリン　181
カゼイノグリコペプチド（CGP）　25,83
カゼイン　23
$α_{s1}$-カゼイン　23
$α_{s2}$-カゼイン　24
$β$-カゼイン　24
$γ$-カゼイン　25
$κ$-カゼイン　25,26,83
カゼインホスホペプチド（CPP）　25,29,79,191
カゼインミセル　23,26
カゾキシン　82
カゾゼピン　83
$β$-カゾモルフィン　82
家畜飼料　198
家畜伝染病　208
家畜の失神方法　101
割卵機　184
カテプシン　129
加糖練乳　50
加熱塩漬肉色　140
加熱ゲル　134,136
加熱香気　130
加熱香気成分　130

加熱臭　43
加熱損失　132
可溶性オボムチン　165
可溶性非タンパク態窒素化合物　121
ガラクトオリゴ糖　87
$β$-ガラクトシダーゼ　14,56,87
ガラクトシルトレハロース　88
ガラクトシルラクトース　85
D-ガラクトース（Gal）　13
ガラクトース転移酵素　36
カラザ　177
殻付き卵　177
カルシウム　173
カルシウムイオン　126
カルシウム感受性　24
L-カルニチン　122
カルノシン　121,122
カルパイン　130
カルボキシメチルセルロース（CMC）　53
カロチノイド　23
乾塩法　68
ガングリオシド　85,87
肝性昏睡の治療薬　88
（甘性）バター　49
間接加熱法　41
間接接触型熱交換器　51
感染防御　18
感染防御因子　18
乾燥食肉製品　149
乾燥卵　178,185
含窒素化合物　130
管理基準の設定　78

危害原因物質　76,150
危害分析（HA）　77
キサンチンオキシダーゼ　36
気室　174
キチン型リゾチーム　164
機能性オリゴ糖　84
機能性食品　122,203
機能性ペプチド　79,83
起泡性　182

索　引

キモシン　10, 25
逆浸透（RO）　47
キャップZ　116
牛肉　202
牛乳アレルギー　201
牛乳検査法　69
牛乳脂質　19
牛乳の殺菌方法　41
牛乳の成分組成　8
狂牛病　206
凝固温度　181
共役リノール酸（CLA）
　　20, 119, 122
極限pH　126
キロミクロン　35
筋原線維　102, 112, 134, 136
筋原線維タンパク質　112
均質化　40
均質機　40, 52
筋収縮　124
筋周膜　106
筋漿　105, 112
筋鞘（サルコレンマ）　102
筋漿タンパク質　112
筋小胞体　102, 125
筋上膜　106
筋節（サルコメア）　105
筋線維　102, 112
筋線維束　106
筋内膜　106
筋肉内結合組織　106
筋肉の弛緩　125

クチクラ　168, 175
クッキング　67
クックドソーセージ　148
クーミス　64
クラリファイヤー　40
グリコーゲン　119
N-グリコシド結合　160
N-グリコリルノイラミン酸
　　190
グリセロ脂質　18
グリセロール　118
クリーム　48
β-グルクロニダーゼ　91

グルココルチコイド　31
D-グルコース（Glc）
　　13, 36, 119
　——の除去　185
グルコーストランスポーター
　　38
γ-グルタミルトランスペプ
　　チダーゼ　34
グルタミン酸ナトリウム
　　128
クレアチン　121
クロイツフェルト-ヤコブ病
　　（CJD）　206
グロブリン　182
（G_2, G_3）グロブリン　165
クロラミンT法　71
燻煙　143

蛍光光学式細菌数測定機（バ
　　クトスキャン）　74
蛍光光学式体細胞測定機（フ
　　ォソマチック）　72, 75
鶏卵消費量　159
鶏卵の生産量　159
血圧降下作用　90, 123
血圧調節ペプチド　80
血液浄化法　188
結合組織　112
　——の構造　105
血清アルブミン（BSA）
　　27, 173
血清コレステロール低減作用
　　90
血清トランスフェリン　173
血清療法　189
結着性　136
ケファリン　21
ケフィール　57, 64
ケルダール法　71
ゲルベル法　70
限外ろ過（UF）　47
健康危害の発生防止　202
健康強調表示　203
降圧ペプチド　82
高温短時間殺菌法（HTST

　　法）　41
抗菌性物質　74
抗菌性ペプチド　83
高血圧自然発症ラット
　　（SHR）　82
甲状腺ホルモン（チロキシン）
　　193
合成抗菌剤　153
構成脂肪酸　20
抗生物質　74, 153
酵素脱糖法　186
口蹄疫　207
口蹄疫ウイルス　207
高病原性鳥インフルエンザ
　　208
抗疲労効果　123
抗変異原性　91
抗変異原物質　123
酵母　61
酵母脱糖法　186
コク　127
国内の食肉生産量　100
骨格筋　110
骨格タンパク質　113, 116
コーデックスバター規格　49
コネクチン　105, 113, 116
　——の開裂　127
コラーゲン　116
コラーゲン線維　106
コレステロール　18, 23, 118
コンアルブミン　162
混合プレスハム　149
コンビーフ　149
コンビフォス　72

サ　行

細菌脱糖法　186
サイドベーコン　148
催乳ホルモン　31
酢酸　11
搾乳　10
サブミセル　26
サーモフィラス菌　60, 61
サラミソーセージ　148
サルモネラ菌　177

211

索引

酸化臭 21
酸カード 67
酸性ミルクオリゴ糖 16
酸素化 139
残存亜硝酸根 143
酸度 69,70
酸乳 61
酸ホエー 45
酸味抑制ペプチド 128

G-アクチン 115
ジアセチル 60
シアリダーゼ阻害剤 190
シアリルオリゴ糖 18,86,190
シアリルオリゴ糖ペプチド 190
シアリルラクトース 86
シアル酸 15,85,94,190
JAS規格 147,149
JAK 31
CA貯蔵法 140
GM 198
GM3 87
GM食品 200
GM食品添加物 200
GM飼料 199
GM-free 199
CL(管理基準) 78
GLUT1 38
c型リゾチーム 164
g型リゾチーム 164
シグナルペプチド 32
死後硬直 124
死後硬直期 132
脂質 18
CCP 78
CGP 25,83
シスタチン 166
C-タンパク質 114,116
湿塩法 68
失神 101
GD3 22,87
シーディング 51
CPP 25,29,79,191
脂肪球 10,19,49

脂肪球皮膜(MFGM) 28,36,49
脂肪酸 34,118
脂肪酸組成 21
　食肉の―― 118
脂肪酸分布 22
脂肪滴 36
ジャージー種 8
収縮タンパク質 113
充てん 42
重要管理点(CCP) 78,149
　――の設定 77
熟成 49,124,127
熟成風味 143
受動免疫 189
$Pseudomonas$ 151
受乳 39
主要調節タンパク質 113,115
条件付き特定保健用食品 204
脂溶性ビタミン 120,192
常乳 9
蒸発缶 52
食塩添加とゲル形成 133
食塩無添加バター 49
食鳥検査法 100,150
食肉加工品 144
食肉製品 144
　――の衛生規格規準 151
　――の微生物規格 151
食肉中の水分 112
食肉中のビタミン 120
食肉中のミネラル 119
食肉の味 127
食肉の香り 130
食肉の構造 102
食肉の抗疲労効果 123
食肉の色調 137
食肉の脂肪酸組成 118
食肉の軟化 127
食肉を汚染する微生物 150
食品安全委員会 207
食品衛生法 144,149
食品添加物 153
食物アレルギー 201

食用鳥卵 202
除草剤耐性 198
初乳 9
飼料用穀物 198
ショルダーハム 147
ショルダーベーコン 148
C-ロープ 28,163
心筋 107,110
心筋細胞 108
心筋線維 108
シンバイオティクス 92

水牛乳 2
スイートホエー 45
水分活性 151
水溶性ビタミン 120
水様卵白 176
スクレーピー 206
スターター 64
$Staphylococcus$ $aureus$ 11
スチームインフュージョン式 41
ステアリン酸 118
ストレス感受性 126
ストレッカー分解 130
ストレッチング 68
$Streptococcus$ 56,59
$Streptococcus$ $agalactiae$ 11
スパイラル法 74
スフィンゴ脂質 18,22
スフィンゴシン 23
スフィンゴミエリン 18,22

生産者乳価 6
清浄化 39
製造基準 144
整腸作用 90
生乳 69
生乳生産量 1
生物価 117
生物的危害物質 150
世界の食肉生産量 97
世界のチーズ消費量 3
世界のチーズ生産量 3
世界の発酵乳製品の消費量 5

索　引

赤外分光式多成分測定機(ミルコスキャン)　71
せき髄　207
Z線　103,105
──の脆弱化　127
Z-タンパク質　116
セミドライソーセージ　148
ゼラチン　201
ゼラチンアレルギー　201
セルピン　161
セレブロシド　22
セロトニン　124
全頭検査体制　207
全粉乳　51

総菌数　73
総合衛生管理製造過程　76
──の承認制度　76
相対湿度　180
即時型食物アレルギー　201
組織脂質　117
ソーセージ　147
ソーセージエマルジョン　134
ソーセージバター　135
その他の家畜乳　2
ソフトクリーム　55
ソフトサラミソーセージ　148
ソフトヨーグルト　63

タ　行

体細胞数　12,75
大豆レシチン　191
大腸菌群　61,73
大腸菌群検査　73
タイチン　116
タウリン　86,94
タガトース 6-リン酸経路　56
多価不飽和脂肪酸　20,95,194
脱脂粉乳　51
脱糖方法　185
卵アレルギー　201

卵の凝固　182
卵の貯蔵技術　179
卵の物性　180
ダーラム管　73
タンパク質　71
タンパク質係数　71
タンパク質スコア　160
タンブリングマシン　143

畜種特有の香り　130
蓄積脂質　117
チーズ　66
──の熟成　68
チーズ製造工程　66
チャーニング工程　49
チャーン　49
中性脂質　117
チューブラ式　41
腸管出血性大腸菌　152
超高温瞬間殺菌法(UHT法)　41
調製粉乳　51
調節タンパク質　113,115
超低密度リポタンパク質　35
朝乳　10
直接加熱法　41
直接接触型熱交換器　52
チョップドハム　149
貯乳　41

通電加熱法　44

DHA　194
DFD肉　126
低温保持殺菌法(LTLT法)　41
低級脂肪酸　20
TCAサイクル　126
DGAT　36
低出生体重児用調製粉乳　92
低病原性鳥インフルエンザ　208
DVI法　62
呈味成分　128
低ラクターゼ症　14
デオキシ(還元型)ミオグロビン　139
デスミン　110,116
デソキシコーレイト寒天培養法　73
鉄錯体　163
*de novo*合成　34
デンスボディー　110

凍結焼け　140
凍結卵　178,185
糖脂質　86
糖質　12,119
糖タンパク質　25
動物用医薬品　153,154
特異的抗体　187
毒性試験　154
特定加熱食肉製品　144,149
特定危険部位　207
特定原材料　202
特定保健用食品　89,192,203
トクホ　203
ドコサヘキサエン酸　95
トコフェロール　18,23
と畜場法　100,150
ドライソーセージ　148
トランスグルタミナーゼ　137
トランス酸　20
トリアシルグリセロール　18,20,34,117
鳥インフルエンザ　207
トリグリセリド　18,34
ドリップ損失　131
鶏肉　202
トリプシンインヒビター　164
トリプトファン　124
トリポリリン酸塩　134
ドリンクヨーグルト　63
トレーサビリティ　148,200
トレーサビリティシステム　149
トロポニン　113,115
トロポミオシン　113,115
トロポモデュリン　116

ナ 行

内寄生虫用剤　153
内部・外部寄生虫用剤　153
生牛肉熟成香　131
生ハム　147
軟化　127

肉エキス　112,121
肉基質(結合組織)タンパク質　112,116
肉骨粉　206
肉の酸味抑制　129
肉の熟成　129
肉の保水性　133
ニトロシル化　140
ニトロシルヘモクロム　140
ニトロシルミオグロビン　140
ニトロシルメトミオグロビン　140
ニトロソアミン　143
ニトロソ化色素　142
N-ニトロソジメチルアミン　154
日本農林規格(JAS)　144
乳飲料　39
乳果オリゴ糖(ラクトスクロース)　88
乳化剤　53
乳化性　183
乳業用乳酸菌　55
乳酸　64
L-(+)乳酸　65
乳酸桿菌　58
乳酸球菌　59
乳酸菌　55
乳酸菌飲料　64
乳酸酸度　70
乳酸パーセント　70
乳脂肪　18,70
　──の生合成　34
乳児用調製粉乳　92
乳タンパク質遺伝子　32
乳タンパク質の生合成　31

乳糖(ラクトース)　12,56,71
α-乳糖1水和物　13
乳糖合成酵素　36
乳糖合成酵素複合体　36
乳等省令　9,39,48,50,76
乳糖不耐症　14,90
乳の水分定量　70
乳の成分組成　9
乳の理化学検査　69
乳房炎　11,75
乳房炎乳　12,75

ヌクレオチド　94,121

熱凝固性　181
熱蔵殺菌　186
ネブリン　105,113,116

ノイラミン酸　190
濃厚卵白　176
　──の水様化　165
能動免疫　189

ハ 行

バイオジェニクス　91
バイオルミネッセンス法(ATP法)　74
ハイヒートインフュージョンシステム　44
排卵　169,172
ハウユニット　176
バクトスキャン　74
バター　48
　──の生産量　5
バターミルク　49
バター粒子　49
発酵乳　61
発酵バター　49
発酵バターミルク　57,64
バッチ式殺菌法　41
バッチ式バター製造法　49
ハードヨーグルト　63
パピローマウイルス　188
バブコック法　71
ハム　146

パラ-κ-カゼイン　25
パラトロポミオシン　116
バルク乳　75
パルミチン酸　118

PET-PTS　56
BSE　100,148,206
PSE肉　126
pH　126
BGLB発酵管　73
比重　70
ヒスチジン関連ジペプチド　122
微生物検査法　72
ビタミン　30,120
　食肉中の──　120
ビタミンA　30
ビタミンB群　120
ビタミンD　29
ピータン　181
非タンパク態窒素化合物(NPN)　47,121
必須アミノ酸　117
ビテロゲニン　167,171
ヒトミルクオリゴ糖　15
ヒトロタウイルス　189
ビフィズス因子　85,87
ビフィズス菌　17,55,61
ビフィズス経路　58
$Bifidobacterium$　56,61
ビーフジャーキー　149
ヒポキサンチン　128
ビメンチン　110
氷菓　52
病原性大腸菌　152
標準平板菌数測定法(SPC法)　73
表面張力　182
微量栄養素　120
微量調筋タンパク質　113,116
ピロリ菌　189
ピロリン酸塩　134,136
品質劣化菌　151

フィラミン　116

索引

フォソマチック　72,75
フォローアップミルク　92．
副生物　110
豚肉　202
ブチロフィリン　36
物理的危害物質　150
太いフィラメント　104,125
不飽和脂肪酸　192
不溶性オボムチン　165
プラクアルブミン　162
プラスミン　25
フラン化合物　130
フランクフルトソーセージ　148
プリオンタンパク質(PrP^c)　206
ブリード法　73
ブルガリア菌　58
β-フルクトフラノシダーゼ　88
ブルーミング　139
プレスハム　148
プレート式　41
プレニル脂質　18,23
プレバイオティクス　17,85,91
プレーンヨーグルト　63
プロゲステロン　31
フローサイトメトリー　74
フローズンヨーグルト　63
Protein A　187
プロテオグリカン　116
プロテオースペプトン(PP)　28
プロトポルフィリン　168
プロバイオティクス　89
プロバイオティック乳酸菌　89
プロピオン酸　11
From farm to table　79
プロラクトン　31
分枝鎖アミノ酸(BCAA)　46
分子シャペロン　33
分子種　22
粉乳　51

噴霧乾燥機　52
噴霧乾燥法　185

ヘアリーモデル　26
平滑筋　109,110
　――の構造　109
平滑筋細胞　110
ベーコン　148
β-アクチニン　116
β-ラクトグロブリン　27
ヘテロ発酵　56
ペーパーディスク法　74
ペプチド　123
　――の増加　129
ペプチドトランスポーター　34
ヘム　139
ヘモグロビン(HB)　138
ベリーハム　147
ペリビテリン膜　171
変性温度　181
変旋光　14

ホエー(乳清)　45
ホエータンパク質　27,93
ホエー排除　67
ホエー分離　64
保健機能食品　203
保健機能食品制度　203
保健的機能性　122,124
保水性　131
　――の測定方法　134
保水性改良剤　134
ホスビチン　167,171,191
ホスファチジルコリン　191
ホスホエノールピルビン酸依存性ホスホトラスフェラーゼ系(PET-PTS)　56
ホスホ-β-ガラクトシダーゼ　56
細いフィラメント　104,125
保存基準　151
骨付ハム　147
ホモ発酵　56
ポリリン酸塩　135,136,142
ホルスタイン種　8

ポルフィリン環　138
ホルモン剤　153
ボロニアソーセージ　148
ボンレスハム　147

マ 行

末期乳　9
マヨネーズ　183
マロニル CoA　35
まろやかさ　127
ミオグロビン(Mb)　112,138,142
ミオシン　105,113,132,134,142
　――の溶解性　136
ミオメシン　116
Micrococcus　151
Microbacterium　151
ミドルベーコン　148
ミネラル　29,119
　食肉中の――　119
ミルクオリゴ糖　13,17,85,95
ミルクボックス　33
ミルクムチン　28
ミルコスキャン　71,72

無菌充てん機　43
無脂乳固形分(SNF)　70
虫歯菌　189
無糖練乳　50

メイラード反応　185
メタルチャーン　49
メトミオグロビン　139
免疫応答　91
免疫吸着体　188
免疫グロブリン(Ig)　28,168
免疫グロブリンG(IgG)　9,172
免疫タンパク質　187
めん羊乳　202

ヤ 行

山羊乳　2,202
焼豚　149

UHT殺菌機　41
UHT法　41
UDP-ガラクトース　37
夕乳　10
遊離アミノ酸　121,129
　──の増加　129
ゆで卵　181

養鶏家　158
養鶏業　158
ヨウ素　192
ヨウ素強化卵　192
溶存酸素　44
羊乳　2
ヨーグルト　57,61

ラ 行

酪酸　11
ラクターゼ　14
ラクチュロース　88
ラクトアイス　52
α-ラクトアルブミン　27,36
Lactococcus　56
ラクトシルセラミド　22,87
ラクトース　12,56,71
ラクトスタチン　84
ラクトースパーミアーゼ　56
ラクトース 6′-O-硫酸　86
ラクト-*N*-テトラオース　89
β-ラクテンシン　83
ラクトトリペプチド　81
Lactobacillus　56,151

ラクトフェリシン　83
ラクトフェリン　28,83,94
ラクトフォリン　28
ラックスハム　147
ラミニン　116
卵黄　166,169
卵黄顆粒(グラニュール)　171
卵黄係数　177
卵黄抗体(IgY)　187
卵黄成分の生合成　171
卵黄の凍結ゲル化　185
卵黄膜外層　172
卵黄レシチン　191
卵殻　168,173
　──のコーティング　180
卵殻膜　168,173,175
卵管ろうと部　172
ランシッド臭　20
卵白　160,169
　──の形成　173
卵白係数　176
卵白成分の生合成　173
卵胞　169
卵母細胞　169

リオナソーセージ　148
リステリア菌　152
リゾチーム　164,191
リノール酸　118,194
α-リノレン酸　194
　──強化卵　194
リベチン　168
α-リベチン　171
β-リベチン　171
γ-リベチン　171,187
リボース　119
リポタンパク質　171,183
リポビテリン　167,171
リポビテレニン　168

リボフラビン　30
硫化水素　177
硫化鉄　177
硫酸化ミルクオリゴ糖　18
両親媒性構造　24
リン酸塩　133,142
リン酸化　25
リン酸カルシウム　29
リン脂質　20,21,118

ルイス式血液型　16
ルミクローム　30
ルロアール経路　56

レイン-エイノン法　71
レシチン　21,183
レーゼ-ゴットリーブ法　71
レチノール(ビタミンA)　27,30
レバーソーセージ　148
レバーペースト　148
連続式バター製造法　49
レンネットカード　67

Leuconostoc　56,60
ローストビーフ　149
ローストポーク　149
ロースハム　147
ロースベーコン　148
ロタウイルス　188
ロングフィル　57
ロングライフ製品　43
ロングライフミルク(LL牛乳)　69

ワ 行

和牛香　131
ワーキング(練圧)　49
ワンウェイ容器　42

編集者略歴

齋藤忠夫（さいとう ただお）
1952年　東京都に生まれる
1982年　東北大学大学院農学研究科
　　　　博士課程修了
現　在　東北大学大学院農学研究科教授
　　　　農学博士

西村敏英（にしむら としひで）
1954年　三重県に生まれる
1984年　東京大学大学院農学系研究科
　　　　博士課程修了
現　在　広島大学大学院生物圏科学研究科教授
　　　　農学博士

松田　幹（まつだ つかさ）
1955年　愛知県に生まれる
1981年　名古屋大学大学院農学研究科
　　　　博士課程中退
現　在　名古屋大学大学院生命農学研究科教授
　　　　農学博士・医学博士

最新畜産物利用学　　　　　　　　　定価はカバーに表示

2006年3月30日　初版第1刷
2010年9月20日　　　　第3刷

　　　　　　　　　　編集者　齋　藤　忠　夫
　　　　　　　　　　　　　　西　村　敏　英
　　　　　　　　　　　　　　松　田　　　幹
　　　　　　　　　　発行者　朝　倉　邦　造
　　　　　　　　　　発行所　株式会社　朝　倉　書　店
　　　　　　　　　　　　　　東京都新宿区新小川町6-29
　　　　　　　　　　　　　　郵 便 番 号　162-8707
　　　　　　　　　　　　　　電　話　03(3260)0141
　　　　　　　　　　　　　　FAX　03(3260)0180
　　　　　　　　　　　　　　http://www.asakura.co.jp

〈検印省略〉　　　　　　　　　　　　　壮光舎印刷・渡辺製本

© 2006〈無断複写・転載を禁ず〉

ISBN 978-4-254-43093-6　C 3061　　　Printed in Japan

日大 上野川修一編 シリーズ〈食品の科学〉 **乳 の 科 学** 43040-0 C3061　A5判 228頁 本体4500円	乳蛋白成分の生理機能等の研究や遺伝子工学・発生工学など先端技術の進展に合わせた乳と乳製品の最新の研究。〔内容〕日本人と牛乳／牛乳と健康／成分／生合成／味と香り／栄養／機能成分／アレルギー／乳製品製造技術／先端技術
日本獣医大 沖谷明紘編 シリーズ〈食品の科学〉 **肉 の 科 学** 43041-7 C3061　A5判 208頁 本体4500円	食肉と食肉製品に科学のメスを入れその特性をおいしさ・栄養・安全性との関連に留意して最新の研究データのもとに解説。〔内容〕食肉の文化史／生産／構造と成分／おいしさと熟成／栄養／調理／加工／保蔵／微生物・化学物質からの安全性
日大 中村　良編 シリーズ〈食品の科学〉 **卵 の 科 学** 43071-4 C3061　A5判 192頁 本体4500円	食品としての卵の機能のほか食品以外の利用なども含め、最新の研究を第一線研究者が平易に解説。〔内容〕卵の構造／卵の成分／卵の生合成／卵の栄養／卵の機能と成分／卵の調理／卵の品質／卵の加工／卵とアレルギー／卵の新しい利用
日本乳業技術協会 細野明義・新潟大 鈴木敦士著 新農学シリーズ **畜 産 加 工**（改訂版） 40503-3 C3361　A5判 176頁 本体3600円	初歩的なことからかなり高度なことまでを、図や表を用いて平易に解説。農業大学校から短大・大学学生まで使えるテキスト。〔内容〕畜産物の栄養機能／牛乳成分・食肉成分・卵成分とその機能／牛乳・乳製品・肉製品・卵製品の種類と製造法
日本乳業技術協会 細野明義編 **畜 産 食 品 微 生 物 学** 43066-0 C3061　A5判 192頁 本体3600円	微生物を用いた新しい技術の導入は、乳・肉・卵など畜産食品においても著しい。また有害微生物についても一層の対応が求められている。本書はこれら学問の進展を盛り込み、食品学を学ぶ学生・技術者を対象として平易に書かれた入門書
加藤博通・檜作　進・鬼頭　誠・内海　成・ 山内文男・小倉長雄・中林敏郎著 **新 農 産 物 利 用 学** 43026-4 C3061　A5判 248頁 本体4500円	加工による成分の変化を主体に多くの図表を用いて農産製造のすべてをわかりやすく解説した好テキスト。〔内容〕炭水化物（デンプンとその利用・低分子糖質と甘味料）／脂質（植物油脂）／タンパク質（植物タンパク）／園芸食品、嗜好品・香辛料
中部大 野口　忠他著 **最 新 栄 養 化 学** 43067-7 C3061　A5判 248頁 本体4200円	食品の栄養機能の研究の進展した今日、時代の要請に応えうる標準的なテキスト。〔内容〕序論／消化と吸収／代謝調節と分子栄養学／糖質／タンパク質・アミノ酸／ビタミン／ミネラル／食物繊維／エネルギー代謝／栄養所要量と科学的生活
栄養機能化学研究会編 **栄 養 機 能 化 学**（第2版） 43088-2 C3061　A5判 212頁 本体3800円	栄養化学の基礎的知識を簡潔にまとめた教科書。栄養素機能研究の急激な進展にともなう改訂版。〔内容〕栄養機能化学とは／ヒトの細胞：消化管から神経まで／栄養素の消化・吸収・代謝／栄養素の機能／非栄養成分の機能／酸素・水の機能
日本乳業技術協会 細野明義・日獣大 沖谷明紘・ 京大 吉川正明・京女大 八田　一編 **畜 産 食 品 の 事 典**（新装版） 43100-1 C3561　B5判 528頁 本体18000円	畜産食品はその栄養機能の解明とともに、動物細胞工学技術の進展により分子レベル・遺伝子レベルでの研究も目覚ましい。また免疫・アレルギーとの関係や安全性の問題にも関心が高まっている。本書は乳・肉・卵および畜産食品微生物に関連する主要テーマ125項目について専門としない人達にも理解できるよう簡潔に解説を付した。〔内容〕総論（畜産食品と食文化／畜産食品と経済流通／畜産・畜産食品と環境／衛生・安全性・関連法規）各論（乳／食肉／食用卵／畜産食品と微生物）

上記価格（税別）は 2010 年 8 月現在